21 世纪全国高职高专机电系列技能型规划教材
国家示范性高职院校重点建设专业配套教材

冲压工艺与模具设计

主　编　张　芳
副主编　赵菲菲　李金亮
参　编　姚叶梅　刘文亮
主　审　张　勇

内 容 简 介

本书是根据国家示范院校建设的要求，对原有课程体系进行改革的基础上编写的特色项目化教材。在内容上紧密结合企业对模具专业人才知识、能力、素质的要求和最新的职业资格标准，结合高职高专院校模具设计与制造专业的教学改革和课程建设成果，编写的工作项目贴近企业实际。每个工作项目根据模具设计流程设计了若干个工作任务，每个任务从工作任务下达、相关知识讲解、任务实施到任务拓展，力求做到理论少而精，突出应用能力的培养和实用性，充分体现高职高专教育的特色。

全书除绪论外，共有 7 个项目，主要内容有：单工序冲裁模设计、复合和级进冲裁模设计、弯曲工艺与弯曲模设计、拉深模设计、成形模设计、多工位级进模设计及冲压工艺规程编制。

本书文字叙述通俗易懂，内容由简单到复杂，便于自学，可作为高等职业学校、高等工程专科学校、部分成人高等学校的模具设计与制造专业以及机械、机电类等相关专业的教材，也可作为从事模具设计与制造工作的工程技术人员的参考用书。

图书在版编目(CIP)数据

冲压工艺与模具设计/张芳主编．—北京：北京大学出版社，2011.3
（21 世纪全国高职高专机电系列技能型规划教材）
ISBN 978-7-301-18471-4

Ⅰ.①冲… Ⅱ.①张… Ⅲ.①冲压—工艺—高等学校：技术学校—教材 ②冲模—设计—高等学校：技术学校—教材 Ⅳ.①TG38

中国版本图书馆 CIP 数据核字(2011)第 011804 号

书　　　名：	冲压工艺与模具设计
著作责任者：	张　芳　主编
策划编辑：	赖　青　张永见
责任编辑：	杨星璐
标准书号：	ISBN 978-7-301-18471-4/TH·0229
出　版　者：	北京大学出版社
地　　　址：	北京市海淀区成府路 205 号　100871
网　　　址：	http://www.pup.cn　http://www.pup6.com
电　　　话：	邮购部 62752015　发行部 62750672　编辑部 62750667　出版部 62754962
电子邮箱：	pup_6@163.com
印　刷　者：	北京虎彩文化传播有限公司
发　行　者：	北京大学出版社
经　销　者：	新华书店
	787mm×1092mm　16 开本　22 印张　516 千字
	2011 年 3 月第 1 版　2020 年 3 月第 2 次印刷
定　　　价：	39.00 元

未经许可，不得以任何方式复制或抄袭本书之部分或全部内容。
版权所有，侵权必究　　举报电话：010-62752024
　　　　　　　　　　　电子邮箱：fd@pup.pku.edu.cn

前　言

本书是根据国家示范院校建设有关课程教学改革的意见，在总结近几年各院校模具专业教改经验的基础上，结合职业教育特点和国家模具专业职业技能鉴定标准以及从事冷冲压专业的工程技术应用型人才的实际需要编写而成的，是一本按照"项目式"教学模式编写的特色教材。

本书为了使学生能真正掌握模具设计的基本方法和步骤，具备常用模具设计的能力，将冲压工艺与模具设计的理论知识贯穿在七套典型模具设计中，按照模具设计的流程设计了若干工作任务来讲授相关的理论知识，每个项目最后一个任务的完成代表着一套模具设计完成，学生也就掌握了这套模具设计的基本方法和步骤，达到了教学目的。本书选取典型的零件作为项目的载体，在内容的选取上适应高职院校教学改革的要求，从实际出发，注重实用性和专业技能的培养。

本书的教学参考学时为 80～100 学时，课时分配建议见下表。

项　目	重点内容	学时
绪论	冲压工艺分类、冲压变形的基本概念	4
项目1　单工序冲裁模设计	冲裁变形过程、冲裁件工艺分析、冲裁模刃口尺寸、排样设计以及冲裁模工作部分设计	14
项目2　复合和级进冲裁模设计	复合、级进冲裁模结构和设计要点、冲裁模定位、卸料等其他零件设计	16
项目3　弯曲工艺与弯曲模设计	弯曲件工艺分析、弯曲毛坯展开尺寸、弯曲回弹、弯曲工艺计算、弯曲模设计	14
项目4　拉深模设计	拉深变形特点、拉深件工艺性分析、拉深系数和工艺参数的设计计算、拉深模设计	16
项目5　成形模设计	翻边、缩口、胀形成形工艺特点	6
项目6　多工位级进模设计	多工位级进模的特点、分类、成形工艺以及排样设计、模具结构	8
项目7　冲压工艺规程编制	编制工艺规程的方法步骤，填写冲压工艺卡	6
合　计		84

以上项目完成后要安排一定的企业实践时间，加强学生的动手和实践能力。

本书由淄博职业学院张芳担任主编，赵菲菲和李金亮担任副主编，姚叶梅和刘文亮参编，山东理工大学张勇主审，具体分工如下：项目1和项目3由李金亮编写，项目2和项目7由张芳编写，项目4由赵菲菲编写，项目5由刘文亮编写，项目6由姚叶梅编写。另外，在编写过程中得到日照职业技术学院王广业老师和威海职业学院宋璇老师的悉心帮助，在此表示感谢！

由于编者水平有限，书中难免存在不足之处，敬请读者提出宝贵意见。

编者
2011年1月

目 录

绪论 ················· 1
  0.1 冲压加工的特点及应用 ······ 2
  0.2 冲压工艺的分类 ·········· 2
  0.3 冲压技术的发展 ·········· 5
  *0.4 冲压变形的基本原理 ······· 5
  0.5 冲压常用材料 ············ 10
  0.6 本课程学习要求和学习方法 ·· 11

项目1　单工序冲裁模设计 ······ 13
  任务 1.1　审图及分析零件工艺性 ·· 15
  任务 1.2　确定单工序模的结构类型 ···· 20
  任务 1.3　设计排样 ·············· 26
  任务 1.4　选择凸、凹模刃口间隙 ··· 33
  任务 1.5　计算凸、凹模刃口尺寸 ··· 43
  任务 1.6　确定冲裁力及压力中心 ··· 51
  任务 1.7　设计凸、凹模结构 ······· 55
  任务 1.8　模具总体结构 ·········· 64
  小结 ·························· 65
  习题 ·························· 66

项目2　复合和级进冲裁模设计 ····· 67
  任务 2.1　审图及冲裁工艺性分析 ··· 69
  任务 2.2　确定冲裁工艺方案 ······· 71
  任务 2.3　冲裁工艺计算 ·········· 81
  任务 2.4　设计模具工作零件 ······· 87
  任务 2.5　设计定位零件 ·········· 92
  任务 2.6　设计卸料与出件装置 ····· 101
  任务 2.7　设计与选用结构零件 ····· 106
  任务 2.8　绘制冲裁模装配图和
            零件图 ················ 115
  小结 ·························· 119
  习题 ·························· 120

项目3　弯曲工艺与弯曲模设计 ····· 121
  任务 3.1　分析弯曲件工艺性 ······· 123

  任务 3.2　分析弯曲件常见缺陷 ····· 130
  任务 3.3　确定工艺方案 ·········· 140
  任务 3.4　确定模具结构形式 ······· 144
  任务 3.5　计算弯曲工艺 ·········· 156
  任务 3.6　设计与计算弯曲模工作
            零件 ·················· 160
  任务 3.7　绘制弯曲模装配图 ······· 165
  小结 ·························· 171
  习题 ·························· 172

项目4　拉深模设计 ················ 173
  任务 4.1　分析拉深零件工艺性 ····· 175
  任务 4.2　计算拉深件展开尺寸 ····· 181
  任务 4.3　确定无凸缘拉深件工序
            尺寸 ·················· 190
  任务 4.4　计算宽凸缘筒形件工序
            尺寸 ·················· 199
  任务 4.5　确定拉深力与选择压
            力机 ·················· 210
  任务 4.6　设计拉深模总体结构 ····· 216
  任务 4.7　绘制拉深模装配图和
            零件图 ················ 226
  小结 ·························· 230
  习题 ·························· 230

项目5　成形模设计 ················ 231
  任务 5.1　设计胀形模 ············ 233
  任务 5.2　设计翻边模 ············ 241
  任务 5.3　设计缩口模 ············ 255
  小结 ·························· 265
  习题 ·························· 265

项目6　多工位级进模设计 ·········· 266
  任务 6.1　了解多工位级进模的设计
            基础 ·················· 268

任务6.2　设计多工位级进模排样 …… 272
　　任务6.3　设计多工位级进模结构 …… 282
　　小结 ………………………………… 305
　　习题 ………………………………… 305
项目7　冲压工艺规程编制 …………… 307
　　任务7.1　分析冲压件工艺性 ……… 309
　　任务7.2　拟定冲压工艺方案 ……… 314
　　任务7.3　确定冲压模具的结构形式 … 320
　　任务7.4　确定工序尺寸 …………… 327
　　任务7.5　选择冲压设备 …………… 330
　　任务7.6　编写冲压工艺文件 ……… 334

　　小结 ………………………………… 335
　　习题 ………………………………… 336
附录A　常用冷冲压金属材料的力学性能 ……………………………… 337
附录B　几种常用的压力机的主要技术参数 ……………………………… 340
附录C　冲模零件常用材料及硬度和热处理要求 ………………………… 342
参考文献 ………………………………… 344

绪 论

学习目标

最终目标	通过对绪论的学习,能够对冲压加工有一个初步的认识,为后续项目的学习打下良好的基础
促成目标	(1) 了解冲压加工的特点及应用; (2) 了解冲压工艺的分类; (3) 了解冲压变形的基本原理; (4) 掌握该课程的学习要求和学习方法

绪论导读

冲压加工是利用安装在压力机上的模具,对模具里的板料施加变形力,使板料在模具里产生变形,从而获得一定形状、尺寸和性能的产品零件的生产技术。由于冲压加工经常在材料的冷状态下进行,因此也称冷冲压。冷冲压是金属压力加工方法之一,是建立在金属塑性变形理论基础上的材料成形工程技术。冲压加工的原材料一般为板料或带料,故也称板料冲压。冲压模具是指在冲压加工中,将材料加工成零件(或半成品)的一种特殊工艺装备,俗称冲模。

如图0.1所示,合理的冲压工艺、先进的模具和高效的冲压设备是冲压生产的三要素。

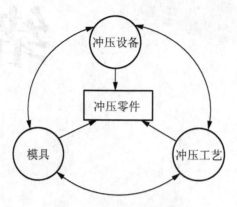

图 0.1 冲压生产三要素

0.1 冲压加工的特点及应用

冲压加工靠模具和压力机完成加工过程的,与其他加工方法相比,在技术和经济方面有如下特点。

1. 优点

(1) 互换性好。冲压件的尺寸精度有模具保证,具有一模一样的特征。

(2) 可以获得其他加工方法所不能或难以制造的壁薄、重量轻、刚性好、表面质量高、形状复杂的零件。

(3) 冲压加工一般不需要加热毛坯,也不需要像切削加工那样大量切除余料,所以既节能又省料。

(4) 普通压力机每分钟可生产几十件冲压件,而高速压力机每分钟可生产几百甚至上千件冲压件,所以冲压加工效率高。

(5) 操作方便,要求的工人技术等级不高。

2. 缺点

(1) 冲压时的噪声和振动大。

(2) 模具要求高、制造复杂、周期长、制造费用昂贵,因而小批量生产受到限制。

(3) 零件精度要求过高时,冲压生产难以达到要求。

由于冲压工艺的优点远远大于其缺点,因此在国民经济各个领域得到了广泛应用,如航空航天、机械、电子信息、交通、兵器、日用电器及轻工等产业。

冲压加工可制造钟表及仪器的小零件,也可制造汽车、拖拉机的大型覆盖件。冲压材料可使用黑色金属、有色金属以及某些非金属材料。

0.2 冲压工艺的分类

生产中为满足冲压零件形状、尺寸、精度、批量、原材料性能等方面的要求,采用多种多样的冲压加工方法,概括起来冲压加工可以分为分离工序与成形工序两大类。

(1) 分离工序:是在冲压过程中使冲压件与板料沿一定的轮廓线相互分离的工序。

分离工序按照其不同的变形机理可以分为冲裁、整修、精密冲裁和半精密冲裁四类。冲裁的基本工序有:切断、切口、冲孔、落料及切边。

(2) 成形工序:是毛坯在不被破坏的条件下产生塑性变形,形成所要求的形状和尺寸精度的制件。表0-1所示为冲压工序的分类。

表0-1 冷冲压工序分类

工序性质	工序名称	工序简单图	特 点
分离工序	落料		用落料模沿封闭轮廓冲裁板料或条料,冲掉的部分是零件
	冲孔		用冲孔模沿封闭轮廓冲裁工件或毛坯,冲掉的部分是废料
	切口		用模具将板料局部切开,切开面不完全分离,切口部分发生弯曲
	切边		用模具将工件边缘多余的材料冲切下来
	剖切		用剖切模将坯件弯曲件或拉深件剖成两部分
	整修		用整修模去掉坯件外缘或内孔的余量,以得到光滑的断面和精确的尺寸

续表

工序性质	工序名称	工序简单图	特　　点
成形工序	弯曲		用弯曲模将板料弯曲成一定角度或形状
	卷边		用卷边模将条料端部按一定半径卷成圆形
	拉深		用拉深模将平板毛坯拉深成空心件，或使空心毛坯做进一步变形
	变薄拉深		用变薄拉深模减小空心毛坯的直径与壁厚，以得到底厚大于壁厚的空心件
	起伏成形		用成形模使平板毛坯或零件产生局部拉深变形，以得到起伏不平的零件
	翻边		用翻边模在有孔或无孔的板件或空心件上，翻出直径更大而成一定角度的直壁
	胀形		从空心件内部施加径向压力使局部直径增大
	缩口		在空心件外部施加压力使局部直径缩小
	整形（校平）	表面有平面度要求	将零件不平的表面压平
	压印		用压印模使材料局部转移，以得到凸凹不平的浮雕花纹或标记
	冷挤压		使金属沿凸模、凹模间隙或凹模模口流动，从而使原毛坯转变为薄壁空心件或横截断面小的半成品

0.3 冲压技术的发展

随着时代的发展以及科学技术的进步,冲压技术将会朝着以下方向发展。

(1) 冲压成形技术将更加科学化、数字化、可控化。科学化主要体现在对成形过程、产品质量、成本、效益的预测和可控程度。成形过程的数值模拟技术将在实用化方面取得很大发展,并与数字化制造系统很好地集成。人工智能技术、智能化控制将从简单形状零件成形发展到覆盖件等复杂形状零件成形,从而真正进入实用阶段。

(2) 注重产品制造全过程,最大限度地实现多目标全局综合优化。优化将从传统的单一成形环节向产品制造全过程及全生命期的系统整体发展。

(3) 对产品可制造性和成形工艺的快速分析与评估能力将有大的发展。以便从产品初步设计甚至构思时起,就能针对零件的可成形性及所需性能的保证度,作出快速分析评估。

(4) 冲压技术将具有更大的灵活性或柔性,以适应未来小批量多品种混流生产模式及市场多样化、个性化需求的发展趋势,加强企业对市场变化的快速响应能力。

(5) 模具计算机辅助设计、制造与分析(CAD/CAM/CAE)一体化的研究和应用,将极大地提高模具制造效率,提高模具质量,使模具设计与制造技术实现 CAD/CAM/CAE 一体化。

(6) 重视复合化成形技术的发展。以复合工艺为基础的先进成形技术不仅正在从制造毛坯向直接制造零件方向发展,也正在从制造单个零件向直接制造结构整体的方向发展。

*0.4 冲压变形的基本原理

(带 * 的内容可选讲)

0.4.1 金属塑性变形

1. 金属塑性变形概念

在外力作用下,金属产生形状与尺寸的变化称为变形,它分为弹性变形和塑性变形。所有的固体金属都是晶体,原子在晶体所占的空间内有序排列。在没有外力作用时,金属中原子处于稳定的平衡状态,金属物体具有自己的形状与尺寸。施加外力,会破坏原子原来的平衡状态,造成原子排列畸变,如图 0.2 所示,引起金属形状与尺寸的变化。

假若除去外力,金属中原子立即恢复到原来稳定平衡的位置,原子排列畸变消失和金属完全恢复了自己的原始形状和尺寸,则这样的变形称为弹性变形[见图 0.2(a)]。增加外力,原子排列的畸变程度增加,移动距离有可能大于受力前的原子间距离,这时晶体中一部分原子相对于另一部分产生较大的错动[见图 0.2(c)]。

外力除去以后,原子间的距离虽然仍可恢复原状,但错动了的原子并不能再回到其原始位置[见图 0.2(d)],金属的形状和尺寸也都发生了永久改变,则这种在外力作用下产生不可恢复的永久变形称为塑性变形。受外力作用时,原子总是离开平衡位置而移动。因此,在塑性变形条件下,总变形既包括塑性变形,也包括除去外力后消失的弹性变形。

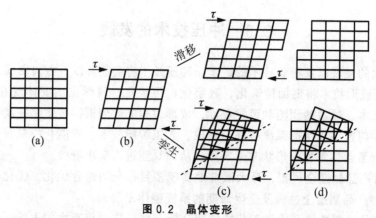

图 0.2 晶体变形
(a)无变形;(b)弹性变形;(c)弹性变形＋塑性变形;(d)塑性变形

2. 塑性变形的基本形式

1) 单晶体的塑性变形

单晶体的塑性变形主要通过滑移和孪生方式进行。

(1) 滑移。滑移是指晶体一部分沿一定的晶面(滑移面)和晶向(滑移方向)相对于另一部分做相对移动。由阻力最小定律滑移总是沿原子排列最密的面的最密排的方向进行。一种滑移面及其面上的一个滑移方向组成一个滑移系。晶体的滑移系越多，则可能出现的滑移位向越多，金属的塑性也越好。晶体的滑移是通过位错的移动而产生的，并不需要整个滑移面上的全部原子一起移动，而只是在位错中心附近的少数原子发生移动，且它们的移动距离小于一个原子间距，故通过位错移动的滑移所需应力要小得多。滑移会在宏观上形成滑移线和滑移带。

(2) 孪生。孪生是指晶体一部分相对另一部分，对应于一定的晶面(孪晶面)沿一定方向发生转动。孪生时，晶体变形部分中所有与孪晶面平行的原子平面均向同一方向移动，移动距离与该原子面距孪晶面之距离成正比。虽然相邻原子间的位移只有一个原子间距的几分之一，但许多层晶面积累起来便可形成比原子间距大许多倍的变形。金属的临界孪生剪切应力比临界滑移剪切应力大得多，只有在滑移过程很困难时，晶体才发生孪生。孪生对变形过程的直接贡献不大，但是孪生后由于晶体转至新位向，将有利于滑移，因而使金属的变形能力得到提高。滑移和孪生二者往往交替进行。

2) 多晶体塑性变形

实际使用的金属都是多晶体，由大小、形状、位向都不完全相同的晶粒组成，各晶粒之间由晶界相连接。多晶体塑性变形包括晶内变形和晶间变形。

(1) 晶内变形。单就一个晶粒来说，其晶内塑性变形方式同单晶体。多晶体在受到外力作用时，塑性变形首先发生在位向最有利的晶粒中，如图 0.3(a)所示的晶粒 A 和 B。随着外力增加，作用在位向不太有利的滑移面上的切应力达到了塑性变形所需要的数值，塑性变形开始遍及越来越多的晶粒。各晶粒的变形先后不一致，变形量也不一致，在同一晶粒内变形也不一致，这就造成了多晶体变形的不均匀性。

(2) 晶间变形。多晶体中各晶粒之间在外力的作用下会发生相互移动和转动，即晶间变形。对于塑性较差的材料，其晶间结合力弱，晶粒之间的相对移动会破坏晶界面降低晶粒之间的机械嵌合，易于导致金属的破裂。

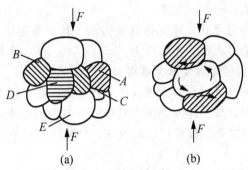

图 0.3 多晶体的塑性变形
(a)晶内变形；(b)晶间变形

多晶体塑性变形后会引起以下组织的改变。

(1) 纤维组织。晶粒沿最大变形方向伸长，形成纤维状的晶粒组织，即纤维组织。

(2) 变形结构。塑性变形过程中晶粒形状变化的同时，部分晶粒在空间发生转动[如图 0.3(b)所示]，使滑移面移动方向趋于一致，形成变形结构。

0.4.2 金属塑性变形的力学基础

1. 一点的应力与应变状态

如图 0.4(a)所示，受力物体体内某一点 Q，用微分面切取一个正六面体，该单元体上的应力状态可取其相互垂直表面上的应力来表示，沿坐标方向可将这些应力分解为 9 个应力分量，其中包括 3 个正应力和 6 个剪应力，如图 0.4(b)所示。相互垂直平面上的剪应力互等 $\tau_{xy}=\tau_{yx}$，$\tau_{yz}=\tau_{zy}$，$\tau_{xz}=\tau_{zx}$。因此若已知 3 个正应力和 3 个剪应力，那么该点的应力状态就可以确定了。改变坐标方位，这 6 个应力分量的大小也跟着改变。对任何一种应力状态，总是存在这样一组坐标系，使得单元体各表面上只有正应力而无剪应力，如图 0.4(c)所示。这三个坐标轴就称为应力主轴，三个坐标轴的方向称为主方向，这 3 个正应力就称为主应力，三个主应力的作用面称为主平面。

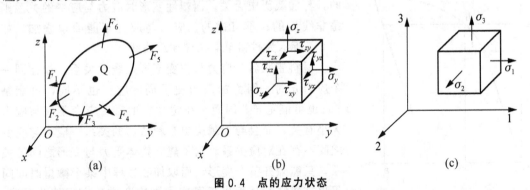

图 0.4 点的应力状态
(a)受力物体；(b)任意坐标系；(c)主轴坐标系

三个主方向上都有应力存在时称为三向应力状态，如宽板弯曲变形。但板料大多数成形工序沿料厚方向的应力 σ_3 与其他两个互相垂直方向的主应力(如径向应力 σ_1 与切向应力 σ_2)相比较，往往很小，可以忽略不计，如拉深、翻孔和胀形变形等，这种应力状态称为平面应力状态。三个主应力中只有一个有值，称为单向应力状态，如板料的内孔边缘和外形边缘处常常是自由表面，σ_1、σ_3 为零。

除主平面不存在剪应力之外，单元体其他方向上均存在剪应力，而在与主平面成 45° 截面上的剪应力达到极值时，称为主剪应力。$\sigma_1 \geqslant \sigma_2 \geqslant \sigma_3$ 时，最大剪应力为 $\tau_{max} = \pm(\sigma_1 - \sigma_3)/2$，最大剪应力与材料的塑性变形关系很大。

应力产生应变，应变也具有与应力相同的表现形式。单元体上的应变也有正应变与剪应变，当采用主轴坐标时，单元体 6 个面上只有三个主应变分量 ε_1、ε_2 和 ε_3，而没有剪应变分量。塑性变形时物体主要是发生形状的改变，体积变化很小，可忽略不计，即

$$\varepsilon_1 + \varepsilon_2 + \varepsilon_3 = 0 \tag{0-1}$$

此即为塑性变形体积不变定律。它反映了三个主应变值之间的相互关系。根据体积不变定律可知：塑性变形时只可能有三向应变状态和平面应变状态，而不可能有单向应变状态。在平面应变状态时若 $\varepsilon_2 = 0$，另外两个应变的绝对值必然相等，而符号相反。

2. 屈服准则（塑性条件）

当物体受单向应力作用时，只要其主应力达到材料的屈服极限，该点就进入塑性状态。而对于复杂的三向应力状态，就不能仅根据某一个应力分量来判断该点是否达到塑性状态，而要同时考虑其他应力分量的作用。只有当各个应力分量之间符合一定的关系时，该点才开始屈服，这种关系就称为塑性条件，或称为屈服准则。

工程上经常采用屈服准则通式来判别变形状态，即

$$\sigma_1 - \sigma_3 = \beta\sigma_s \tag{0-2}$$

式中，σ_1、σ_3、σ_s——最大、最小主应力、坯料的屈服应力；

β——应力状态系数，其值为 1.0～1.155，单向应力状态及轴对称应力状态（双向等拉、双向等压）时，取 $\beta = 1.0$，平面变形状态时，取 $\beta = 1.155$，在应力分量未知情况下，β 可取近似平均值 1.1。

3. 塑性变形时应力与应变的关系

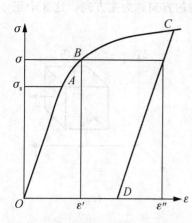

图 0.5 材料单向拉伸加载曲线

物体在弹性变形阶段，应力与应变之间的关系是线性的，与加载历史无关。而塑性变形时应力与应变的关系则是非线性的、不可逆的，应力与应变不能简单叠加。如图 0.5 所示为材料单向拉伸加载曲线。

材料屈服后，应力与应变不再是线性关系。如在同一个应力 σ 时，因为加载历史不同，应变也不同，可能是 ε'，也可能是 ε''。因而，在塑性变形时，应变不仅与应力大小有关，而且与加载历史有着密切的关系。应力与应变之间不存在对应关系。为了建立物体受力与变形之间的关系，只能撇开整个变形，而取加载过程中某个微量时间间隔出来研究。从而出现了应力与应变增量之间的关系式，即增量理论，其表达式为

$$\frac{d\varepsilon_1 - d\varepsilon_2}{\sigma_1 - \sigma_2} = \frac{d\varepsilon_2 - d\varepsilon_3}{\sigma_2 - \sigma_3} = \frac{d\varepsilon_3 - d\varepsilon_1}{\sigma_3 - \sigma_1} = C \tag{0-3}$$

增量理论在计算上困难很大，尤其当材料有冷作硬化时，计算就更复杂了。如果在加载过程中，所有的应力分量均按同一比例增加（这种状况称为简单加载），应力与应变关系

得到简化,得出全量理论公式,其表达式为

$$\frac{\sigma_1-\sigma_2}{\varepsilon_1-\varepsilon_2}=\frac{\sigma_2-\sigma_3}{\varepsilon_2-\varepsilon_3}=\frac{\sigma_3-\sigma_1}{\varepsilon_3-\varepsilon_1}=C \tag{0-4}$$

式中,$d\varepsilon_1$、$d\varepsilon_2$、$d\varepsilon_3$——主应变增量。

下面举两个利用全量理论分析应力与应变关系的简单例子。

(1) $\varepsilon_2=0$ 时,称为平面应变(或称为平面变形),由式(0-4)可得出 $\sigma_2=(\sigma_1+\sigma_3)/2$。宽板弯曲就属于这种情况。

(2) $\sigma_1>0$,且 $\sigma_2=\sigma_3=0$ 时,材料受单向拉应力,由式(0-4)可得 $\varepsilon_1>0$,$\varepsilon_2=\varepsilon_3=-1/2\varepsilon_1$,即单向拉伸时拉应力作用方向为伸长变形,其余两方向上的应变为压缩变形,且为拉伸变形之半,翻孔变形材料边缘属此类变形。单向压缩情况正好相反。

4. 金属变形时硬化现象和硬化曲线

在冲压生产过程中,变形过程是在常温下进行的。金属材料在常温下塑性变形的重要特点之一是加工硬化。其结果是引起材料力学性能的变化,表现为材料的强度指标(屈服强度 σ_s 与抗拉强度 σ_b)随变形程度的增加而增加;塑性指标(伸长率 δ 与断面收缩率 ψ)随之降低。加工硬化会使进一步变形变得困难,能够减小过大的局部变形,使变形趋于均匀,增大成形极限,同时也提高了材料的强度。因此,在进行变形毛坯内各部分的应力分析和各种工艺参数的确定时,必须考虑到加工硬化所产生的影响。

冷变形时材料的变形抗力随变形程度的变化情况可用硬化曲线表示。一般可用单向拉伸或压缩试验方法得到材料的硬化曲线。如图 0.6 所示为几种常用冲压板材的硬化曲线。

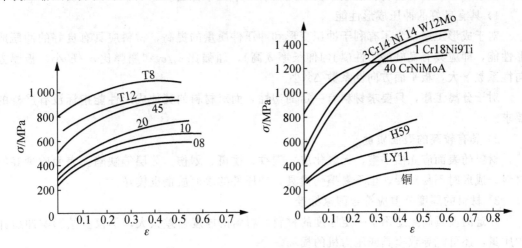

图 0.6 几种常用冲压板材的硬化曲线

为了使用方便,冷冲压中常用直线表示硬化曲线,即

$$\sigma=\sigma_0+D\varepsilon \tag{0-5}$$

式中,σ_0——近似的屈服极限;

D——硬化直线的斜率,称为硬化模数,表示材料硬化强度的大小。

式(0-5)也可用幂函数形式表示,即

$$\sigma=C\varepsilon^n \tag{0-6}$$

式中,C——与材料系数;

n——硬化指数。

表 0-2 所示为部分板材的 n 和 C 的值。

表 0-2 部分板材的 n 和 C 的值

材 料	C/MPa	n
软钢	710~750	0.19~0.22
黄铜(Zn4%)	990	0.46
黄铜(Zn35%)	760~820	0.39~0.44
磷青铜	1100	0.22
磷青铜(低温退火)	890	0.52
银	470	0.31
铜	420~460	0.27~0.34
硬铝	320~380	0.12~0.13
铝	160~210	0.25~0.27

0.5 冲压常用材料

1. 冲压工艺对材料的要求

冲压所用的材料,不仅要满足冲压件的使用要求,还应满足冲压工艺的要求和后续加工的要求。冲压工艺对材料的基本要求主要有以下几个方面。

1) 具有良好的冲压成形性能

对于成形工序,为了有利于冲压变形和冲压件质量的提高,材料应具有良好的冲压成形性能,即应具有良好的塑性(均匀伸长率 δ_j 高),屈强比 σ_s/σ_b 和屈弹比 σ_s/E 小,板厚方向性系数 γ 大,板平面方向性系数 $\Delta\gamma$ 小。

对于分离工序,只要求材料有一定的塑性,而对材料的其他成形性能指标没有严格的要求。

2) 具有较高的表面质量

材料的表面应光洁平整,无氧化皮、裂纹、锈斑、划伤、分层等缺陷。表面质量好的材料,成形时不易破裂,也不易擦伤模具,冲压件的表面质量也较好。

3) 材料的厚度公差应符合国家标准

一定的模具间隙适用于一定厚度的材料,材料的厚度公差太大,不仅直接影响冲压件的质量,还可能导致模具或压力机的损坏。

2. 冲压常用的冲压材料的种类、性能和规格

1) 冲压材料的种类

冲压最常用的材料是金属板料,有时也用非金属板料,金属板料分黑色金属和有色金属两种。黑色金属板料按性质可分为以下几种。

(1) 普通碳素钢钢板,如 Q195、Q235 等。

(2) 优质碳素结构钢钢板,这类钢板的化学成分和力学性能都有保证。其中碳钢以低碳钢使用较多,常用牌号有 08、08F、10、20 等,冲压性能和焊接性能均较好,用以制造受力不大的冲压件。

(3) 低合金结构钢板，常用的如 Q345(16Mn)、Q295(09Mn2)，用以制造有强度要求的重要冲压件。

(4) 电工硅钢板，如 DT1、DT2。

(5) 不锈钢板，如 1Cr18Ni9Ti、1Cr13 等，用以制造有防腐蚀、防锈要求的零件。

常用的有色金属有铜及铜合金（如黄铜）等，牌号有 T1、T2、H62、H68 等，其塑性、导电性与导热性均很好；还有铝及铝合金，常用的牌号有 L2、L3、LF21、LY12 等，有较好塑性，变形抗力小且轻。

非金属材料有胶木板、橡胶、塑料板等。

2）冲压材料的规格

冲压用材料大部分都是各种规格的板料、带料、条料、棒料和块料。常用金属冲压材料以板料和带料为主，棒材仅适用于挤压、切断、成形等工序。

冷轧板的尺寸精确，偏差小，表面缺陷少、光亮且内部组织细密，一般不应用热轧板制品代替。值得注意的是冷轧钢板一般具有较大的纵横方向纤维差异，有明显的各向异性。板料供货状态分软硬两种，板料/带料的力学性能会因供货状态不同而表现出很大差异。

(1) 板料的尺寸较大，用于大型零件的冲压，主要规格有 500mm×1500mm、900mm×1800mm、1000mm×2000mm 等。

(2) 条料是根据冲压件的需要，由板料剪裁而成的，用于中、小型零件的冲压。

(3) 带料又称为卷料，有各种不同的宽度和长度，宽度在 300mm 以下，长度可达几十米，成卷供应，可以提高材料的利用率，主要是薄料，适用于大批量生产的自动送料。

(4) 块料一般用于单件小批量生产，如价值较昂贵的有色金属冲压，并广泛用于冷挤压。

无论黑色金属还是有色金属，板料/带料的尺寸及尺寸公差一般都遵循相应的国家或行业标准。

3）金属材料轧制精度、表面质量等的规定

对于冷轧板，由于金属材料的生产过程中，工艺设备不同，材料精度不同，根据国家标准 GB/T 708—2006《冷轧钢板和钢带的尺寸、外形、重量及允许偏差》规定，按轧制精度分为较高精度和普通精度两级。对 4mm 以下的优质碳素结构钢冷轧薄钢板，根据国家标准规定，按钢板表面质量分类可分为Ⅰ、Ⅱ、Ⅲ三级。

0.6 本课程学习要求和学习方法

通过本课程的学习以及课程设计和实训的练习，使学生初步掌握冲压成形的基本原理；掌握冲压工艺过程和冲压模具设计的基本方法；具有拟定一般复杂程度冲压件的工艺过程和设计一般复杂程度冲压模具的能力；能够运用所学基本知识，分析和解决生产中常见的冲压产品质量、工艺及模具方面的技术问题；能够合理选用冲压设备、编制冲压工艺规程和绘制模具装配图及零件图。

对初学者来说，应首先对冲压生产现场有初步的感性知识，才能在学习时联系生产实际，从而对课程引起兴趣和加深理解。在学习中还应注意以下几个方面。

(1) 有意识地培养较强的识读模具图纸的能力：识图要结合模具专业图形的表达特点

以及各类模具的特点，比如按照零部件功能、模具工作过程、工作原理等方式进行分析理解，识读装配图还必须结合、比照零件图等。

（2）坚持理论与实践相结合：学习模具专业知识必须要敢于动手。根据冷冲压相关标准设计资料，对实际零件工艺进行分析，对模具结构进行综合设计，具备条件的，要敢于拆装模具。动手时要灵活运用所学理论知识，做到举一反三，融会贯通。

（3）学会查找资料、手册以及参考书籍，注重本专业知识的长期积累。

（4）掌握好基础知识和典型冷冲压工序的工艺以及模具设计重点、要点。

（5）通过各种途径广泛获取本专业的相关知识，特别注意充分利用网络资源，善于发现和汲取模具方面的新知识，尽可能多地接触模具生产实际。要不断培养和提高学习兴趣，培养和提高自学能力。

项目 1

单工序冲裁模设计

▶ 学习目标

最终目标	通过 E 卡片单工序模具的设计，能学会正确设计单工序冲裁模
促成目标	(1) 能对冲裁件进行工艺分析和计算； (2) 能判定冲裁件结构是否合理，能选择合理的模具结构方案； (3) 会对零件进行排样设计； (4) 能正确对模具刃口尺寸进行计算； (5) 能正确设计凸、凹模的形状和尺寸

▶ 项目导读

单工序冲裁模一般仅有一个凸模和凹模，其优点是制造简单、生产周期短，冲压时不受零件的形状、尺寸及厚度的限制；缺点是采用这种冲模加工出来的冲裁件的尺寸精度低，而且完成多工序的冲压件所需模具数量多、设备多、生产率低、工人强度大。一般只是用于小批量及试制性生产，但这类模具却是冲压工艺与模具设计整门课程中最基础、最重要的内容之一。

在日常生活中经常会碰到一些冲压件，它们由几个工序冲压完成，但往往在生产时受设备或成本的限制，不是由复合模或级进模生产的，而是由几副单工序冲压模具制成的，如图 1.1 和图 1.2 所示的垫圈和瓶盖实物图。

图 1.1 垫圈

图 1.2 瓶盖

项目描述

零件名称：E 卡片。

生产批量：大批量。

材　　料：Q235。

材料厚度：0.3mm。

产品及零件图：如图 1.3 所示。

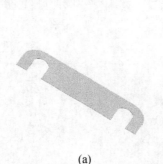 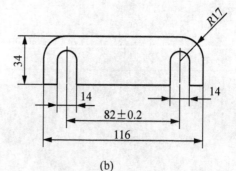

(a) (b)

图 1.3 项目零件图

(a)实物图；(b)尺寸图

▶ 项目流程

项目流程如图1.4所示。

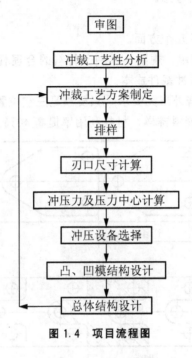

图1.4 项目流程图

任务1.1 审图及分析零件工艺性

1.1.1 工作任务

对E卡片零件进行审图和工艺性分析。

审图和冲压工艺性分析是制定冲压工艺方案和模具设计的主要依据，在生产中有重要的实际意义，它不仅关系到零件的质量、生产效率和成本，还直接影响所制定的冲压工艺规程的合理性。在模具设计之前，首先应该仔细阅读冲裁件产品零件图（即审图）。从产品零件图入手，进行零件工艺性分析。

1.1.2 相关知识

1. 审图

所谓审图，即审查所给零件的尺寸是否齐全，各尺寸公差和形位公差的精度等级；审查所给零件的材料牌号、材料厚度、生产批量。凡冲压件上未注尺寸的公差，设计时其极限偏差数值通常按IT14级处理。

2. 冲裁件的工艺性

冲裁件的工艺性是指该工件在冲裁加工中的难易程度。良好的冲裁工艺性应保证材料消耗少、工序数目少、模具结构简单且寿命长、产品质量稳定、操作安全方便等。

冲裁件的工艺性是否好，对冲裁件质量、生产效率及冲裁模的使用寿命均有很大影响。在编制冲压工艺规程和设计模具之前，应从工艺角度分析冲裁件设计得是否合理，是否符合冲裁的工艺要求。

工艺性分析应从以下方面考虑。

1）结构工艺性要求

结构工艺性要求包括以下几个方面。

（1）冲裁件的形状力求简单、规则、有利于材料的合理利用，以便节约材料，减少工序数目，提高模具寿命，降低冲裁件成本。

如图 1.5(a)所示零件，若外形无要求，只要满足三空位置即可达到设计要求，可改为图 1.5(b)所示形状，采用无废料排样，材料利用率提高 40%。

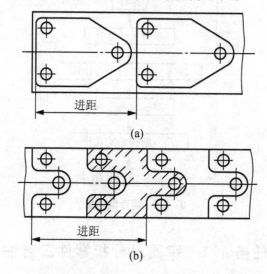

图 1.5　冲裁件形状对工艺性的影响示例

（2）冲裁件的内、外形转角处要尽量避免尖角，应以圆弧过渡，以便于模具加工，减少热处理开裂，减少冲裁时尖角处的崩刃和过快磨损冲裁件的最小圆角半径可参照表 1-1 选取。

表 1-1　冲裁件最小圆角半径

冲件种类		最小圆角半径 R			
		黄铜、铝	合金钢	软钢	备注
落料	交角≥90°	$0.18t$	$0.35t$	$0.25t$	≥0.25
	交角<90°	$0.35t$	$0.70t$	$0.50t$	≥0.50
冲孔	交角≥90°	$0.20t$	$0.45t$	$0.30t$	≥0.30
	交角<90°	$0.40t$	$0.90t$	$0.60t$	≥0.60

（3）尽量避免冲裁件上过长的凸出悬臂和凹槽，悬臂和凹槽宽度也不宜过小，如图 1.6 所示。最小宽度 b 一般不小于 $1.5t$。

（4）冲件上孔与孔、孔与边缘之间的距离不能过小，以避免工件变形、模壁过薄或因材料易被拉入凹模而影响模具寿命。一般孔边距取：圆孔为 $(1～1.5)t$，矩形孔为 $(1.5～2)t$。

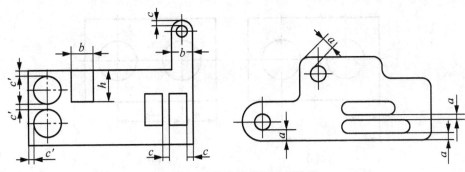

图 1.6 冲裁件的结构工艺性图

(5) 冲孔时，因受凸模强度和刚度的限制，孔径不宜太小，否则容易折断或压弯。用无导向凸模和有导向凸模所能冲制的最小尺寸见表 1-2。

表 1-2 无导向凸模和有导向凸模冲孔的最小尺寸

材　料	圆形孔	方形孔	长圆形孔	矩形孔
钢 $\tau>700\mathrm{Mpa}$	$d\geqslant 1.5t$	$d\geqslant 1.35t$	$d\geqslant 1.1t$	$d\geqslant 1.2t$
钢 $\tau=400\sim 700\mathrm{Mpa}$	$d\geqslant 1.3t$	$d\geqslant 1.2t$	$d\geqslant 0.9t$	$d\geqslant t$
钢 $\tau<400\mathrm{MPa}$	$d\geqslant t$	$d\geqslant 0.9t$	$d\geqslant 0.7t$	$d\geqslant 0.8t$
黄铜、铜	$d\geqslant 0.9t$	$d\geqslant 0.8t$	$d\geqslant 0.6t$	$d\geqslant 0.7t$
铝、锌	$d\geqslant 0.8t$	$d\geqslant 0.7t$	$d\geqslant 0.5t$	$d\geqslant 0.6t$
纸胶板、布胶板	$d\geqslant 0.7t$	$d\geqslant 0.7t$	$d\geqslant 0.4t$	$d\geqslant 0.5t$
纸	$d\geqslant 0.6t$	$d\geqslant 0.5t$	$d\geqslant 0.3t$	$d\geqslant 0.4t$

2) 尺寸精度和粗糙度要求

尺寸精度和粗糙度要求有以下几个方面。

(1) 普通冲裁件的内外形的经济精度不高于 IT11 级。

(2) 冲孔精度（最好低于 IT9 级）比落料精度（最好低于 IT10 级）高一级。

(3) 冲裁件的粗糙度 Ra 一般低于 $6.3\mu m$，但高于 $12.5\mu m$。

3) 冲裁材料要求

冲裁材料要求有以下几个方面。

(1) 对冲裁材料机械性能的要求：有一定强度和韧性，避免过硬、过软、过脆。

(2) 对材料规格的要求：材料厚度公差应符合国家标准，厚薄均匀，避免采用边角料。

(3) 冲裁件材料的选取原则：廉价代贵重，薄料代厚料，黑色金属代有色金属。

4) 冲裁件尺寸基准

冲裁件尺寸的基准应尽可能与其制模时的定位基准重合，并选择在冲裁过程中基本不变动的面或线上。如图 1.7 所示，原设计尺寸的标注图(a)，对冲裁件图样的标注是不合理的，因为这样标注，尺寸 L_1、L_2 必须考虑到模具的磨损，而相应给以较宽的公差造成孔心距的不稳定，孔心距公差会随着模具磨损而增大。改用图(b)的标注，两孔的孔心距不受模具磨损的影响比较合理。

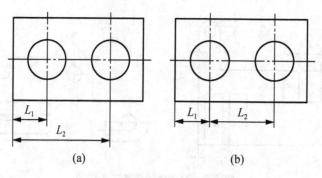

图 1.7 冲裁件的尺寸基准

1.1.3 任务实施

1. 审图

该零件尺寸齐全，材料牌号、材料厚度、生产批量均已说明，冲压件虽未注明尺寸公差，设计时其极限偏差数值可按 IT14 级处理，查参考资料[14]知，按"入体"原则把尺寸逐个改为单向公差（目的方便以后的刃口尺寸计算）。图 1.8 中，尺寸 34、17、116 属被包容尺寸，上偏差为 0，下偏差为负，查表得标注尺寸分别为 $34_{-0.62}^{0}$、$17_{-0.43}^{0}$、$116_{-0.87}^{0}$，尺寸 14 为包容尺寸，下偏差为 0，上偏差为正，查表得 $14_{0}^{+0.43}$。中心距尺寸 82 ± 0.2，尺寸不变，如图 1.8 所示。

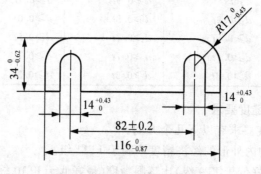

图 1.8 标准公差后的零件图

2. 分析零件工艺性

在分析零件工艺性时，可具体从以下几个方面来进行。

1) 结构形状、尺寸大小

特别提示

(1) 冲裁件形状是否简单、对称？
(2) 冲裁件的外形或内孔的转角处是否有尖锐的清角？
(3) 冲裁件上是否有过小孔径？
(4) 冲裁件上是否有细长的悬臂和狭槽？
(5) 冲裁件上最大尺寸是多少？属于大型、中型还是小型？

(6) 冲裁件的孔与孔之间、孔与边缘之间距离是否过小？

此 E 卡片只有落料工序，形状简单、对称，无尖锐的清角，无细长的悬臂和狭槽，孔 17mm 与边缘之间的距离为 10mm，满足最小壁厚要求。最大尺寸为 116mm，属中小型零件，所以 E 卡片尺寸设计合理，满足工艺要求。

2）尺寸精度、粗糙度、位置精度

特别提示

(1) 产品的最高尺寸精度是多少？
(2) 产品的最高粗糙度要求是多少？
(3) 产品的最高位置精度是多少？

零件图中两冲孔尺寸均未标注尺寸精度和位置精度，粗糙度也无要求，设计时一般按 IT14 级选取公差值。普通冲裁的冲孔精度一般在 IT11 或 IT12 级以下，所以精度能够保证。

3）冲裁件材料的性能

特别提示

- 主要分析产品的材料是否满足以下要求。
  (1) 技术要求：材料性能是否满足使用要求，是否适应工作条件。
  (2) 冲压工艺要求：材料的冲压性能如何，表面质量怎样，材料的厚度公差是否符合国家标准。

材料为 Q235 钢，有良好的冲压性能，满足 E 卡片的使用要求，利用设计手册查出其抗剪强度为 320MPa，抗拉强度为 375MPa，具有良好的冲压性能，满足冲压工艺要求。

从零件的结构工艺、表面粗糙度以及材料三方面分析，该零件具有良好的冲压性能，满足冲压工艺要求。

拓展阅读

冲裁件的精度与毛刺

1. 精度

冲裁件的精度一般可分为精密级和经济级两类。精密级是指冲压工艺技术上所允许的精度；经济级是指可以用比较经济的手段达到的精度。冲裁件外形与内孔尺寸公差见表 1-3，孔距公差见表 1-4。

表 1-3 冲裁件外形与内孔尺寸公差　　　　　　　　　　　　mm

精度等级	零件尺寸	材料厚度			
		<1	1~2	2~4	1~6
经济级	<10	0.12/0.08	0.18/0.10	0.24/0.12	0.30/0.15
	10~50	0.16/0.10	0.22/0.12	0.28/0.15	0.35/0.20
	50~150	0.22/0.12	0.30/0.16	0.40/0.20	0.50/0.25
	150~300	0.30	0.50	0.70	1.00

续表

精度等级	零件尺寸	材料厚度			
		<1	1~2	2~4	1~6
精密级	<10	$\dfrac{0.03}{0.025}$	$\dfrac{0.04}{0.03}$	$\dfrac{0.06}{0.04}$	$\dfrac{0.10}{0.06}$
	10~50	$\dfrac{0.04}{0.01}$	$\dfrac{0.06}{0.05}$	$\dfrac{0.08}{0.06}$	$\dfrac{0.12}{0.10}$
	50~150	$\dfrac{0.06}{0.05}$	$\dfrac{0.08}{0.06}$	$\dfrac{0.10}{0.08}$	$\dfrac{0.15}{0.12}$
	150~300	0.10	0.12	0.15	0.20

注：表中分子为外形的公差值，分母为内孔的公差值。

表 1-4 孔距公差　　　　　　　　　　　　　　　　　　　　　　　mm

精度等级	孔距尺寸	材料厚度			
		<1	1~2	2~4	1~6
经济级	<50	±0.10	±0.12	±0.15	±0.20
	50~150	±0.15	±0.20	±0.25	±0.30
	150~300	±0.20	±0.30	±0.35	±0.40
精密级	<50	±0.01	±0.02	±0.03	±0.04
	50~150	±0.02	±0.03	±0.04	±0.05
	150~300	±0.04	±0.05	±0.06	±0.08

2. 毛刺

任意冲裁件允许的毛刺高度见表 1-5。

表 1-5 任意冲裁件允许的毛刺高度　　　　　　　　　　　　　　　μm

冲裁件材料厚度 t/mm	材料抗拉强度 $\sigma_h/(N/mm^2)$										
	<250			250~400			400~630			>630 及硅钢		
	Ⅰ	Ⅱ	Ⅲ	Ⅰ	Ⅱ	Ⅲ	Ⅰ	Ⅱ	Ⅲ	Ⅰ	Ⅱ	Ⅲ
≤0.35	100	70	50	70	50	40	50	40	30	30	20	20
0.4~0.6	150	110	80	100	70	50	70	50	40	40	30	20
0.65~0.95	230	170	120	170	130	90	100	70	50	50	40	20
1~1.5	340	250	170	240	180	120	150	110	70	80	60	40
1.6~2.4	500	370	250	350	260	180	220	160	110	120	90	60
2.5~3.8	720	540	360	500	370	250	400	300	200	180	130	90
4~6	1200	900	600	730	540	360	450	330	220	260	190	130
6.5~10	1900	1120	950	1000	750	500	650	480	300	350	260	170

任务 1.2　确定单工序模的结构类型

1.2.1　工作任务

确定 E 卡片单工序模的结构类型。

在工艺分析的基础上，开始进行总体方案的拟定，此阶段是设计的关键，是创造性的工作。要充分发挥自己的聪明、才智和创造精神，设计一个既切实可行，又具有一定先进性的合理方案。

确定工艺方案,主要是确定模具类型。在工艺分析的基础上,根据冲裁件的生产批量、尺寸精度的高低、尺寸大小、形状复杂程度、材料的厚薄、冲模制造条件与冲压设备条件等多方面因素,拟定多种冲压工艺,然后选出一种最佳方案。

1.2.2 相关知识

单工序冲裁模指在压力机一次行程内只完成一个冲压工序的冲裁模,如落料模、冲孔模、切断模、切口模、切边模等。

1. 落料模

落料模常见有以下三种形式。

1)无导向的敞开式落料模

上、下模无导向,结构简单,制造容易,冲裁间隙由冲床滑块的导向精度决定,可用边角余料冲裁,常用于料厚而精度要求低的小批量冲件的生产,如图1.9所示。

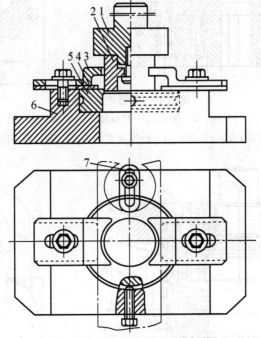

图1.9 无导向的敞开式落料模

1—模柄;2—凸模;3—卸料板;4—导料板;5—凹模;6—下模座;7—定位板

2)导板式落料模

将凸模与导板间(又是固定卸料板)选用 H7/h6 的间隙配合,且该间隙小于冲裁间隙。回程时不允许凸模离开导板,以保证对凸模的导向作用。与敞开式模相比,精度较高,模具寿命长,但制造要复杂一些,常用于料厚大于 0.3mm 的简单冲压件,如图1.10所示。

3)带导柱的弹顶落料模

上下模依靠导柱导套导向,间隙容易保证,并且该模具采用弹压卸料和弹压顶出的结构,冲压时材料被上下压紧完成分离。零件的变形小,平整度高。该种结构广泛用于材料厚度较小,且有平面度要求的金属件和易于分层的非金属件,如图1.11所示。

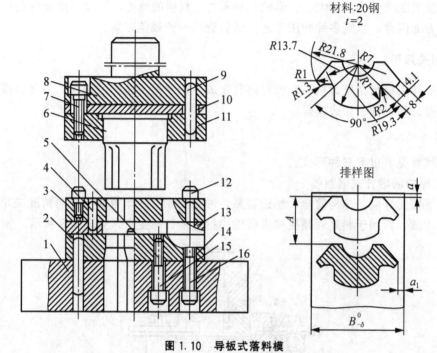

图 1.10 导板式落料模

1—下模座；2、4、9—销；3—导板；5—挡料钉；6—凸模；7、12、15、16—螺钉；
8—上模座；10—垫板；11—凸模固定板；13—导料板；14—凹模

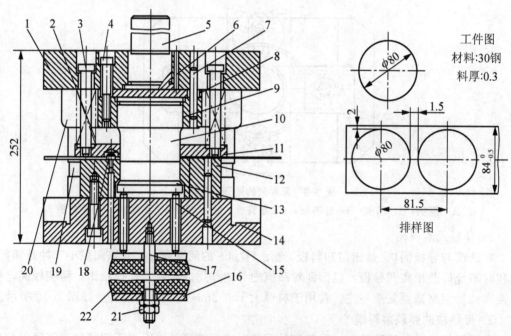

图 1.11 导柱式落料模

1—上模座；2—卸料弹簧；3—卸料螺钉；4—螺钉；5—模柄；6—防转销；7—销；8—垫板；
9—凸模固定板；10—落料凸模；11—卸料板；12—落料凹模；13—顶件板；14—下模座；
15—顶杆；16—板；17—螺栓；18—固定挡料销；19—导柱；20—导套；21—螺母；22—橡皮

2. 冲孔模

冲孔模的结构与一般落料模相似。但冲孔模有其自己的特点，特别是冲小孔模具，必须考虑凸模的强度和刚度，以及快速更换凸模的结构。在已成形零件侧壁上冲孔时，要设计凸模水平运动方向的转换机构。

1) 侧壁冲孔模

如图 1.12 所示为在成形零件的侧壁上冲孔。其中，图 1.12(a)是采用的是悬臂式凹模结构，可用于圆筒形零件的侧壁冲孔、冲槽等。毛坯套入凹模体 3，由定位环 7 控制轴向位置。此种结构可在侧壁上完成多个孔的冲制。在冲压多个孔时，结构上要考虑分度定位机构。图 1.12(b)是依靠固定在上模的斜楔 8 来推动滑块 11，使凸模 12 作水平方向移动，完成筒形零件或 U 形零件的侧壁冲孔、冲槽、切口等工序。

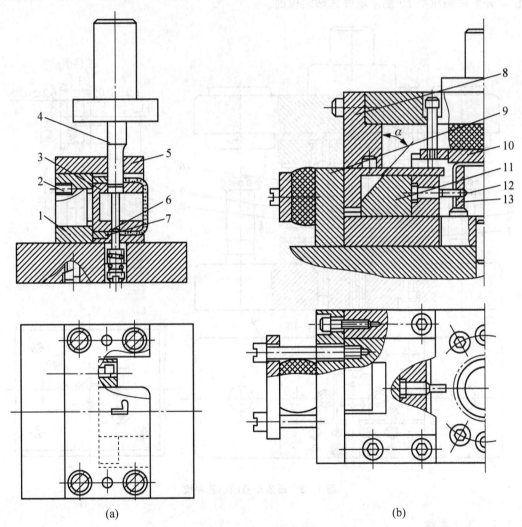

图 1.12　侧壁冲孔模

(a) 悬臂式冲孔模；(b) 斜楔式冲孔模

斜楔的返回行程运动是靠橡皮或弹簧完成的。斜楔的工作角度 α 以 40°～45°为宜。40°的斜楔滑块机构的机械效率最高，45°时滑块的移动距离与斜楔的行程相等。需较大冲裁力的冲孔件，α可采用35°，以增大水平推力。此种结构凸模常对称布置，最适宜壁部对称孔的冲裁。

2）小孔冲模

小孔冲模如图1.13所示，所冲制的工件板厚4mm，最小孔径为0.5t。模具结构采用缩短凸模长度的方法来防止其在冲裁过程中产生弯曲变形而折断。采用这种结构制造比较容易，凸模使用寿命也较长。这副模具采用冲击块5冲击凸模进行冲裁工作。小凸模由小压板7进行导向，而小压板由两个小导柱6进行导向。当上模下行时，大压板8与小压板7先后压紧工件，小凸模2、3、4上端露出小压板7的上平面，上模压缩弹簧继续下行，冲击块5冲击凸模2、3、4对工件进行冲孔。卸件工作由大压板8完成。厚料冲小孔模具的凹模洞口漏料必须通畅，防止废料堵塞损坏凸模。冲裁件在凹模上由定位板9与1定位，并由后侧压块10使冲裁件紧贴定位面。

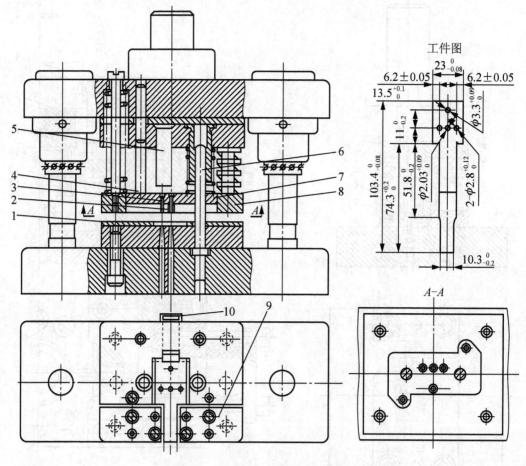

图1.13 超短凸模的小孔冲模

1.2.3 任务实施

1. 方案分析

设计时必须根据冲压件的形状、批量及精度要求来选择是否需要导向装置，其选用时应从以下几个方面进行综合考虑。

(1) 从冲模的应用范围来看，无导向冲模主要适用于中小批量生产，导柱模主要适用于大批量生产，而且是零件精度要求较高的情况；导板模主要适用于级进模和单工序冲模的冲裁，导板可兼作卸料板，并对冲模起保护作用。目前，由于冲模逐渐标准化，有专门生产导柱、导套、模架的工厂，因此选用导柱模要比导板模更方便些。

(2) 从冲压件的外形尺寸及厚度来考虑，无导向模对冲压件的外形尺寸及厚度不作任何限制，而导柱模只能冲裁尺寸在300mm以内、厚度在6mm以下的零件，导板模允许的冲压件尺寸则更小。

(3) 从冲模的安装调整及使用来看，无导向模的安装与使用较为困难，每次冲压时均要重新调整冲模间隙，给操作者带来困难；而导柱模及导板模在使用时较为方便。因此，从这一点出发，为了减少模具安装与调试的难度，选用导柱模及导板模还是比较好的。

(4) 从模具的成本及制造复杂性来考虑，无导向冲模结构简单，便于制造和维修，故成本低，适于小批量及试制性生产。导柱及导板模结构复杂，制造难度大，造价高，故适用于大批量生产。

总之，在生产批量较小且冲压件精度要求不高的情况下，选用无导向冲模比较合适；而在生产批量较大，冲压件精度又要求较高的情况下，必须采用有导向装置的冲模。

2. 方案实施过程

方案一：无导向简单冲裁模结构简单、尺寸小、质量轻、模具制造容易、成本低，但冲模在使用安装时麻烦，需要调试间隙的均匀性，冲裁精度低且模具寿命低。它适用于精度要求低、形状简单、批量小或试制的冲裁件。

方案二：导板导向简单冲裁模比无导向简单冲裁模冲裁精度高、使用寿命较长，但模具制造较复杂、冲裁时视线不好。

方案三：导柱导向简单冲裁模导向准确、可靠，能保证冲裁间隙均匀、稳定，因此冲裁精度比导板模高，使用寿命长。但比前两种模具成本高。

本项目所要生产的E卡片尺寸精度要求不高，但工件产量大，根据材料较薄(0.3mm)的特点，为保证较高的生产率，应取弹性卸料、导料销导料并使用带料的导柱导向的简单冲裁模。

拓展训练

为图1.14所示零件选择合适的模具结构（材料10钢，料厚0.8mm）。

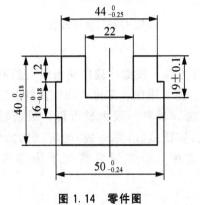

图1.14 零件图

任务1.3 设计排样

1.3.1 工作任务

确定E卡片零件的排样形式及材料的利用率。

排样用来研究如何将冲裁件在条料、板料和带料上进行合理的布置。在冲压零件的成本中，材料费用约占60%以上，因此材料的经济利用具有非常重要的意义。合理的排样是降低冲压件成本、提高材料利用率及提高劳动生产率、提高冲压模具寿命的有效措施。

1.3.2 相关知识

1. 排样

排样是指冲裁件在条料、带料或板料上的布置方法。合理的排样图应包括工位的布置及相应尺寸的确定。合理的排样和选择适当的搭边值是降低成本和保证制件质量及模具寿命的有效措施。

1）排样的分类

（1）有废料排样。如图1.15(a)所示，沿冲裁件的全部外形轮廓冲裁，在冲裁件之间及冲裁件在条料侧边之间，都有工艺余料（称搭边）存在。因留有搭边，所以冲裁件质量和模具寿命较高，但材料利用率降低。

（2）少废料排样。如图1.15(b)所示，沿冲裁件的部分外形轮廓切断或冲裁，只在冲裁件之间（或制件与条料侧边之间）留有搭边，材料利用率有所提高。

（3）无废料排样。无废料排样法就是无工艺搭边的排样，冲裁件直接由切断条料获得。图1.15(c)是步距为两倍冲裁件宽度的一模两件的无废料排样。

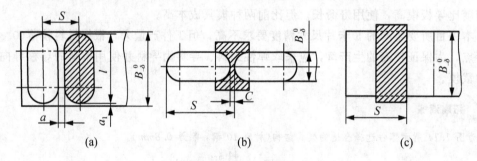

图1.15 排样方法

2）排样方法

（1）在条（带）料上的排样方法。根据冲裁件在条料上的不同布置方法，排样方法可分为直排法、斜排法、对排法、混合排法、多排法和冲裁搭边法等多种方式，见表1-6。

（2）在板料上的排样方法。板料一般为长方形，故裁板方式有纵裁（沿长边裁，也即沿板料轧制的纤维方向裁）和横裁（沿短边裁）两种。因为纵裁裁板次数少，冲压时条料调换次数少，工人操作方便，故在通常情况下应尽可能纵裁。常见裁板方法如图1.16所示。

表1-6 有废料排样和少、无废料排样主要形式的分类

排样形式	有废料排样		少、无废料排样	
	简图	应用	简图	应用
直排		用于简单几何形状（方形、圆形、矩形）的冲裁件		用于矩形或方形的冲裁件
斜排		用于T形、L形、S形、十字形、椭圆形冲裁件	第1方案 第2方案	用于L形或其他形状的冲裁件，在外形上允许有不大的缺陷
直对排		用于T形、Π形、山形、梯形、三角形、半圆形的冲裁件		用于T形、Π形、山形、梯形、三角形的冲裁件，在外形上不允许有不大的缺陷
斜对排		用于材料利用率比直对排时高的情况		多用于T形件冲裁
混合排		用于材料及厚度都相同的两种以上的冲裁件		用于两个外形相互嵌入的不同冲裁件（铰链等）
多排		用于大批生产中尺寸不大的圆形、六角形、方形、矩形冲裁件		用于大批生产中尺寸不大的六角形、方形、矩形冲裁件
冲裁搭边		大批生产中用于小的窄冲裁件（表针及类似冲裁件）或带料的连续拉深		用于以宽度均匀的条料或带料冲制长形件

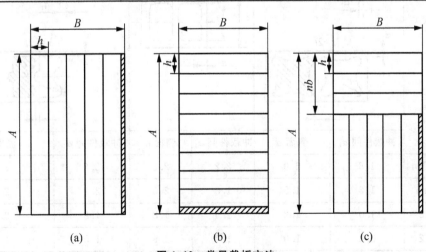

(a)　　　　　　　(b)　　　　　　　(c)

图1.16 常见裁板方法
(a)纵裁；(b)横裁；(c)联合裁

2. 搭边和条料宽度的确定

1) 搭边

搭边是指排样时毛坯外形与条料侧边及相邻毛坯外形之间设置的工艺废料，作用是保证毛坯从条料上分离，补偿由于定位误差使条料再送进过程中产生偏移所需要的工艺废料。

搭边宽度选取需要考虑以下因素。

(1) 材料的力学性能。塑性好的材料，搭边值要大一些；硬度高与强度大的材料，搭边值要小一些。

(2) 冲裁件的形状与尺寸。冲裁件外形越复杂，圆角半径越小，搭边值越大。

(3) 材料厚度。材料越厚，搭边值越大。

(4) 送料及挡料方式。用手工送料，有侧压装置的搭边值可以小一些；用侧刃定距比用挡料销定距的搭边值小一些。

(5) 卸料方式。弹性卸料比刚性卸料的搭边值小一些。

(6) 排样的形式。对排的搭边值大于直排的搭边值。

2) 搭边值的确定

搭边值要合理，因为搭边值过大，材料利用率低；搭边值过小，搭边的强度和刚度不够，在冲裁中将被拉断，使冲裁件产生毛刺，有时甚至单边拉入模具间隙，造成冲裁力不均，损坏模具刃口。通常搭边值是由经验确定的。表 1-7 所示为最小搭边值的经验数表之一，供设计时参考。

表 1-7 最小搭边值的经验数表

材料厚度 t	圆形或圆角 $r>2t$		矩形件边长 $L<50mm$		矩形件边长 $L\geqslant 50mm$ 或圆角 $r\leqslant 2t$	
	冲裁件间 a_1	侧面 a	冲裁件间 a_1	侧面 a	冲裁件间 a_1	侧面 a
0.25 以下	1.8	2.0	2.2	2.5	2.8	3.0
0.25～0.5	1.2	1.5	1.8	2.0	2.2	2.5
0.5～0.8	1.0	1.2	1.5	1.8	1.8	2.0
0.8～1.2	0.8	1.0	1.2	1.5	1.5	1.8

3) 步距和条料宽度的确定

在排样方案和搭边值确定之后,就可以确定条料或带料的宽度,进而可以确定导料板间距(采用导料板导向的模具结构时)。

条料宽度的确定原则是:最小条料宽度要保证冲裁时冲裁件周边有足够的搭边值,最大条料宽度要能在冲裁时顺利地在导料板之间送进,并与导料板之间有一定的间隙。因此,在确定条料宽度时必须考虑到模具的结构中是否采用侧压装置和侧刃,根据不同结构分别计算。

(1) 有侧压装置时。

如图 1.17(a)所示,条料宽度为

$$B_{-\Delta}^{0} = (D_{max} + 2a)_{-\Delta}^{0}$$

导料板间距为

$$B_0 = B + Z = D_{max} + 2a + Z$$

(2) 无侧压装置时。

如图 1.17(b)所示,条料宽度为

$$B_{-\Delta}^{0} = (D_{max} + 2a + Z)_{-\Delta}^{0}$$

导料板间距为

$$B_0 = B + Z = D_{max} + 2a + 2Z$$

(3) 有定距侧刃时。

如图 1.17(c)所示,条料宽度为

$$B = (B'_1 + nb_1) = (D_{max} + 2a + nb_1)_{-\Delta}^{0}$$

导料板间距为

$$B' = B + Z$$
$$B'_1 = D_{max} + 2a + y$$

式中,D_{max}——工件垂直于送料方向的最大尺寸(mm);

a——侧搭边值(mm),见表 1-6;

Δ——条料宽度的单向(负向)公差(mm),见表 1-8;

Z——条料与导料板间的间隙(mm),见表 1-9;

B——条料宽度的基本尺寸(mm);

n——侧刃个数;

b_1——侧刃余料;

y——侧刃冲切后条料与导料板的间隙,常取 0.1～0.2mm。

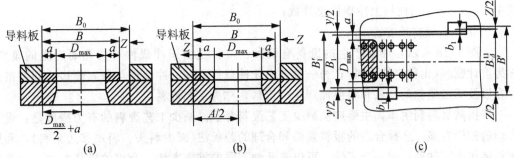

图 1.17 条料的宽度确定

(a)有侧压装置;(b)无侧压装置;(c)用侧刃定距

表 1-8　条料宽度公差 (-Δ)　　　　　　　　　　　　　　　　　　　　mm

材料厚度 t	无侧压装置			有侧压装置	
	B<100	B=100~200	B=200~300	B<100	B≥100
~0.5	0.5	0.5	1	5	8
0.5~1	0.5	0.5	1	5	8
1~2	0.5	1	1	5	8
2~3	0.5	1	1	5	8

表 1-9　条料与导料板间的最小间隙 Z　　　　　　　　　　　　　　　mm

条料宽度 B	材料厚度 t		
	~0.5	>0.5~1	>1~2
~20	0.05	0.08	0.10
>20~30	0.08	0.10	0.15
>30~50	0.10	0.15	0.20

确定条料宽度之后，还要选择板料规格，并确定裁剪的方向（弯曲模设计时注意）。在选择板料规格和确定裁板法时，还应综合考虑整张板材的利用率、操作方便和材料供应情况。

3. 材料的利用率

排样的目的是为了在保证冲裁件质量的前提下，合理利用原材料。衡量排样经济性、合理性指标是材料的利用率，其表示为

$$\eta = \frac{S}{S_0} \times 100\% = \frac{S}{AB} \times 100\% \tag{1-1}$$

式中，η——材料利用率；

　　　　S——工件的实际面积；

　　　　A——步距（相邻两个冲裁件对应点的距离）；

　　　　B——条料宽度。

往往一个进距的材料利用率仍不能说明整个材料的利用情况，还需对整张板料进行比较，这就需要计算一张板料上总的材料利用率 $\eta_\text{总}$，即

$$\eta_\text{总} = \frac{n_\text{总} S}{LB} \times 100\% \tag{1-2}$$

式中，$n_\text{总}$——一张板料上冲裁件总件数；

　　　　L——板料长度。

如图 1.18 所示，冲裁产生的废料有两种：一种是由于冲裁件有内孔而产生的废料，称为设计废料（也称结构废料）；另一种是由于冲裁件之间、冲裁件与条料侧边之间有搭边存在以及不可避免的料头和料尾而产生的废料，称为工艺废料。

要提高材料利用率，主要应从减少工艺废料着手。减少工艺废料的有力措施是：设计合理的排样方案，选择合适的板料规格和合理的裁板法（减少料头、料尾和边余料），利用废料制作小零件等。同一个工件，可以有几种不同的排样方法。合理的排样方法，应是将工艺废料减到最小。如图 1.19 所示为不同排样方式的材料消耗对比。

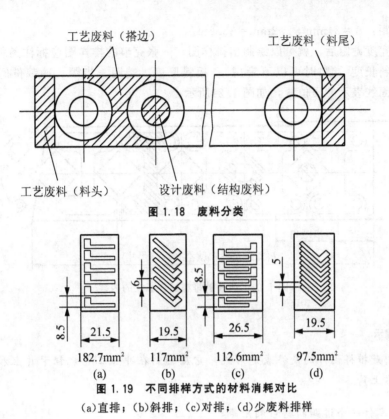

图 1.18 废料分类

图 1.19 不同排样方式的材料消耗对比

(a)直排；(b)斜排；(c)对排；(d)少废料排样

1.3.3 任务实施

排样的设计可参考如下步骤进行。

1. 确定排样方式

本项目零件因生产批量大，为了简化冲裁模结构，便于定位，所以采用单排排样方案，如图 1.20 所示。

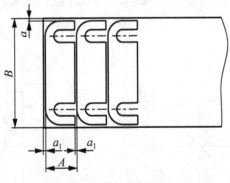

图 1.20 零件排样图

2. 确定条料宽度和送料步距

搭边值：按表 1-7，结合影响搭边值的因素取最小搭边值 $a_1=2.2$ mm，$a=2.5$ mm。

条料宽度：$B=116$ mm$+2(2.5+0.6)$ mm$+0.2$ mm$=122.4$ mm$=123$ mm。

送料进距：$A = 34\text{mm} + 2.2\text{mm} = 36.2\text{m}$。

当条料宽度确定后，就可以绘制出排样图，一张完整的排样图应标注条料的宽度尺寸及公差、条料长度（卷料时可以不考虑）、板料厚度、端距、步距、冲裁件间搭边和侧搭值，并以剖面线表示冲压位置，如图1.21所示。

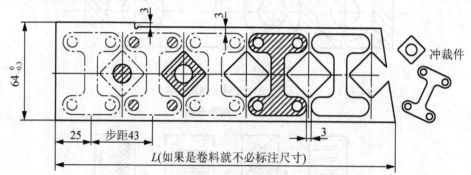

图1.21 完整的排样图应标注的内容

特别提示

- 排样图是排样设计的最终表达形式，它应绘制在冲压工艺规程卡片上和冲裁模总装图的右上角。

3. 计算零件一个进距的材料利用率

本项目零件一个进距的材料利用率为：

冲裁件面积：$S = 116\text{mm} \times 34\text{mm} - [17 \times 14 \times 2 + 49\pi + 2(17 \times 17 - 1/4\pi 17^2)]\text{mm}^2$
$= 3189.87\text{mm}^2$；

材料利用率：$\eta = S/(B \times A) \times 100\% = 3189.87/(122.4 \times 36.2) \times 100\% = 72\%$。

拓展训练

请将如图1.22所示的两种垫片零件进行排样，并计算材料的利用率。

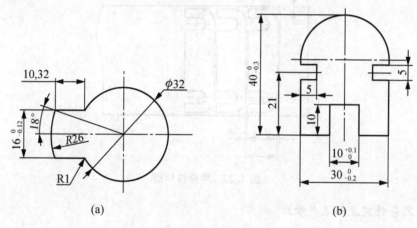

图1.22 垫片零件

任务1.4 选择凸、凹模刃口间隙

1.4.1 工作任务

为该 E 卡片零件模具选择合适的刃口间隙。

凸模、凹模间隙对冲裁件质量、冲裁工艺力、模具寿命都有很大的影响。因此,设计模具时一定要选择一个合理的间隙,以保证冲裁件的断面质量、尺寸精度满足产品的要求,并且所需冲裁力小、模具寿命高。但分别从质量、冲裁力、模具寿命等方面的要求各自确定的合理间隙并不是同一个数值,只是彼此接近。考虑到模具制造中的偏差及使用中的磨损、生产中通常只选择一个适当的范围作为合理间隙,只要间隙在这个范围内,就可冲出良好的冲裁件。

1.4.2 相关知识

1. 冲裁过程分析

图 1.23 所示为冲裁工作示意图,凸模 1 与凹模 2 具有与冲件轮廓相同的锋利刃口,且相互之间保持均匀合适的间隙。冲裁时,板料 3 置于凹模上方,当凸模随压力机滑块向下运动时,迅速冲穿板料进入凹模,使冲裁件与板料分离而完成冲裁工作。

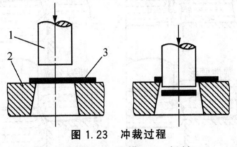

图 1.23 冲裁过程
1—凸模;2—凹模;3—板料

冲裁变形分析对了解冲裁变形机理和变形过程、掌握冲裁时作用于板材内部的应力应变状态(如图 1.24、图 1.25 所示)、正确应用冲裁工艺及设计模具,以及控制冲裁件质量都有着重要意义。

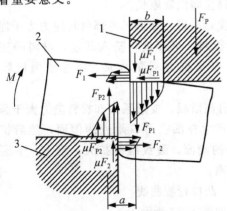

图 1.24 冲裁时作用于板料上的力
1—凸模;2—材料;3—凹模

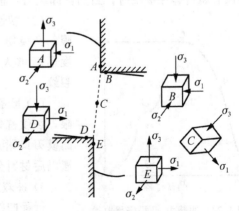

图 1.25 板料的应力剪裁图

1) 受力情况

凸、凹模间隙存在，产生弯矩。

A 点（凸模侧面）：凸模下压引起轴向拉应力 σ_3，板料弯曲与凸模侧压力引起径向压应力 σ_1，而切向应力 σ_2 为板料弯曲引起的压应力与侧压力引起的拉应力的合成应力。

B 点（凸模端面）：凸模下压及板料弯曲引起的三向压缩应力。

C 点（断裂区中部）：沿径向为拉应力 σ_1，垂直于板平面方向为压应力 σ_3。

D 点（凹模端面）：凹模挤压板料产生轴向压应力 σ_3，板料弯曲引起径向拉应力 σ_1 和切向拉应力 σ_2。

E 点（凹模侧面）：凸模下压引起轴向拉应力 σ_3，由板料弯曲引起的拉应力与凹模侧压力引起压应力合成产生应力 σ_1 与 σ_2，该合成应力可能是拉应力，也可能是压应力，与间隙大小有关。一般情况下，该处以拉应力为主。

在五点的应力状态中，B、D 点的压应力高于 A、E，而凸模刃口一侧的压力又大于凹模，所以裂纹最宜在 E 处产生，继而在 A 处产生。

2）冲裁时板料变形过程

正常间隙、刃口锋利情况下，冲裁变形过程可分为三个阶段，如图 1.26 所示。

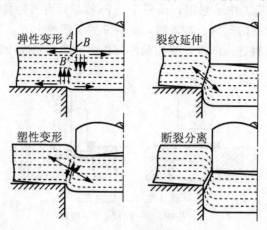

图 1.26 冲裁变形过程

（1）弹性变形阶段。板料产生弹性压缩、弯曲和拉伸（$AB' > AB$）等变形，板料内部的应力没有超过弹性极限时，当凸模卸载后，板料立即恢复原状。

（2）塑性变形阶段。变形区内部材料应力大于屈服极限。凸模切入板料，下部板料挤入凹模，材料的变形程度逐渐增大，变形抗力不断增大，超过屈服极限出现裂纹。

（3）断裂分离阶段。变形区内部材料应力大于强度极限，裂纹首先产生在凹模刃口附近的侧面，然后扩展到凸模刃口附近的侧面，裂纹继续扩大，当上、下裂纹相遇以后材料分离。

3）冲裁力-凸模行程曲线

行程曲线如图 1.27 所示。

（1）AB 段：相当于冲裁的弹性变形阶段，凸模接触

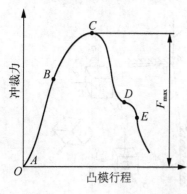

图 1.27 冲裁力-凸模行程曲线

材料后，载荷急剧上升。

(2) BC 段：当凸模刃口挤入材料，即进入塑性变形阶段后，载荷的上升就慢下来。

(3) C 点：冲裁力达最大值。

(4) CD 段：此时为板料的断裂阶段。

4) 冲裁件质量及其影响因素

冲裁件的质量要求如图 1.28 所示。

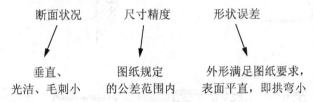

图 1.28　冲裁件质量要求

(1) 冲裁件断面特征，如图 1.29 所示。

① 圆角带：刃口附近的材料产生弯曲和伸长变形。

② 光亮带：塑性剪切变形，质量最好。

③ 断裂带：裂纹形成及扩展。

④ 毛刺区：间隙存在，裂纹产生不在刃尖，毛刺不可避免。此外，间隙不正常、刃口不锋利，还会加大毛刺。

(2) 材料性能的影响。

① 塑性好的材料：裂纹出现迟，材料被剪切深度大，断面光亮带比例大，圆角和穹弯也大，断裂带较窄。

② 塑性差的材料：光亮带小，圆角小，穹弯小，大部分为粗糙断裂带。

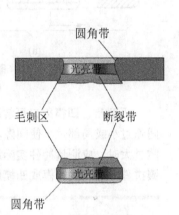

图 1.29　冲裁件端面特征

(3) 模具刃口状态的影响，如图 1.30 所示。

当凹模刃口磨钝时，则会在冲孔件的孔口下端产生毛刺。

当凸模刃口磨钝时，则会在落料件上端产生毛刺。

当凸、凹模刃口同时磨钝时，则冲裁件上、下端都会产生毛刺。

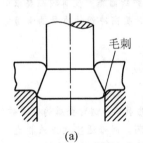 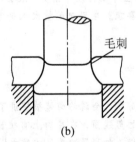 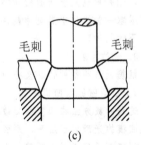

(a)　　　　　　　　(b)　　　　　　　　(c)

图 1.30　模具刃口状态

(a)凹模磨钝；(b)凸模磨钝；(c)凸、凹模均磨钝

(4) 模具间隙的影响。如图 1.31 所示，图 1.31(a)中，间隙过小，出现二次剪裂，产生第二光亮带。图 1.31(b)中，间隙过大，出现二次拉裂，产生两个斜度。图 1.31(c)中，间隙合适，上下纹会合成一线，断面质量好。

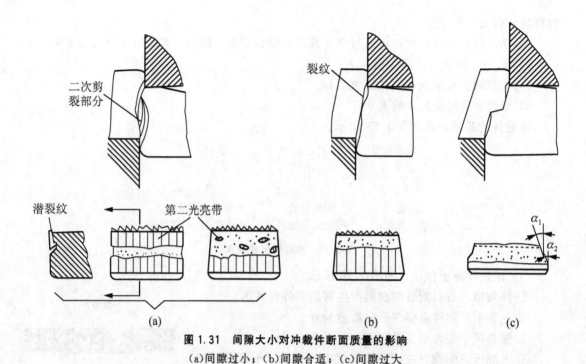

图 1.31 间隙大小对冲裁件断面质量的影响
(a)间隙过小；(b)间隙合适；(c)间隙过大

刃磨凸、凹模刃口可解决因啃刃产生的毛刺。刃磨前应该对模具零件进行相应的调整；间隙过小或局部过小使间隙不均匀时，可用研磨或成行磨削凸模和凹模的方法放大间隙；间隙过大时，应测量冲件实际尺寸，决定修磨凸模和凹模尺寸，采取更换凸模和凹模，或采取镶拼件方法改变凸模或凹模局部的尺寸。修正时选用数控线切割加工方法效果较好。

 拓展阅读

提高冲裁件质量的方法

采用普通的冲裁工艺，冲裁件的尺寸精度为 IT10～IT14 级，表面粗糙度在 6.3 左右，其断面略带斜度，光亮带也只有断面的 1/3 左右。当冲裁件尺寸精度、表面粗糙度和断面垂直度有较高要求时，就必须采取一些措施来满足冲裁件的质量要求。在目前的技术水平条件下，提高冲裁件质量的常用方法大致有下述几种。

1. 光洁冲裁

根据光洁冲裁的特点又分为以下几种。

1) 小间隙圆角凹模冲裁

这种冲裁方法在凹模的刃边不产生剪裂，金属均匀地被挤进了凹模的洞口，这时金属的纤维被拉长，并被凹模的光滑表面压平，形成了很光的剪裂面，在废料上有拉长的毛刺。同普通冲裁方法相比，两者的差别仅在于采用了小间隙、小圆角刃口，加强了冲裁区的静水压，起到了抑制裂纹的作用。

这种方法只适用于塑性较好的有色金属和软钢，如软铝、紫铜、黄铜、05F 和 08F 等，用于硬钢和磷青铜等时会产生断裂现象。用这种方法得到的冲裁件，其尺寸精度可达 IT8～IT10 级，表面粗糙度为 1.6～0.4。

2) 负间隙冲裁

负间隙冲裁方法只适于冲裁塑性好的材料，如软铝、铜和软钢等。对于普通碳素钢和合金钢不能采用。采用这种方法，在冲裁后可获得尺寸精度为 IT8～IT10、表面粗糙度为 0.8～0.4 的冲裁件。

负间隙是指凸模尺寸大于凹模尺寸。对于圆形冲裁件,凸模比凹模大出的周边是均匀的,一般约大（0.1～0.2）t；对于几何形状复杂的冲裁件,在凸出的角部要比圆形部分大出一倍,即为（0.2～0.4）t；在凹进的部位则比圆形部分减少一半,即为（0.05～0.1）t。

由于凸模尺寸大于凹模尺寸,出现的裂纹与普通冲裁时相反,形成一个倒锥形,凸模将此倒锥形毛坯推入凹模时,切去了部分余量,获得较高的断面质量。有时,为使断面有更低的表面粗糙度,可以在凹模的刃边做出很小的倒角。

冲裁时,模具在完全闭合后,凸模的最下边工作位置应与凹模上平面保持有0.1～0.2mm的距离。

3）具有椭圆角的凸模冲裁

采用这种冲裁方法,凹模为普通形状,变形特点与用椭圆角凹模冲裁过程相似,而所得到的冲压件精度及表面粗糙度也相似。

这种方法主要用于软钢和有色金属的冲孔,在结构工艺性上,孔径要大于三倍的板材厚度。对于比较厚的板材,当孔径小于三倍的板材厚度时,可将凸模刃边磨出120°的锥角。

2. 整修

整修是利用整修模沿着冲裁件外缘或内孔刮削去一层薄薄的切屑,以除去普通冲裁时在断面上留下的塌角、毛刺和剪裂带等,从而提高了冲裁件的加工精度,降低了表面粗糙度。整修时应合理确定整修余量,而整修余量又取决于整修次数。

1）外缘整修

冲裁件外形的整修称为外缘整修,分为切削外缘整修和挤光外缘整修两种。

（1）切削外缘整修：切削外缘整修可以整修出IT6级精度、表面粗糙度0.4以下的冲裁件。

这种整修方法与切削加工相似。整修余量与材料的性质、冲裁件形状和大小、板材厚度及整修前的断面质量等状况有关。如果整修前采用大间隙落料,断面上断裂带斜度大,整修量必然要大；如果整修前采用小间隙落料,需要切去二次剪裂形成的中间断裂带的斜度小,因此整修量相对也小。整修次数根据整修量的大小、材料的性质、板材厚度和冲裁件的几何形状等因素来确定。就实际生产而言,总是希望整修次数越少越好,但有时是不可能实现的。当板材厚度小于3mm、冲裁件外形比较简单时,一般只需要一次整修即可；如果冲裁件外形复杂,就必须进行多次整修。一般情况,一次可切去的单面整修量应小于（8%～10%）料厚。

对于软材料（如黄铜、铝）的整修,凹模与凸模应采用锋利刃口；对于较硬材料（如钢）的整修,凹模刃口应稍带有圆角,凸模做成锋利刃口。

（2）挤光外缘整修：主要适用于塑性较好、板材厚度为3～7mm的冲裁件。

整修方法是将大于凹模的冲裁件挤入锥形凹模内,以获得光洁的外缘表面,每边的压缩量不应超过0.04～0.06mm。

2）内缘整修

冲裁件孔的整修称为内缘整修。内缘整修有切削内缘整修和挤压内缘整修两种。

（1）切削内缘整修：整修精度可达IT6级左右,表面粗糙度0.4左右。整修量与材料性质、厚度及内缘断面质量状况等因素有关。如果整修前冲压件上的孔用钻孔工艺加工的,其整修量要比用冲孔时小。若整修孔的同时,还兼有校准孔径和孔中心距时,应增加整修量。

（2）挤压内缘整修即用钢球或芯棒整修,此法是利用滚珠或芯棒对孔进行精压。工作时,利用凸模的压力,使硬度很高的钢球或芯棒强行通过孔,借以达到整修目的。整修后的尺寸精度可达IT6级左右,表面粗糙度在0.1左右。

3. 精冲

精冲是精密冲裁工艺的简称,是在普通冲裁的基础上发展起来的一种精密加工工艺。它与普通冲裁在工艺上的区别,除凸模、凹模间间隙极小与凹膜刃口带圆角外,在模具结构上也有其特点,精冲模具比普通冲裁模多了一个齿圈压板与一个顶出器,所以材料在受压状态下进行冲裁,可以防止材料在冲裁过程中的拉伸流动。再加之间隙极小,使剪切区的材料处于三向压应力状态。这种工艺方法不仅提高了冲裁周界金属的塑性,还消除了材料剪切区的拉应力；加之凹模刃口为圆角,消除了应力集中,所以不可能产生由应力引起的宏观裂纹,也不会出现普通冲裁时的撕裂断面。同时,顶出器又能防止冲压件产生弯曲现象,所以精冲能得到冲裁断面光亮、锥度小、表面平整、尺寸精度高的冲裁件。

实践证明,在精冲时,压紧力、冲裁间隙和凹模刃口圆角三者是相辅相成的,其中冲裁间隙是主要的影响因素。

目前,精冲可以达列的工艺水平如表 1-10 所示。

表 1-10 目前精冲工艺的水平

项 目 \ 冲裁种类	精 冲	普通冲裁
冲切面粗糙度	$R_z=0.3\sim1.2$mm	冲切表面约有 1/3 料厚的光亮带,其余为撕裂面
工件尺寸精度	IT7～IT8	低于 IT8
毛刺和塌角	毛刺高度<0.03mm,塌角深度一般为 10%～25% 料厚	毛刺与圆角相当于精冲的 2 倍
冲切面垂直度	一般可达 89°30′	切口断裂不齐,斜度较大
可冲小孔直径	一般 d≥60% 料厚	一般 d>料厚
可冲最小圆角半径	R≥(0.1～0.2)料厚	R≥(0.3～0.5)料厚
最小边距值	当料厚为 1～4mm 时,冲圆孔边距为 (60%～65%) 料厚,冲方孔或长孔边距为等于或大于料厚	冲圆孔边距大于料厚;冲方孔或长孔边距为大于(1.5～2)料厚
冲切面形变硬化层	精冲高碳钢,其表面硬度较原材料提高(1.4～2.8)倍	在光亮带上硬度增加(1.4～1.6)倍

1) 精冲原理

要想获得既不带锥度又光洁的切断面,其先决条件是凸模和凹模之间的间隙要小,同时还要避免普通冲裁变形时出现的撕裂阶段,只产生塑性剪切。也就是说,冲裁件与板材分离的过程始终是塑性剪切过程。为获得纯塑性剪切变形,板材在冲裁过程中必须一直处于强力的压紧状态。板材在很大的静压力作用下,产生以下的效果:

(1) 使材料塑性增大,不至于在模具刃口附近产生裂纹。

(2) 将板材压平,使冲裁切断面与冲裁件表面保持垂直。

2) 精冲过程

图 1.32 是精冲过程的示意图。

3) 适用于精冲的材料

精冲对材料要求比较严格,适合精冲的材料必须具有良好的塑性、较大的变形能力和良好的组织结构,以便在冲裁中不致发生撕裂现象。

以含碳量小于 0.35%、强度极限 $\sigma_b=300\sim600$MPa 的钢精冲效果最好。含碳 0.35%～0.7%,甚至更高的碳素钢及铬、镍、钼含量比较低的合金钢经退火处理后仍然可以获得良好的效果。应该注意的是材料的金相组织对精冲断面质量影响很大(特别对含碳量高的材料)最理想的组织是球化退火后有均匀分布的细粒碳化物(即球状渗碳体)。至于有色金属包括纯铜、黄铜(含铜量大于 62%)、软青铜、铝及其合金(抗拉强度 $\sigma_b<250$MPa)等都可以精冲,但是用作冲裁钥匙的铅黄铜精冲效果不好。

4) 精冲件的结构工艺性

(1) 最小圆角半径:精冲件不允许有尖角,必须是圆角,否则在相应的剪切面上会发生撕裂,而且易使凸模损坏。冲裁件的最小圆角半径与冲裁件的尖角角度、板材厚度及其机械性能等因素有关。

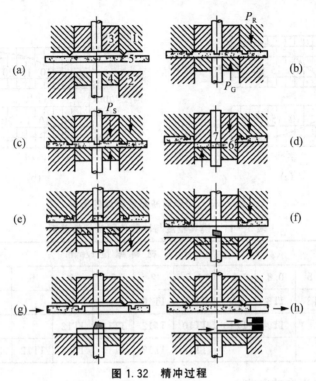

图 1.32 精冲过程

1—齿圈压板；2—凹模（落料）；3—凸模；4—顶板；5—材料；6—零件；7—冲孔废料

(a)模具初始位置；(b)齿圈压入；(c)冲裁；(d)冲裁过程结束；(e)模具开启；
(f)卸出冲孔废料；(g)顶出零件及卸出带料；(h)排出零件和废料，向前送料

（2）精冲允许的最小孔径主要是从冲孔凸模所能承受的最大压应力来考虑的，其值与材料性质和板材厚度等因素有关。

（3）孔边距：精冲所允许的孔边距的最小值比普通冲裁时小。

2．冲裁间隙的合理选择

1）间隙对冲裁件尺寸精度的影响

冲裁件的尺寸精度是指冲裁件的实际尺寸与公称尺寸的差值，差值越小，则精度越高。这个差值包括两方面的偏差：一是冲裁件相对于凸模或凹模尺寸的偏差；二是模具本身的制造偏差。

当凸、凹模间隙较大时，冲裁结束后，因材料的弹性恢复使冲裁件尺寸向实体方向收缩，落料件尺寸小于凹模尺寸，冲孔孔径大于凸模直径；当间隙较小时，由于材料受凸、凹模的挤压力大，故冲裁后材料的弹性恢复使落料件尺寸增大，冲孔孔径变小，如图 1.33 所示。尺寸变化量的大小与材料性质、厚度、轧制方向等因素有关，材料性质直接决定了材料在冲裁过程中的弹性变形量，如软钢的弹性变形量较小，冲裁后的弹性回复也比较小，硬钢的弹性恢复量较大。

上述因素的影响是在一定的模具制造精度前提下讨论的，若模具刃口制造精度低，则冲裁件的制造精度也就无法保证，所以，凸、凹模刃口的制造公差一定要按冲裁件的尺寸要求来决定。此外模具结构形式及定位方式对孔的定位尺寸精度也有较大的影响，这将在模具结构中阐述，冲模制造精度与冲裁件精度间的关系如表 1-11 所示。

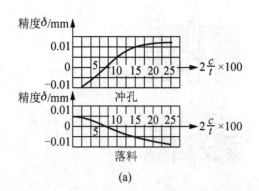 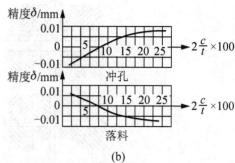

图 1.33 间隙对冲裁件精度的影响

表 1-11 模具精度与冲裁件精度间的关系

冲模制造精度	材料厚度 t/mm									
	0.5	0.8	1	1.6	2	3	4	5	6	8	10
IT6~IT7	IT8	IT8	IT9	IT10	IT10						
IT7~IT8		IT9	IT10	IT10	IT12	IT12	IT12				
IT9			IT12	IT12	IT12	IT12	IT12	IT14	IT14	IT14

2) 间隙对模具寿命的影响

模具寿命受各种因素的综合影响,间隙是其中最主要的因素之一。冲裁过程中,凸模与被冲的孔之间、凹模与落料件之间均有摩擦,过小的间隙对模具寿命极为不利。而较大的间隙可使凸模侧面与材料间的摩擦减小,并减少制造和装配精度对间隙的限制,放宽间隙不均匀的不利影响,从而提高模具寿命。

3) 间隙对冲裁力的影响

随着间隙的增大,材料所受的拉应力增大,材料容易断裂分离,因此冲裁力减小。通常冲裁力的降低并不显著,当单边间隙为材料厚度的 5%~20% 时,冲裁力的降低不超过 5%~10%。

间隙对卸料力、推件力的影响比较显著。间隙增大后,从凸模上卸料和从凹模里推出零件都省力,当单边间隙达到材料厚度的 15%~25% 时,卸料力几乎为零。

3. 间隙值的确定

由以上分析可见,凸模、凹模间的间隙对冲裁件的质量、冲裁工艺性、模具寿命都有很大的影响。因此,设计模具时一定要选用一个合理的间隙,以保证冲裁件的断面质量、尺寸精度满足产品要求,并保证所需冲裁力小、模具寿命高。考虑到模具制造过程中的偏差和磨损,生产中常选择一个合适的范围作为合理间隙,只要在这个范围内,就可冲出质量较好的冲裁件。这个范围的最小值称为最小合理间隙 $c_{\min}$,最大值称为最大合理间隙 $c_{\max}$。考虑到模具在使用中间隙越磨越大,故设计和制造新模具时要采用最小合理间隙 $c_{\min}$。

1) 理论确定法

根据图1.34中几何关系可以求的合理间隙c为

$$c=(t-h_0)\tan\beta=t(1-\frac{h_0}{t})\tan\beta \qquad (1-3)$$

式中，t——材料厚度；

h_0——产生裂纹时凸模挤入材料的深度；

h_0/t——产生裂纹时凸模挤入材料的相对深度；

β——剪裂纹与垂线间的夹角。

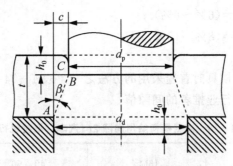

图1.34 理论间隙计算图

从式(1-3)看出，间隙c与材料厚度t、相对切入深度h_0/t以及裂纹方向β有关。而h_0与β又与材料的性质有关(见表1-12)，影响间隙值的主要因素是材料的性质和厚度。总之，材料厚度越大，塑性越低的硬脆材料，所需的间隙c值越大。而料厚越薄，塑性越好的材料，所需间隙c值就越小。

表1-12 h_0/t与β值

材料	h_0/t		β	
	退火	硬化	退火	硬化
软钢、紫铜、软黄铜	0.5	0.35	6°	6°
中硬钢、硬黄铜	0.3	0.2	5°	4°
硬钢、硬青铜	0.2	0.1	1°	1°

2) 经验确定法

冲裁间隙的确定也可以才用经验公式来确定，即

$$c=mt \qquad (1-4)$$

式中，t——材料厚度；

m——系数，与材料性能及厚度有关，具体可查表1-13。

表1-13 冲裁间隙经验公式中的m值

材料	m(当$t<3mm$时)	m(当$t>3mm$时)	材料	m(当$t<3mm$时)	m(当$t>3mm$时)
软钢、纯铁	6%～8%	15%～19%	硬钢	8%～12%	17%～25%
铜、铝合金	6%～10%	16%～21%			

对于尺寸精度、断面垂直度要求高的冲裁件应选用较小的间隙值，对于断面垂直度与尺寸精度要求不高的冲裁件，应以降低冲裁力、提高模具寿命为主，可采用较大的间隙值。

(1) 软材料：

当 $t<1\text{mm}$ 时，$c=(3\%\sim4\%)t$；

当 $t<1\sim3\text{mm}$ 时，$c=(5\%\sim8\%)t$；

当 $t=3\sim5\text{mm}$ 时，$c=(8\%\sim10\%)t$。

(2) 硬材料：

当 $t<1\text{mm}$ 时，$c=(4\%\sim5\%)t$；

当 $t<1\sim3\text{mm}$ 时，$c=(6\%\sim8\%)t$；

当 $t=3\sim5\text{mm}$ 时，$c=(8\%\sim13\%)t$。

3) 查表法

查表法是工厂中设计模具时普遍采用的方法之一。表 1-14 和表 1-15 是汽车、拖拉机行业和电器、仪器仪表行业推荐的间隙值。

表 1-14 冲裁模初始用间隙 $2c$（汽车、拖拉机行业）

材料厚度	08、10、35 09Mn、Q235		16Mn		40、50		65Mn	
	$2c_{min}$	$2c_{max}$	$2c_{min}$	$2c_{max}$	$2c_{min}$	$2c_{max}$	$2c_{min}$	$2c_{max}$
小于 0.5	极 小 间 隙							
0.5	0.040	0.060	0.040	0.060	0.040	0.060	0.404	0.060
0.6	0.048	0.072	0.048	0.072	0.048	0.072	0.048	0.072
0.7	0.064	0.092	0.064	0.092	0.064	0.092	0.064	0.092
0.8	0.072	0.104	0.072	0.104	0.072	0.104	0.064	0.092
0.9	0.090	0.126	0.090	0.126	0.090	0.126	0.090	0.126
1.0	0.100	0.140	0.100	0.140	0.100	0.140	0.090	0.126
1.2	0.126	0.180	0.132	0.180	0.132	0.180		
1.5	0.132	0.240	0.170	0.240	0.170	0.230		
1.75	0.220	0.320	0.220	0.320	0.220	0.320		
2.0	0.246	0.360	0.260	0.380	0.260	0.380		
2.1	0.260	0.380	0.280	0.400	0.280	0.400		
2.5	0.360	0.500	0.380	0.540	0.380	0.540		
2.75	0.400	0.560	0.420	0.60	0.420	0.600		
3.0	0.460	0.640	0.480	0.660	0.480	0.660		
3.5	0.540	0.740	0.580	0.780	0.580	0.780		
4.0	0.640	0.880	0.680	0.920	0.680	0.920		
4.5	0.720	1.000	0.680	0.960	0.780	1.040		
5.5	0.940	1.280	0.780	1.100	0.980	1.320		
6.0	1.080	1.440	0.840	1.200	1.140	1.500		
6.5			0.940	1.300				
8.0			1.200	1.680				

注：冲裁皮革、石棉和纸板时，间隙取 08 钢的 25%。

表1-15 冲裁模初始用间隙$2c$(电器、仪表行业)

材料名称		45 T7、T8(退火) 65Mn(退火) 磷青铜(硬) 铍青铜(硬)		10、15、20、30钢板 冷轧钢带 H62、H65(硬) LY12 硅钢片		Q215、Q235钢板 08、10、15钢板 H62、H68(半硬) 磷青铜(软) 铍青铜(软)		H62、H68(软) 紫铜 L21~LF2 硬铝 LY12(退火)	
力学性能	HBS	≥190		140~190		70~140		≤70	
	σ_b/MPa	≥600		400~600		300~400		≤300	
厚度 t		$2c_{min}$	$2c_{max}$	$2c_{min}$	$2c_{max}$	$2c_{min}$	$2c_{max}$	$2c_{min}$	$2c_{max}$
0.3		0.04	0.06	0.03	0.05	0.02	0.04	0.01	0.03
0.5		0.08	0.10	0.06	0.08	0.04	0.06	0.025	0.045
0.8		0.12	0.16	0.10	0.13	0.07	0.10	0.045	0.075
1.0		0.17	0.20	0.13	0.16	0.10	0.13	0.165	0.095
1.2		0.21	0.24	0.16	0.19	0.13	0.16	0.075	0.105
1.5		0.27	0.31	0.21	0.25	0.15	0.19	0.10	0.14
1.8		0.34	0.38	0.27	0.31	0.20	0.24	0.13	0.17
2.0		0.38	0.42	0.30	0.34	0.22	0.26	0.14	0.18
2.5		0.49	0.55	0.39	0.45	0.29	0.35	0.18	0.24
3.0		0.62	0.65	0.49	0.55	0.36	0.42	0.23	0.29
3.5		0.73	0.81	0.58	0.66	0.43	0.51	0.27	0.35
4.0		0.86	0.94	0.68	0.76	0.50	0.58	0.32	0.40
4.5		1.00	1.08	0.78	0.86	0.58	0.66	0.37	0.45
5.0		1.13	1.23	0.90	1.00	0.65	0.75	0.42	0.52
6.0		1.40	1.50	1.00	1.20	0.82	0.92	0.53	0.63
8.0		2.00	2.12	1.60	1.72	1.17	1.29	0.76	0.88

1.4.3 任务实施

由于项目零件(E卡片)断面质量、尺寸精度都要求不高,故采用中等间隙,查冲压模具设计手册(见参考文献[22]中表2.1-3),间隙按Ⅱ级精度选取,查表1-15选取合理间隙值为

$$2c_{min}=0.02\text{mm};\quad 2c_{max}=0.04\text{mm}$$

任务1.5 计算凸、凹模刃口尺寸

1.5.1 工作任务

在冲裁件的测量和使用中,都是以光亮带的光面尺寸为基准。落料件和冲孔件的光亮带均是由凹模刃口切挤出来的。为什么凸模和凹模刃口要进行计算,而不是简单地把公称

尺寸作为凸模和凹模的刃口尺寸呢？这是因为凸模和凹模在冲压过程中是会磨损的，冲不了多少就会磨损到公差范围之外，这样冲出来的件就不合格了，为了使模具寿命达到最大化，必须把凸模和凹模的刃口进行计算。

冲裁件的尺寸精度主要取决于模具刃口的尺寸精度，模具的合理间隙值也要靠模具刃口尺寸及制造精度来保证。正确确定模具刃口尺寸及其制造公差，是设计冲裁模的主要任务之一。

1.5.2 相关知识

1. 凸、凹模刃口尺寸计算原则

在计算凸、凹模刃口尺寸时，要遵循以下原则。

(1) 设计落料模先确定凹模刃口尺寸，以凹模为基准，间隙取在凸模上，即冲裁间隙通过减小凸模刃口尺寸来取得。

设计冲孔模先确定凸模刃口尺寸，以凸模为基准，间隙取在凹模上，冲裁间隙通过增大凹模刃口尺寸来取得。

(2) 根据冲模在使用过程中的磨损规律，设计落料模时，凹模公称尺寸应取接近或等于工件的最小极限尺寸；设计冲孔模时，凸模公称尺寸则取接近或等于工件孔的最大极限尺寸。

模具磨损预留量与工件制造精度有关。

(3) 冲裁(设计)间隙一般选用最小合理间隙值($2c_{min}$)。

(4) 选择模具刃口制造公差时，要考虑工件精度与模具精度的关系，即要保证工件的精度要求，又要保证有合理的间隙值。

(5) 工件尺寸公差与冲模刃口尺寸的制造偏差原则上都应按"入体"原则标注为单向公差。落料件外形部分改为上偏为零，下偏差为负；属内形部分改为上偏差为正，下偏差为零，如图1.35所示落料件的给出公差数值。冲孔件则相反，如图1.36所示冲孔件给出的公差数值。但对于磨损后无变化的尺寸，一般标注双向偏差。非圆形件按IT14级处理，凸模按IT11级制造，圆形件按IT6～IT7制造模具。

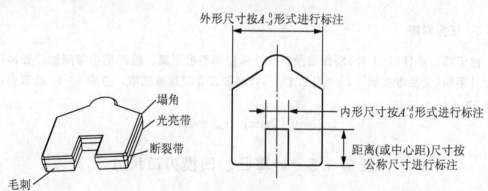

落料件，厚度2mm，材料：Q235

图1.35 落料件的给出公差值

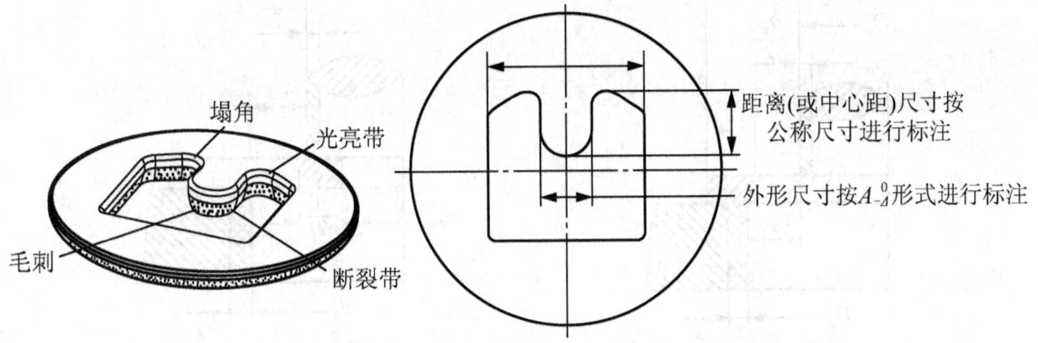

项目1 单工序冲裁模设计

冲孔件，厚度2mm，材料：Q235

图 1.36　冲孔件的给出公差数值

特别提示

● 生产实践发现的规律：
(1) 冲裁件断面都带有锥度。落料件的大端尺寸等于凹模尺寸，冲孔件的小端尺寸等于凸模尺寸。
(2) 测量和使用中，落料件以大端尺寸为基准，冲孔件孔径以小端尺寸为准。
(3) 凸模轮廓越磨越小，凹模轮廓越磨越大，结果使间隙越用越大。

2. 凸、凹模刃口尺寸的计算方法

常用刃口尺寸的计算方法可以分为以下两种情况。

(1) 凸模与凹模图样分别加工法。采用此方法，凸、凹模分别按图样加工至要求尺寸，分别标注凸、凹模的刃口尺寸和制造公差。

初始间隙值应满足

$$|\delta_p| + |\delta_d| \leq 2c_{max} - 2c_{min} \tag{1-5}$$

$$\delta_p = 0.4(2c_{max} - 2c_{min}) \tag{1-6}$$

$$\delta_d = 0.6(2c_{max} - 2c_{min}) \tag{1-7}$$

即新制造的模具应该是

$$|\delta_p| + |\delta_d| + 2c_{min} \leq 2c_{max}$$

否则模具间隙已超过允许变动范围。

① 落料。设工件的尺寸为 $D_{-\Delta}^{0}$，根据计算原则，落料模以凹模为设计基准，首先先确定凹模尺寸，使凹模尺寸接近或等于冲裁件轮廓的最小极限尺寸，再减小凸模尺寸以保证合理间隙值，如图 1.37(a) 所示，即

$$D_d = (D_{max} - x\Delta)_{0}^{+\delta_d} \tag{1-8}$$

$$D_p = (D_d - 2c_{min})_{-\delta_p}^{0} = (D_{max} - x\Delta - 2c_{min})_{-\delta_p}^{0} \tag{1-9}$$

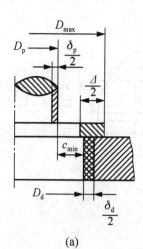 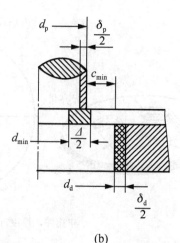

图 1.37 凸凹模刃口尺寸计算
(a)落料；(b)冲孔

② 冲孔。设冲孔尺寸为 $d_0^{+\Delta}$，冲孔模以凸模设计为准，首先确定凸模尺寸，使凸模尺寸接近或等于冲裁件轮廓的最大极限尺寸，再增大凹模尺寸以保证合理间隙值，如图 1.37(b)所示，即

$$d_p = (d_{min} + x\Delta)_{-\delta_p}^{0} \tag{1-10}$$

$$d_d = (d_p + 2c_{min})_0^{+\delta_d} = d(d_{min} + x\Delta + 2c_{min})_0^{+\delta_d} \tag{1-11}$$

③ 孔心距。孔心距的计算公式为

$$L_d = (L_{min} + 0.5\Delta) \pm 0.125\Delta \tag{1-12}$$

式中，D_d——落料凹模公称尺寸(mm)；

D_p——落料凸模公称尺寸(mm)；

D_{max}——落料件最大极限尺寸(mm)；

d_d——冲孔凹模公称尺寸(mm)；

d_p——冲孔凸模公称尺寸(mm)；

d_{min}——冲孔件孔径最小极限尺寸(mm)；

L_d——同一工步中凹模孔距公称尺寸(mm)；

L_{min}——制件孔距最小极限尺寸(mm)；

Δ——制件公差(mm)；

$2c_{min}$——凸模、凹模最小初始双面间隙(mm)；

δ_p——凸模下偏差，可按 IT6 选用(mm)；

δ_d——凹模上偏差，可按 IT7 选用(mm)；

x——系数，其作用是为了使冲裁件的实际尺寸尽量接近冲裁件公差带的中间尺寸，与冲裁件制造精度有关，按下列关系取值，也可查表 1-16。

当冲裁件公差为 IT10 以上，取 $x=1$；

当冲裁件公差为 IT11~IT13，取 $x=0.75$；

当冲裁件公差为 IT14 以下时，取 $x=0.5$。

表 1-16 系数 x

材料厚度 t/mm	非圆形			圆形	
	x = 1	x = 0.75	x = 0.5	x = 0.75	x = 0.5
	工件公差 Δ				
<1	≤0.16	0.17~0.35	≥0.36	<0.16	≥0.16
1~2	≤0.20	0.21~0.41	≥0.42	<0.20	≥0.20
2~4	≤0.24	0.25~0.44	≥0.50	<0.24	≥0.24
>4	≤0.30	0.31~0.59	≥0.60	<0.30	≥0.30

 应用实例 1-1

冲制图 1.38 所示零件，材料为 Q235 钢，料厚 t = 0.5mm。计算冲裁凸、凹模刃口尺寸及公差。

解：由图可知，该零件属于无特殊要求的一般冲孔、落料。

外形 $\varphi 36_{-0.62}^{0}$ 由落料获得，$2\times\varphi 6_{0}^{+0.12}$ 和 18 ± 0.09 由冲孔同时获得。查表 1-15 得，$2c_{min} = 0.04mm$，$2c_{max} = 0.06mm$，则 $2c_{max} - 2c_{min} = 0.06mm - 0.04mm = 0.02mm$。

由公差表查得：

$2\times\varphi 6_{0}^{+0.12}mm$ 为 IT12 级，取 x = 0.75；

$\varphi 36_{-0.62}^{0}mm$ 为 IT14 级，取 x = 0.5；

设凸、凹模分别按 IT6 和 IT7 级加工制造，则

冲孔：

$d_p = (d_{min} + x\Delta)_{-\delta_p}^{0} = (6 + 0.75\times 0.12)_{-0.008}^{0}mm = 6.09_{-0.008}^{0}mm$

$d_d = (d_p + 2c_{min})_{0}^{+\delta_d} = (6.09 + 0.04)_{0}^{+0.012}mm = 6.13_{0}^{+0.012}mm$

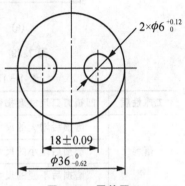

图 1.38 零件图

校核：

$|\delta_p| + |\delta_d| \leq 2c_{max} - 2c_{min}$

$0.008 + 0.012 \leq 0.06 - 0.04$

$0.02 = 0.02$（满足间隙公差条件）

孔距尺寸：$L_d = (L_{min} + 0.5\Delta)\pm 0.125\Delta = 8\pm 0.023mm$

落料：$D_d = (D_{max} - x\Delta)_{0}^{+\delta_d} = (36 - 0.5\times 0.62)_{0}^{+0.025}mm = 35.69_{0}^{+0.025}mm$

$D_p = (D_d - 2c_{min})_{-\delta_p}^{0} = (35.69 - 0.04)_{-0.016}^{0}mm = 35.65_{-0.008}^{0}mm$

校核：$0.016 + 0.025 = 0.04 > 0.02$（不能满足间隙公差条件）

因此，只有缩小公差，提高制造精度，才能保证间隙在合理范围内，由此可取：

$\delta_p \leq 0.4(2c_{max} - 2c_{min}) = 0.4\times 0.02 = 0.008mm$

$\delta_d \leq 0.6(2c_{max} - 2c_{min}) = 0.6\times 0.02 = 0.012mm$

故：$D_d = 35.69_{0}^{+0.012}mm$；$D_p = 35.65_{-0.008}^{0}mm$

(2) 凸模与凹模配作法。配作法就是先按设计尺寸制出一个基准件（凸模或凹模），然后根据基准件的实际尺寸再按最小合理间隙配制另一件。这种方法的特点是模具的间隙由配制保证，工艺比较简单，不必校核 $\delta_p + \delta_d \leq 2c_{max} - 2c_{min}$ 的条件，并且还可放大基准件的制造公差，使制造容易。

① 根据磨损后轮廓变化情况，正确判断出模具刃口尺寸类型在磨损后变大，变小还是不变。

一个凸模或凹模会同时存在着三类不同磨损性质的尺寸：凸模或凹模磨损会增大的尺寸；凸模或凹模磨损后会减小的尺寸；凸模或凹模磨损后基本不变的尺寸。

如图 1.39 所示为落料件，在设计凹模刃口尺寸时，必须根据其磨损情况分别采用不同的计算公式分类计算，见表 1-17。

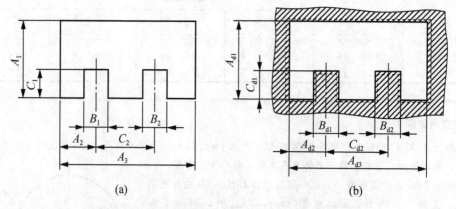

图 1.39　形状复杂落料件的尺寸分类及凹模磨损情况

表 1-17　以落料凹模设计为基准的刃口尺寸计算

工序性质	凹模刃口尺寸磨损情况	基准件凹模的尺寸（图 1.39b）	配置凸模的尺寸
落料	磨损后增大的尺寸	$A_j = (A_{max} - x\Delta)_0^{+0.25\Delta}$	按凹模实际尺寸平配置，保证双面合理间隙 $2c_{min} \sim 2c_{max}$
	磨损后减小的尺寸	$B_j = (B_{min} + x\Delta)_{-0.25\Delta}^0$	
	磨损后不变的尺寸	$C_j = (C_{min} + 0.5\Delta) \pm 0.125\Delta$	

如图 1.40 所示为冲孔件的孔，在设计凸模刃口尺寸时，必须根据其磨损情况分别采用不同的计算公式分类计算，见表 1-18。

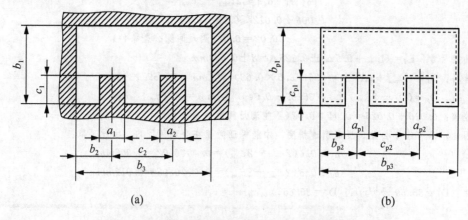

图 1.40　形状复杂冲压件孔及冲孔凸模磨损情况

根据尺寸类型，采用不同计算公式：

磨损后变大的尺寸，采用分开加工时的落料凹模尺寸计算公式；

磨损后变小的尺寸，采用分开加工时的冲孔凸模尺寸计算公式；

磨损后不变的尺寸，采用分开加工时的孔心距尺寸计算公式。

表 1-18 以冲孔凸模设计为基准的刃口尺寸计算

工序性质	凸模刃口尺寸磨损情况	基准件凸模的尺寸（图 1.40b）	配置凹模的尺寸
冲孔	磨损后增大的尺寸	$a_j = (a_{max} - x\Delta)^{+0.25\Delta}_{0}$	按凸模实际尺寸平配置，保证双面合理间隙 $2c_{min} \sim 2c_{max}$
	磨损后减小的尺寸	$b_j = (b_{min} + x\Delta)^{0}_{-0.25\Delta}$	
	磨损后不变的尺寸	$c_j = (c_{min} + 0.5\Delta) \pm 0.125\Delta$	

② 刃口制造偏差可按工件相应部位公差值的 1/4 来选取。对于刃口尺寸磨损后无变化的制造偏差值可取工件相应部位公差值的 1/8 并冠以±。

应用实例 1-2

如图 1.41 所示的落料件，其中 $a = 80^{0}_{-0.42}mm$、$b = 40^{0}_{-0.34}mm$、$c = 35^{0}_{-0.34}mm$、$d = 22 \pm 0.14mm$、$e = 15^{0}_{-0.12}mm$，板料厚度 $t = 1mm$，材料为10号钢。试计算冲裁件的凸模、凹模刃口尺寸及制造公差。

解：该冲裁件属落料件，选凹模为设计基准件，只需要计算落料凹模刃口尺寸及制造公差，凸模刃口尺寸由凹模实际尺寸按间隙要求配作。

由表 1-14 查得：

$2c_{min} = 0.10mm$，$2c_{max} = 0.14mm$ 由公差表查得：

尺寸 80mm，选 x=0.5；尺寸 15mm，选 x=1；其余尺寸均选 x=0.75。

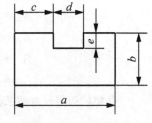

图 1.41 落料件

落料凹模的公称尺寸计算如下。

第一类尺寸：磨损后增大的尺寸

$A_a = (80 - 0.5 \times 0.42)^{+0.25 \times 0.42}_{0} mm = 79.79^{+0.105}_{0} mm$

$A_b = (40 - 0.75 \times 0.34)^{+0.25 \times 0.34}_{0} mm = 39.75^{+0.085}_{0} mm$

$A_c = (35 - 0.75 \times 0.34)^{+0.25 \times 0.34}_{0} mm = 34.75^{+0.085}_{0} mm$

第二类尺寸：磨损后减小的尺寸

$B_d = (22 - 0.14 + 0.75 \times 0.28)^{0}_{-0.25 \times 0.28} mm = 22.07^{0}_{-0.07} mm$

第三类尺寸：磨损后基本不变的尺寸

$C_e = (15 - 0.5 \times 0.12) \pm \frac{1}{8} \times 0.12 mm = 14.94 \pm 0.015 mm$

落料凸模的公称尺寸与凹模相同（见图 1.42），分别是 79.79mm，39.75mm，34.75mm，22.07mm，14.94mm，不必标注公差，只要在技术条件中注明：凸模实际刃口尺寸与落料凹模配制，保证最小双面合理间隙值 $2c_{min} = 0.10mm$。

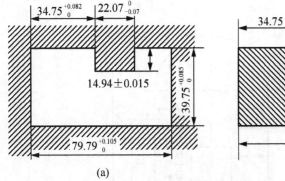

图 1.42 落料凹模、落料凸模尺寸
(a)落料凹模尺寸；(b)落料凸模尺寸

1.5.3 任务实施

本例零件因形状比较复杂，且为薄料，为保证凸、凹模之间的间隙值，必须采用凸、凹模配合加工的方法。以凹模为基准件，根据凹模磨损后的尺寸变化情况，将零件图中各尺寸按以下划分。

（1）磨损后增大尺寸：$116_{-0.87}^{0}$，$34_{-0.62}^{0}$，$17_{-0.43}^{0}$。

（2）磨损后减小尺寸：$14_{0}^{+0.43}$。

（3）磨损后不变尺寸：82 ± 0.2。

刃口尺寸计算如下：

$$A_{116}=(116-0.5\times0.87)_{0}^{+0.25\times0.87}\text{mm}=115.57_{0}^{+0.22}\text{mm}$$

$$A_{34}=(34-0.5\times0.62)_{0}^{+0.25\times0.62}\text{mm}=33.69_{0}^{+0.16}\text{mm}$$

$$A_{17}=(17-0.5\times0.43)_{0}^{+0.25\times0.43}\text{mm}=16.79_{0}^{+0.11}\text{mm}$$

$$B_{14}=(14+0.5\times0.43)_{-0.25\times0.43}^{0}\text{mm}=14.22_{-0.11}^{0}\text{mm}$$

$$C_{82}=(81.8+0.5\times0.4)\pm0.125\text{mm}\times0.4=82\pm0.05\text{mm}$$

凸模的刃口尺寸按凹模的实际尺寸配制，保证双面间隙 0.02~0.04mm，如图 1.43 所示。

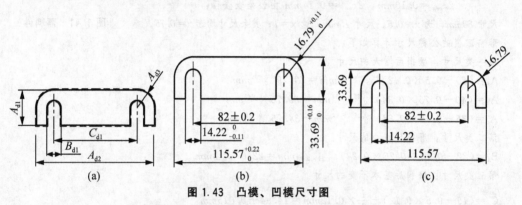

图 1.43 凸模、凹模尺寸图
（a）轮廓磨损图；（b）凹模刃口尺寸图；（c）凸模刃口尺寸图

拓展训练

图 1.44 所示零件，材料为 20 钢，料厚 t＝2mm，按照配制加工方法计算该冲裁件的凸模、凹模的刃口尺寸及制造公差。

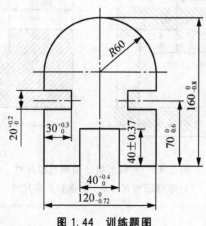

图 1.44 训练题图

任务1.6 确定冲裁力及压力中心

1.6.1 工作任务

计算E卡片模具冲裁力,初选压力机的公称压力,并确定冲压模具压力中心。

模具的压力中心就是冲压力合力的作用点。为了保证压力机和模具的正常工作,应使模具的压力中心与压力机滑块的中心线相重合。否则,冲压时滑块就会承受偏心载荷,导致滑块导轨和模具导向部分不正常的磨损,还会使合理间隙得不到保证,从而影响冲裁件质量和降低模具寿命甚至损坏模具。

1.6.2 相关知识

1. 冲裁力的确定

1) 冲裁力的计算

冲裁力是指冲裁过程中凸模对板料施加的压力。

用普通平刃口模具冲裁时,冲裁力为

$$F_p = K_p L t \tau \tag{1-13}$$

式中,F_p——冲裁力;

L——冲裁周边长度;

t——材料厚度;

τ——材料抗剪强度;

K_p——系数。一般取1.3,当查不到抗剪强度时,可用抗拉强度代替,系数K_p取1。

2) 卸料力、推件力及顶件力的计算

如图1.45所示,卸料力F_Q是指从凸模上卸下箍着的料所需要的力。推料力F_{Q1}是指将梗塞在凹模内的料顺冲裁方向推出所需要的力。顶件力F_{Q2}是指逆冲裁方向将料从凹模内顶出所需要的力。

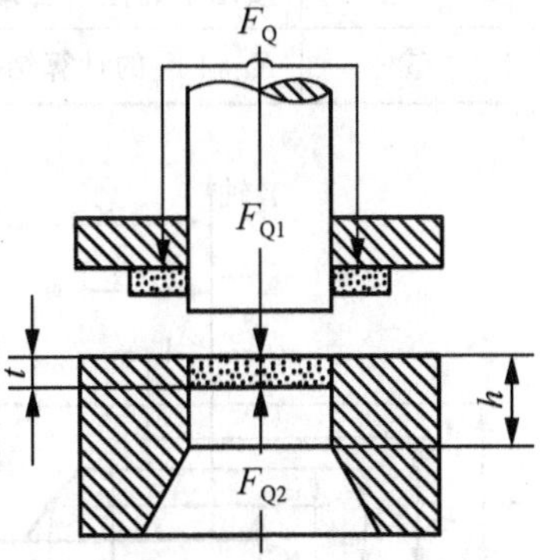

卸料力计算公式为

$$F_Q = K F_p \tag{1-14}$$

推料力计算公式为

$$F_{Q1} = n K_1 F_p \tag{1-15}$$

顶件力计算公式为

$$F_{Q2} = K_2 F_p \tag{1-16}$$

图1.45 受力示意图

式中,F_p——冲裁力(N);

K——卸料力系数,其值为0.02~0.06(薄料取大值,厚料取小值);

K_1——推料力系数,其值为0.03~0.07(薄料取大值,厚料取小值);

K_2——顶件力系数,其值为0.04~0.08(薄料取大值,厚料取小值);

n——梗塞在凹模内的制件或废料数量,$n = h/t$,h为直刃口部分的高(mm),t为材料厚度(mm)。

3) 压力机公称压力的确定

采用弹性卸料装置和下出料方式的冲裁模时：

$$F_{p\Sigma} = F_p + F_Q + F_{Q1} \tag{1-17}$$

采用弹性卸料装置和上出料方式的冲裁模时：

$$F_{p\Sigma} = F_p + F_Q + F_{Q2} \tag{1-18}$$

采用刚性卸料装置和下出料方式的冲裁模时：

$$F_{p\Sigma} = F_p + F_{Q1} \tag{1-19}$$

2. 冲模压力中心的确定

模具的压力中心是冲压力合力的作用点。为了保证压力机和模具的正常工作，应使模具的压力中心与压力机滑块的中心线相重合。

(1) 对称形状的单个冲裁件，冲模的压力中心就是冲裁件的几何中心。

(2) 工件形状相同且分布位置对称时，冲模的压力中心与零件的对称中心相重合。

(3) 形状复杂的零件、多孔冲模、级进模的压力中心可用解析计算法求出冲模压力中心。

冲裁压力中心计算公式和步骤如图 1.46 和表 1-19 所示。

表 1-19 冲裁模压力中心计算的步骤

步 骤	说 明
①	按比例画出工件(或凸模或凹模截面)，如图 1.46 所示
②	在外轮廓处或轮廓内任意处，作坐标轴 X-X 轴和 Y-Y 轴
③	将工件轮廓分成若干线段 1，2，3，…，6（因为冲裁力与冲裁线段成正比，因此可简化计算公式）
④	各线段的重心到 Y-Y 轴的距离 X_1，X_2，…，X_6 和到 X-X 轴的距离 Y_1，Y_2，…，Y_6 按图中的任一公式计算
⑤	X_C 和 Y_C 的计算结果就是到 Y-Y 轴 O 点的距离和到 X-X 轴 O 点的距离，即压力中心

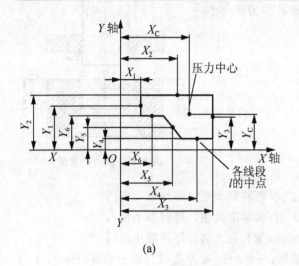

$$\frac{L_1 X_1 + L_2 X_2 + \cdots + L_6 X_6}{L_1 + L_2 + \cdots + L_6}$$

$$\frac{L_1 Y_1 + L_2 Y_2 + \cdots + L_6 Y_6}{L_1 + L_2 + \cdots L_6}$$

以上 X_C 为 X 轴上距 O 点的距离，

以上 Y_C 为 Y 轴上距 O 点的距离

(a)

图 1.46 压力中心的计算

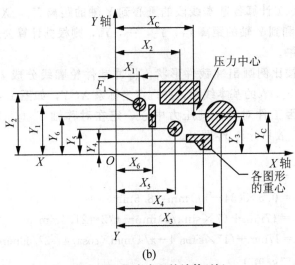

(b)

图1.46 压力中心的计算(续)

(a)线段中心点与距离;(b)图形重心点与距离

$$\frac{F_1X_1+F_2X_2+\cdots+F_6X_6}{F_1+F_2+\cdots+F_6}$$

$$\frac{F_1Y_1+F_2Y_2+\cdots+F_6Y_6}{F_1+F_2+\cdots+F_6}$$

以上 $F_1\cdots$ 为各冲裁力 N(牛),

以上 X_C 为 X 轴上距 O 点的距离,

以上 Y_C 为 Y 轴上距 O 点的距离

如果遇到弧形或扇形的图形,还须把重心先算出来,如图 1.47 所示。圆弧重心与圆心的距离为

$$y_r = R\frac{\sin\alpha}{\pi\alpha/180}(\alpha\text{ 弧角}) \qquad (1-20)$$

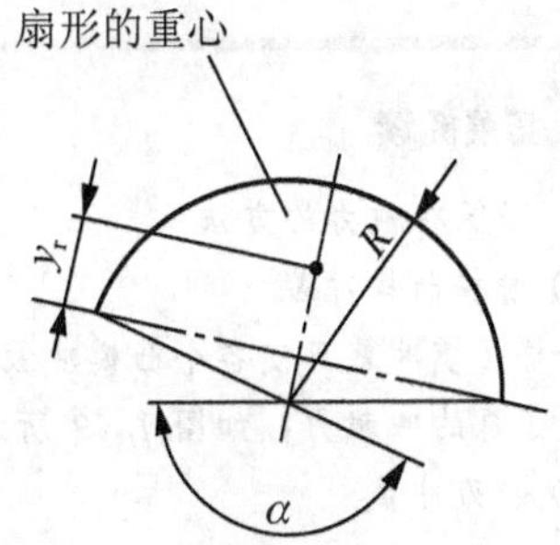

图1.47 弧形或扇形压力中心的计算

1.6.3 任务实施

1. 计算冲裁力

本项目零件只有 0.3mm,其模具采用弹性卸料和下顶出料方式,所以其冲压力计算如下。

冲裁力:
$$F_p = K_p L t \tau$$

其中,
$$L = [(116-2\times14)+82+6\times17+2\times7\pi+17\pi]\text{mm} = 369.34\text{mm}$$
$$t = 0.3\text{mm}, \tau = 380\text{MPa}$$

故 $F_p = 369.34\times0.3\times380\times1.3\text{kN} = 54.74\text{kN}$

卸料力:$F_Q = KF_p = 0.05\times54.74\text{kN}$ $(K=0.05)$

顶件力:$F_{Q2} = K_2 F_p = 0.08\times54.74\text{kN}$ $(K_2=0.08)$

选择冲床时的总的冲压力:$F_{p\Sigma} = F_Q + F_{Q2} + F_p = 61.86\text{kN} = 6.2\text{t}$

2. 冲模压力中心的确定

确定冲模压力中心可按如下步骤。

(1)按比例画出冲裁件的轮廓图。

(2)在任意处选取坐标轴 X、Y(选取坐标轴不同,则压力中心位置也不同)。

(3)将冲裁件分解成若干直线段或弧度段,$l_1, l_2, \cdots, l_n$,因冲裁力与轮廓线长度成正比关系,故用轮廓线长度代替 F。

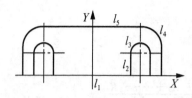

图1.48 压力中心

(4) 计算各基本线段的重心到 Y 轴的距离 X_1，X_2，…，X_n 和到 Y 轴的距离 Y_1，Y_2，…，Y_n，则根据计算公式得到结果。

先按比例画出冲裁件形状，将冲裁件轮廓线分成 l_1，l_2，l_3，l_4，l_5 的基本线段，并选定坐标系 XOY，如图1.48所示。因工件对称，其压力中心一定在对称轴 Y 上，即 $X_C=0$。故只计算 Y_C 即可。

计算过程如下：

$l_1=(116-214)\text{mm}=88\text{mm}$ $Y_1=0$

$l_2=6\times(34-17)\text{mm}=102\text{mm}$； $Y_2=0.5\times(34-17)\text{mm}=8.5\text{mm}$

$l_3=2\times7\pi\text{mm}=43.96\text{mm}$ $Y_3=17\text{mm}+(7\times\sin\pi/2)\text{mm}\div\pi/2=21.4\text{mm}$

$l_4=2\times17\pi\text{mm}\div2=53.8\text{mm}$ $Y_4=17\text{mm}+(17\times\sin\pi/4\div\pi/4)\text{mm}\times\cos\pi/4=27.69\text{mm}$

$l_5=82\text{mm}$ $Y_5=34\text{mm}$

$$Y_C=\frac{l_1Y_1+l_2Y_2+l_3Y_3+l_4Y_4+l_5Y_5}{l_1+l_2+l_3+l_4+l_5}=16.44\text{mm}$$

拓展阅读

1. 降低冲裁力的方法

1) 阶梯凸模冲裁

阶梯凸模冲裁可使各个凸模冲裁力的最大值不同时出现，从而降低了总的冲裁力，如图1.49所示。

2) 斜刃冲裁

斜刃冲裁可使同时剪切的断面积减小，从而降低了冲裁力。为获得平整的零件，落料时，凸模作成平刃，斜刃作在凹模上，冲孔时相反，如图1.50所示。

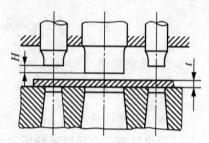

图1.49 阶梯凸模冲裁

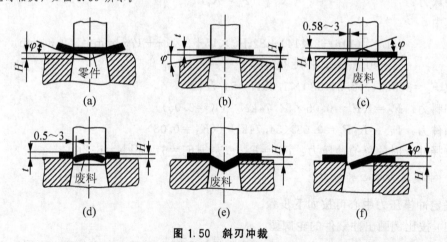

图1.50 斜刃冲裁

(a)、(b)落料凹模为斜刃；(c)、(d)、(e)冲孔凸模为斜刃；(f)用于切口或切断的单边斜刃

2. 用简便经验确定压力中心的方法

可以用线切割割出展开铁片，用磁铁吸住边缘部位吊住(在两个不同的约90°的方向上)，那么两条吊线的交点就是压力中心。也可以用打印机打出 $M1:1$ 或 $M1:2$ 展开图，然后剪下，用大头针插入边缘

部位,纸片垂线的交点就是压力中心(类似吊线法),用这些方法很容易找出压力中心,如图 1.51 所示。

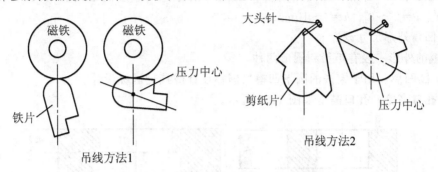

图 1.51 简便经验确定压力中心的方法

任务 1.7 设计凸、凹模结构

1.7.1 工作任务

确定 E 卡片凸模和凹模的结构尺寸。

尽管冲裁模的结构形式及复杂程度不同,组成模具的零件有多有少,但冲裁模的主要零部件仍相同。按模具零件的不同作用,可将其分为工艺零件和结构零件(在项目 2 中有详细叙述)。凹模和凸模就是最重要的一类工艺零件,在前几个任务确定了凸、凹模刃口尺寸和冲裁力的基础上,就可以确定凹模和凸模的结构尺寸了。

1.7.2 相关知识

1. 凹模结构尺寸的确定

1) 凹模洞口形式

常用凹模洞口类型如图 1.52 所示,其中(a)、(b)、(c)型为直筒式刃口凹模,其特点是制造方便,刃口强度高,刃磨后工作部分尺寸不变,广泛用于冲裁公差要求较小,形状复杂的精密冲裁件。但因废料或冲裁件在洞壁内的聚集而增大了推件力凹模的胀裂力,给凸、凹模的强度都带来了不利的影响。一般复合模和上出件的冲裁模采用(a)、(c)型,下出件采用(b)或(a)型。(d)、(e)型是锥筒式刃口,在凹模内不聚集材料,侧壁磨损小,但刃口强度差,刃磨后刃口径向尺寸略有增大(如 $\alpha=30'$ 时,刃磨 0.1mm,其尺寸增大 0.0017mm)。

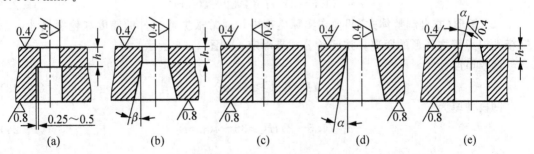

图 1.52 凹模洞口的类型

凹模锥角 α、后角 β 和洞口高度 h 均随冲裁件材料厚度的增大而增大，一般取 $\alpha = 15'\sim30'$、$\beta=2°\sim3°$、$h=4\sim10\text{mm}$。

2) 凹模外形尺寸设计

凹模的外形一般有矩形和圆形两种。

(1) 圆凹模：用于镶嵌的圆形凹模按国标设计或接近国标设计。

① 孔口高度。孔口高度如图 1.53 所示。

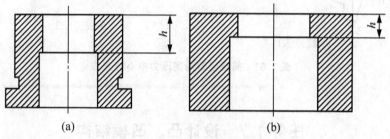

$t<0.5\text{mm}$，$h=3\sim5\text{mm}$

$t=0.5\sim5\text{mm}$，$h=5\sim10\text{mm}$

图 1.53 圆凹模孔口高度

② 固定方式。在国家标准中，图 1.54(a) 和图 1.54(b) 所示为圆凹模及固定的两种方法，这两种圆形凹模主要用于冲孔，直接装在凹模固定板中，采用 H7/m6 配合，图 1.54(c) 所示是用螺钉和销钉将凹模固定在模座上。

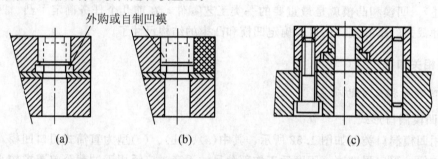

图 1.54 圆凹模固定方式

③ 周界尺寸，如图 1.55 所示。

凹模厚度为

$$H = Kb \quad (\geqslant 15\text{mm}) \qquad (1-21)$$

凹模壁厚为

$$c = (1.5\sim2)H \quad (\geqslant 30\sim40\text{mm}) \qquad (1-22)$$

(2) 矩形(或自制整体式)凹模在实际生产中，通常根据冲裁件的厚度和轮廓尺寸，把凹模孔口刃壁之外形的距离，按经验公式来确定，如图 1.56 所示。

凹模厚度为

$$H = Kb(\geqslant 15\text{mm}) \qquad (1-23)$$

凹模壁厚为

$$c = (1.5\sim2)H(\geqslant 30\sim40\text{mm}) \qquad (1-24)$$

式中，b——冲裁件最大外形尺寸；

K——系数，其值可查表1-20。级进模由于多数冲裁薄料，可以取 $>25\sim40$mm。

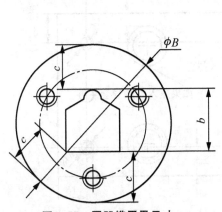

图 1.55 圆凹模周界尺寸

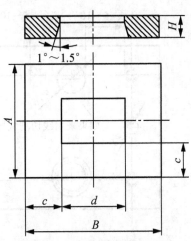

图 1.56 矩形凹模周界尺寸

表 1-20 系数 K 值

b/mm	材料厚度 t/mm				
	0.5	1	2	3	>3
≤50	0.3	0.35	0.42	0.5	0.6
>50~100	0.2	0.22	0.28	0.35	0.42
>100~200	0.15	0.18	0.2	0.24	0.3
>200	0.1	0.12	0.15	0.18	0.22

也有参考资料细化为：

刃口为光滑曲线时，$H_1=1.2H$；

刃口为直线时，$H_2=1.5H$；

刃口为尖角或其他复杂形状时，$H_3=2.0H$；

如图 1.57 所示。

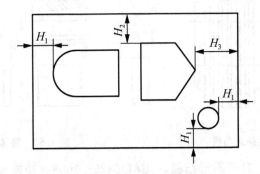

图 1.57 凹模周界尺寸

3) 凹模板螺孔、销钉、导套、型腔的布置

为保证热处理后的凹模板在钻孔时不开裂，所以边距离有一定要求，如图 1.58 所示。

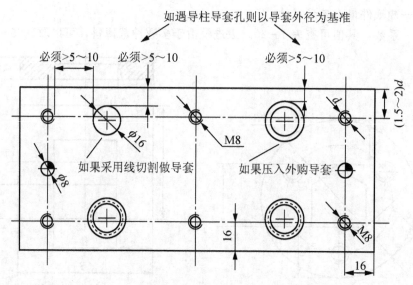

图 1.58 凹模板螺孔、销钉、导套、型腔的布置

2. 凸模结构尺寸确定

1) 凸模的结构形式

凸模结构通常分为两大类,一类是镶拼式凸模结构(图1.59),另一类是整体式凸模结构(图1.60)。整体式凸模结构根据加工方法的不同,又分为直通式[图1.60(c)]和台阶式[图1.60(a)、(b)]。直通式凸模的工作部分和固定部分的形状与尺寸做成一样,这类凸模一般采用线切割方法进行加工。台阶式凸模一般采用机械加工,当形状复杂时成形部分常采用成形磨削。

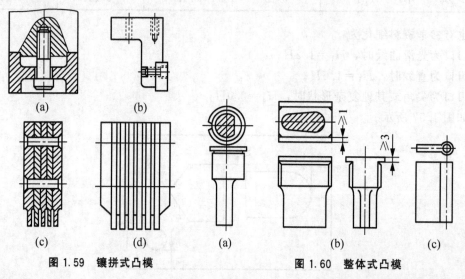

图 1.59 镶拼式凸模　　　图 1.60 整体式凸模

(1) 标准圆形凸模:对于圆形凸模,JB/T 5825—2008《冲模圆柱头直杆圆凸模》已制订出这类凸模的标准结构形式与尺寸规格(图1.61),设计时可按国家标准选择。

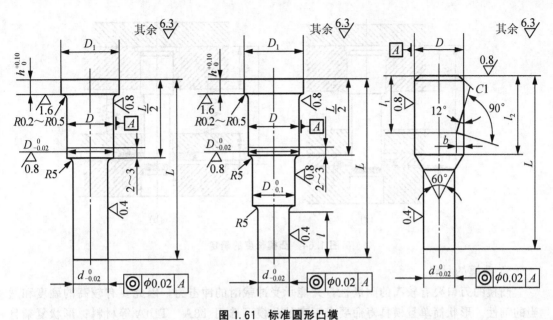

图 1.61 标准圆形凸模

(2) 非圆形凸模：其形状复杂多变，可将其近似分为圆形类和矩形类。圆形类凸模其固定部分可做成圆柱形，但需注意凸模定位，常用骑缝销来防止凸模的转动，矩形类凸模其固定部分一般做成矩形体，如图 1.62 所示。如果用线切割加工凸模，则固定部分和工作部分的尺寸及形状一致，即为直通式凸模，如图 1.63 所示。

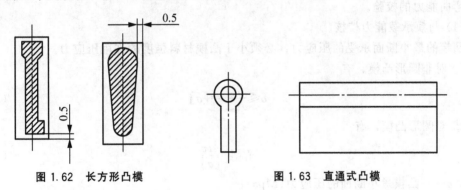

图 1.62 长方形凸模　　图 1.63 直通式凸模

2) 凸模长度的确定

凸模长度应根据模具结构的需求来确定。

(1) 如图 1.64(a)所示，采用固定卸料板的冲裁模凸模长度为

$$L = h_1 + h_2 + h_3 + (15 \sim 20) \tag{1-25}$$

(2) 如图 1.64(b)所示，采用固定卸料板的冲裁模凸模长度为

$$L = h_1 + h_2 + t + (15 \sim 20) \tag{1-26}$$

式中，h_1、h_2、h_3、t——分别为凸模固定板、卸料板、导料板、板料的厚度；

15～20mm——附加长度，包括凸模的修磨量、凸模进入凹模的深度及凸模固定板与卸料板间的安全距离。

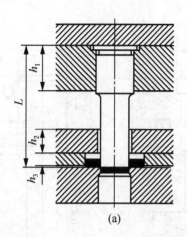 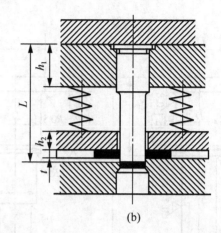

图 1.64　凸模长度的确定

3) 凸模的材料

凸模的刃口要有较高的耐磨性，并能承受冲裁时的冲击力，因此要有较高的硬度和适当的韧性。形状简单且模具寿命要求不高的凸模可选用 T8A、T10A 等材料；形状复杂且模具寿命要求较高的凸模可选用 Cr12、Cr12MoV、CrWMn 等材料；要求高寿命高耐磨性的凸模，可选硬质合金材料。

4) 凸模的强度校核

对于细长的凸模或凸模断面尺寸较小而毛坯的厚度又较大时，必须进行承压能力和抗纵向弯曲能力的校验。

(1) 凸模承载能力校核。

凸模的最小断面承受的压应力，必须小于凸模材料强度的许用压应力。

① 对非圆形凸模，有

$$\sigma \leqslant \frac{F_p}{A_{\min}} = [\sigma] \tag{1-27}$$

② 对圆形凸模，有

$$d_{\min} \geqslant \frac{4t\tau}{[\sigma]} \tag{1-28}$$

式中，σ——凸模最小断面的压应力(Mpa)；

F_p——凸模纵向总压力(N)；

$A_{\min}$——凸模最小截面积(mm^2)；

$d_{\min}$——凸模最小直径(mm)；

t——冲裁材料厚度(mm)；

τ——冲裁材料抗剪强度(MPa)；

$[\sigma]$——凸模材料的许用压应用(Mpa)。

(2) 凸模抗弯能力校核。

凸模冲裁时的稳定性校验采用轴向压力的欧拉公式，按结构特点可分为无导向装置和有导向装置的凸模的校验。

① 对无导向装置的凸模：

对圆形凸模，有

$$l_{max} \leqslant \frac{30d^2}{\sqrt{F_p}} \tag{1-29}$$

对非圆形凸模,有

$$l_{max} \leqslant 135\sqrt{I/F_p} \tag{1-30}$$

② 对有导向装置的凸模:

对圆形凸模,有

$$l_{max} \leqslant \frac{85d^2}{\sqrt{F_p}} \tag{1-31}$$

对非圆形凸模,有

$$l_{max} \leqslant 380\sqrt{J/F_p} \tag{1-32}$$

式中,J——凸模最小横截面的轴惯性矩(mm^4);

d——凸模直径。

5) 凸模的护套

图 1.65(a)、(b)所示为两种简单的圆形凸模护套。图 1.65(a)所示护套 1、凸模 2 均用铆接固定。图 1.65(b)所示护套 1 采用台肩固定;凸模 2 很短,上端有一个锥形台,以防卸料时拔出凸模;冲裁时,凸模依靠芯轴 3 承受压力。图 1.65(c)所示护套 1 固定在卸料板(或导板)4 上,工作时护套 1 始终在上模导板 5 内滑动而不与其脱离,当上模下降时,卸料弹簧压缩,凸模从护套中伸出冲孔。图 1.65(d)所示是一种比较完善的凸模护套,三个等分扇形块 6 固定在固定板中,具有三个等分扇形槽的护套 1 固定在导板 4 中,可在固定扇形块 6 内滑动,因此可使凸模在任意位置均处于三向导向与保护之中。

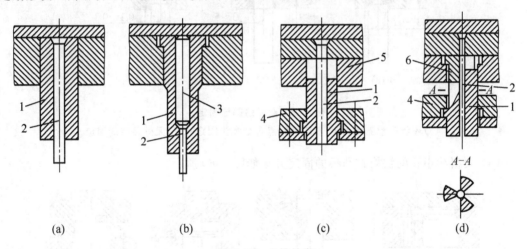

图 1.65 凸模护套

6) 凸模的固定方式

(1) 平面尺寸比较大的凸模,可以直接用销钉和螺栓固定,如图 1.66 所示。

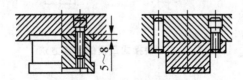

图 1.66 大凸模的固定

(2) 中、小型凸模多采用台肩、吊装或铆接固定，如图1.67所示。

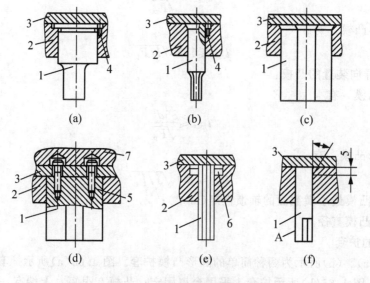

图1.67　中小凸模的固定方式

1—凸模；2—凸模固定板；3—垫板；4—防转销；5—吊装螺钉；6—吊装横销；7—上模座；

(3) 小凸模采用黏结方式，如图1.68所示。

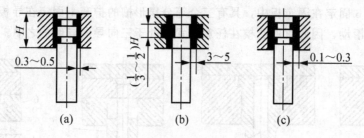

图1.68　凸模的黏结固定

(a)环氧树脂浇注固定；(b)低熔点合金浇注固定；(c)无机黏结剂固定

(4) 大型冲小孔的快换式凸模的固定方法如图1.69所示。

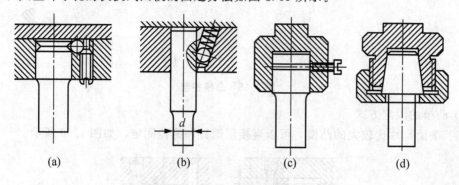

图1.69　快换式凸模的固定方法

特别提示

- 冲裁属于分离工序,冲裁凸模、凹模带有锋利的刃口,凸、凹模之间的间隙较小,加工具有如下特点。
  (1) 凸、凹模材质一般是工具钢或合金工具钢,热处理后的硬度为58~62HRC,凹模比凸模稍硬一点。
  (2) 凸、凹模精度主要根据冲裁件精度决定,一般尺寸精度在IT6~9,工作表面粗糙度 $Ra=1.6\sim0.4\mu m$。
  (3) 凸、凹模工作端带有锋利刃口,刃口平直,安装固定部分要符合配合要求。
  (4) 凸、凹模装配后应保证周边留有均匀的最小合理冲裁间隙。
  (5) 凸模的加工主要是外形加工(基轴制),除标准件购买外,非标准件常用CNC加工成直通式凸模;凹模加工主要是内形的加工、镶件,凹模形孔主要是线切割先加工直通式再加工出漏料孔。

1.7.3 任务实施

1. 确定该零件的凹模形状尺寸

凹模厚度:$H=kb=0.15\times116\text{mm}=17.4\text{mm}$;

壁厚:$c=(1.5\sim2)H=2\times17.25\text{mm}=34.5\text{mm}$;

凹模外形尺寸的长:$A=116\text{mm}+2\times34.5\text{mm}=185\text{mm}$;

凹模外形尺寸的宽:$B=34\text{mm}+2\times34.5\text{mm}=103\text{mm}$;

在冷冲模国家标准手册中选取标准值为:

凹模尺寸 200mm×200mm×22mm;

固定板尺寸 200mm×200mm×22mm;

卸料板尺寸 200mm×200mm×20mm;

凹模结构尺寸如图1.70所示。

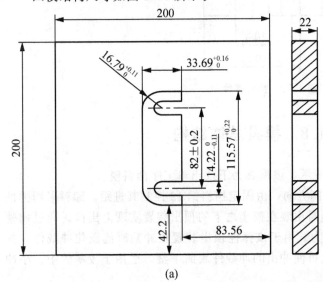
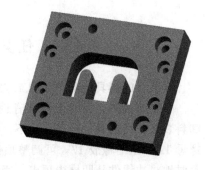

(a)   (b)

图1.70 凹模结构尺寸图

(a)尺寸图;(b)三维图

2. 确定该零件的凸模形状尺寸

如图 1.71 所示，本项目凸模非圆形，可用线切割方式获得，故可做成直通式凸模，即固定部分和工作部分的尺寸及形状一致。

凸模长度的确定：

$$L = h_1 + h_2 + t + (15\sim20)\text{mm} = 22 + 20 + 20 = 62\text{mm}$$

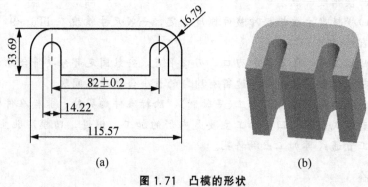

图 1.71　凸模的形状
(a)尺寸图；(b)三维图

拓展训练

如图 1.72 所示某种垫片零件，确定该零件的凸模、凹模结构尺寸。

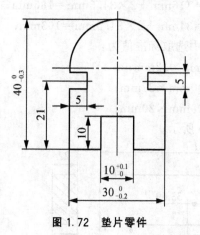

图 1.72　垫片零件

任务 1.8　模具总体结构

本项目的模具装配图如图 1.73 所示，该模具为下顶出单工序落料模。

条料的送进，由两个导料销 1 控制方向，由固定挡料销 12 控制其进距。卸料采用弹性卸料装置，将废料从凸模上卸下。同时由装在模座之下的顶出装置实现上出件。通过调整螺母 19 和压缩橡胶 17，可调整顶件力。由于该弹性顶出装置在冲裁时能压住冲裁件，并及时地将冲裁件从凹模内顶出，因此可使冲出的冲裁件表面平整。适用于较薄的中、小冲裁件的冲裁。

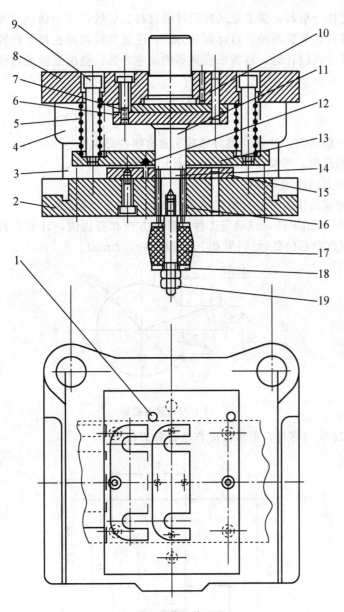

图 1.73 模具装配图

1—导料销；2—下模座；3—导柱；4—导套；5—弹簧；6—凸模固定板；7—垫板；
8—上模座；9—卸料螺钉；10—圆柱销；11—凸模；12—挡料销；13—卸料板；
14—顶件块；15—凹模；16—顶杆；17—橡胶；18—托板；19—螺母

小 结

本项目通过E卡片单工序模具的设计，主要介绍了冲压变形特点、冲裁工艺性分析、排样设计、刃口尺寸计算、冲裁力及压力中心确定和冲裁模工作部分设计。通过E卡片的模具设计掌握冲裁模具的一般设计流程。

在冲裁工艺性分析时，要求能从冲裁件的材料、形状和尺寸精度方面进行分析。在进行刃口尺寸计算时，掌握两种刃口计算的方法，注意落料和冲孔尺寸计算的区别。在对冲裁模凸模和凹模进行设计时，掌握凹模周界的确定方法，会根据标准选择相应模具。

习　题

1. 什么是冲裁间隙？冲裁间隙对冲裁质量有哪些影响？
2. 冲裁模的凸模、凹模采用分开加工有什么特点？
3. 降低冲裁力的措施有哪些？
4. 什么是冲模的压力中心？确定模具的压力中心有何意义？
5. 如图 1.74 所示零件，试确定工件的排样方法和搭边值，计算条料宽度、材料利用率、冲裁力和压力中心位置（材料为 08F；厚度 $t=1.2\text{mm}$）。

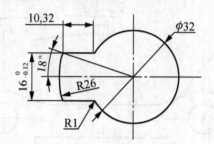

图 1.74　第 5 题图

6. 如图 1.75 所示零件，要求按配作法计算刃口尺寸。

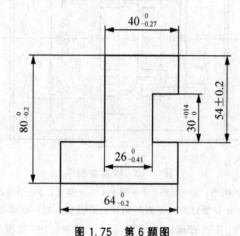

图 1.75　第 6 题图

项目 2

复合和级进冲裁模设计

▶ 学习目标

最终目标	通过垫片零件和手柄零件的模具设计，能正确进行复合模和级进模的设计
促成目标	（1）掌握复合与级进工艺的不同，会选用不同结构类型的模具； （2）学会对模具标准件的选用； （3）会绘制冲裁模装配图和非标零件图

▶ 项目导读

前一个项目中讨论了 E 卡片单工序模具设计的流程，学会只有一个冲裁工序的零件的模具设计，本项目将通过两个载体（手柄零件和垫片零件）学习两个工序以及两个工序以上的工件的冲裁模具设计。项目中涉及的复合成形和级进成形是属工序集中的工艺方法，可使切边、切口、切槽、冲孔、塑性成形、落料等多种不同性质的冲压工序在一副模具上完成。

生活中遇到的工件多数由两个或两个以上的工序组成,如图2.1和图2.2所示的手表的表壳、电动机的转子片等。

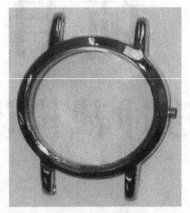

图2.1 手表表壳

图2.2 电动机转子片

项目描述

载体1:手柄零件
生产批量:中批量
材　　料:Q235A
材料厚度:1.2mm

载体2:垫片
生产批量:大批量
材　　料:10钢
材料厚度:2.2mm

产品及零件图如图2.3和图2.4所示。

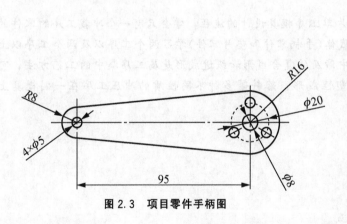

图2.3 项目零件手柄图　　　　图2.4 项目零件垫片图

项目流程

复合模和级进模的设计流程基本与单工序模具设计一样,如审图、冲裁工艺性等内容均可参照项目1来实施,在此不再重复叙述,本项目的设计将重点放在模具结构设计部分。该项目流程图如图2.5所示。

项目2 复合和级进冲裁模设计

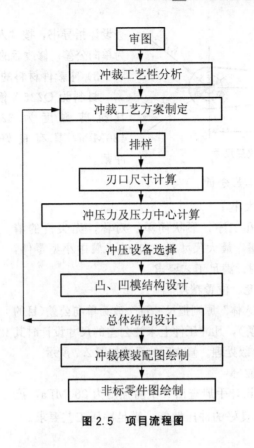

图 2.5 项目流程图

任务 2.1 审图及冲裁工艺性分析

2.2.1 工作任务

对手柄零件和垫片零件进行审图和零件的工艺性分析。项目1中的任务1.1较详细地阐述了审图和工艺性分析的方法。在本项目中,这些方法仍然适用,需要注意的是载体零件比项目1零件更复杂(比如多了冲孔工序),所以应结合所学相关知识,更全面地进行零件的审图和工艺性分析。

2.2.2 相关知识

相关知识请见项目1的任务1.2。

2.2.3 任务实施

1. 手柄零件审图及工艺分析

1)结构形状、尺寸大小

此零件结构相对简单,有一个$\phi 8mm$的孔和四个$\phi 5mm$的孔;孔与孔、孔与边缘之间的距离也满足要求,最小壁厚为3.5mm(大端三个$\phi 5mm$的孔与$\phi 8mm$孔、$\phi 5mm$的孔与R16mm外圆之间的壁厚),适合冲裁。

2)尺寸精度、粗糙度、位置精度

零件的尺寸全部为自由公差,可看作IT14级,尺寸精度较低,普通冲裁完全能满足要求。

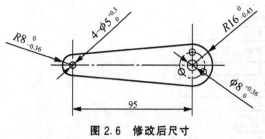

图 2.6 修改后尺寸

查设计指导书,按"入体"原则把尺寸逐个改为单向公差,修改后的尺寸如图 2.6 所示。

3)冲裁件材料的性能

材料为 Q235A 钢,利用设计手册查出其抗剪强度为 320MPa,抗拉强度为 420MPa,具有良好的冲压性能,适合冲裁。

2. 垫片零件审图及工艺分析

1)形状结构、尺寸大小

此垫片有落料和冲孔工序,形状简单、对称,无尖锐的清角,无细长的悬臂和狭槽,最大尺寸为 120mm,属中小型零件,所以此垫片尺寸设计合理,满足工艺要求。

2)尺寸精度、粗糙度、位置精度

查设计指导书,按"入体"原则把尺寸逐个改为单向公差(目的是方便以后的刃口尺寸计算),凡冲压件上未注公差的尺寸设计时其极限偏差数值通常按 IT14 级处理。修改后的尺寸如图 2.7 所示。

3)冲裁件材料的性能

材料为 10 钢,利用设计手册查出其抗剪强度为 280MPa,抗拉强度为 350MPa,具有良好的冲压性能,满足冲压工艺要求。

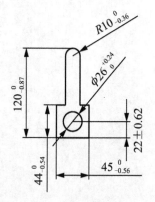

图 2.7 修改后尺寸

拓展训练

如图 2.8 所示,图(a)的转卡片的材料为 H62(黄铜),厚度为 0.8mm,属大批量生产;图(b)电动机定子冲片的材料为硅钢片,厚度 0.5mm,属于大批量生产。试进行工艺性分析。

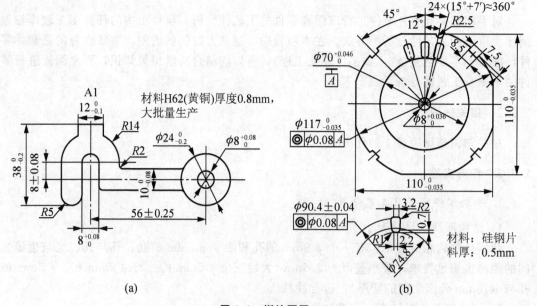

图 2.8 训练题图
(a)转卡片;(b)电动机定子冲片

任务 2.2　确定冲裁工艺方案

2.2.1　工作任务

确定手柄零件和垫片零件的冲裁工艺方案。

在冲裁工艺性分析的基础上，根据冲裁件的特点确定冲裁工艺方案。确定工艺方案要考虑的问题是确定冲裁的工序数，冲裁工序的组合以及冲裁工序顺序的安排，进而选择合适的模具结构。确定组合工序的模具类型，就必须先了解什么是复合模，什么是级进模，两者之间有什么区别，如何选择这两大类模具，以及复合模、级进模本身又分哪几类，又该如何进行选择等。

2.2.2　相关知识

1. 复合模

压力机在一次工作行程中，在模具同一部位同时完成数道冲压工序的模具，称为复合模。通常有落料冲孔复合、落料拉深复合、冲孔翻边复合。本项目主要讲落料冲孔复合冲裁。设计难点是如何在同一工作位置上合理布置几对凸、凹模。

复合模特点：

(1) 冲压件形状精度高，同心度可达 0.02～0.04mm。
(2) 冲压件表面平直度高，可达 IT11～IT12 级，最高可达 IT9 级。
(3) 应用范围广，可冲厚度为 0.01mm 薄料。
(4) 生产率高，适宜大批量、精度要求高的冲裁件的生产。

1) 复合模的结构特点

(1) **结构特征**：有一个既是落料凸模又是冲孔凹模的凸凹模，如图 2.9 所示，在模具的下方是落料凹模，且凹模中间装着冲孔凸模；而上方是凸凹模，外形是落料的凸模，内孔是冲孔的凹模。

(2) **优点**：生产率高，内外形相对位置精度及零件尺寸的一致性非常好，工件精度高；表面平直；适宜冲裁薄料，也适宜冲裁软料或脆性材料；可充分利用短料和边角余料；模具结构紧凑，要求压力机工作台面的面积较小。

(3) **缺点**：凸凹模壁厚（工件内形与外形、内形与内形之间的尺寸）受到限制，尺寸不能太小，否则影响模具强度；工件不能从压力机工作台孔中漏出，必须解决出件问题；结构复杂，制造精度要求高，成本高。

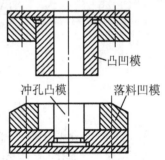

图 2.9　复合模的基本结构

2) 复合模分类

根据落料凹模在模具中的安装位置，复合模有正装式和倒装式两种。落料凹模装在下模，为正装复合模，若落料凹模装在上模，则为倒装复合模。图 2.10 所示是冲制垫圈的倒装复合模。落料凹模 2 在上模，件 1 是冲口凸模，件 14 为凸凹模。倒装复合模一般采用刚性推件装置把卡在凹模中的工件推出。刚性推件装置中推杆7、推块8、推销9推动工件。废料直接从凸凹模内被推出。凸凹模洞口若采用直刃，则模内会积存废料，胀力较大，当凸凹模壁厚较薄时，可能导致胀裂。

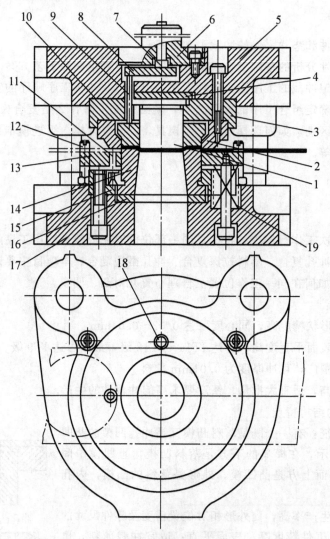

图2.10 垫圈复合冲裁模

1—冲口凸模；2—落料凹模；3—上模固定板；4、16—垫板；5—上模座；6—模柄；
7—推杆；8—推块；9—推销；10—推件块；11、18—活动挡料销；12—固定挡料销；
13—卸料板；14—凸凹模；15—下模固定板；17—下模座；19—弹簧

图2.11所示为正装复合模结构。它的特点是冲孔废料可从凸凹模中推出，使模内不积聚废料，使凸凹模胀裂力小，故凹模壁厚可以比倒装复合模最小壁厚小，冲压件平直度高。适用于冲裁材质较软或板料较薄的且平直度要求较高的冲裁件，可以冲裁孔边距离较小的冲裁件。

倒装、正装复合模的比较见表2-1。

项目2　复合和级进冲裁模设计

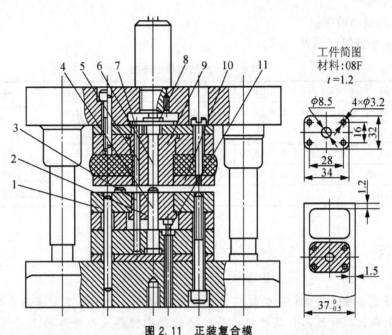

图 2.11　正装复合模

1—落料凹模；2—顶板；3、4—冲孔凸模；5、6—推杆；7—打板；
8—打杆；9—凸凹模；10—弹性卸料板；11—顶杆

表 2-1　正装复合模与倒装复合模的比较

项　　　目	正装复合模	倒装复合模
落料凹模位置	下模	上模
除料、除件装置数量	三套	两套
工件的平整度	好	较差
可冲工件的孔边距（凸凹模最小壁厚）	较小	较大
结构复杂程度	复杂	较简单

特别提示

- 复合模正装、倒装结构的选择，需要综合考虑以下几个问题。
  (1) 为使操作方便安全，要求冲孔废料不出现在模具工作区域，此时应用倒装结构，以使冲孔废料通过凸凹模孔向下漏掉。
  (2) 提高凸凹模强度为首要问题，尤其在凸凹模壁厚较小时，应考虑采用正装结构。
  (3) 当凹模的外形尺寸较大时，若上模能布置下凹模，则应优先采用倒装结构。只有当上模不能容纳下凹模时，才考虑采用正装结构。
  (4) 当工件有较高的平整度要求时，采用正装结构可获得较好的效果。但在倒装式复合模中采用弹性推件装置时，也可获得与正装式复合模同样的效果。在这种情况下，还是优先考虑采用正装结构为好。

总之，在保证凸凹模强度和工件使用要求的前提下，为了操作安全、方便和提高生产率，应尽量采用倒装结构。

3) 凸凹模最小壁厚值

凹凸模最小壁厚值见表 2-2。

表 2-2　凸凹模最小厚度

料厚 t/mm	0.4	0.5	0.6	0.7	0.8	0.9	1.0	1.2	1.5	1.75
最小壁厚 a/mm	1.1	1.6	1.8	2.0	2.3	2.5	2.7	3.2	3.8	1.0
最小直径 D/mm	15				18				21	
料厚 t/mm	2.0	2.1	2.5	2.75	3.0	3.5	1.0	1.5	5.0	5.5
最小壁厚 a/mm	1.9	5.0	5.8	6.3	6.7	7.8	8.5	9.3	10	12
最小直径 D/mm	21		25		28		32	35	10	15

特别提示

复合模设计应注意事项

(1) 设计复合模时必须充分保证凸凹模有足够强度，防止壁厚太薄而在冲压时开裂。一般来说，对黑色金属冲裁，凸凹模的最小壁厚应为料厚的 1.5 倍，但不小于 0.7mm；对有色金属，凸凹模最小壁厚应等于料厚，但应不小于 0.5mm。

(2) 对于小间隙及薄料冲裁的复合模，应采用浮动式模柄结构，以消除压力机导向不良而影响冲压精度。导柱、导套应采用滚珠导柱导向；对于一般精度的冲裁，导柱、导套可采用 H6/h5 或 H7/h6 间隙配合。

(3) 设计复合模时，必须保证各工序复合时的先后动作顺序，以利于冲压件成形和模具制造与修理。例如，冲孔-落料复合时，为便于凸凹模刃口的刃磨，应使冲孔—落料工序同时进行。而落料-拉深—冲孔复合时，为使拉深工序顺利进行，不至于使冲压件拉裂，应先进行落料工序而后进行拉深，拉深后再进行冲孔。

(4) 设计复合模时，应充分考虑模具各部位的配合精度要求。例如，凸模、凹模和凸凹模应尽量采用窝座配合，其镶入深度要小，一般可不小于 5mm；窝座配合要合适，配合间隙一般应为 0.01～0.03mm。并且，顶杆与模柄间最好取 0.5mm 的松动配合；顶出器和冲内孔凹模尺寸保持每边 0.05mm 单面间隙；顶板高度应比落料凹模端面长出 0.5mm；顶板与顶板孔保持 0.2～0.3mm 间隙；卸料板工作面应高出落料凸模端面 0.3～0.5mm。

(5) 对既有冲裁刃口部位又有成形部位的凸凹模，应使刃口部位和成形部位分开设计，以便于冲模维修。

2. 级进模

级进模又称连续模，是指压力机在一次行程中，依次在模具几个不同位置上同时完成多道冲压工序的冲模。整个冲压件的成形是在级进过程中逐步完成的。

使用级进模冲压时，冲压件是依次在不同位置上成形的，所以要控制冲压件的孔与外形的相对精度就必须严格控制送料步距。控制送料步距在级进模中有两种结构：用导正销定距和用侧刃定距。

1) 级进模结构特点

与单工序和复合模相比，连续模有以下特点。

(1) 构成连续模的零件数量多，结构复杂。

(2) 模具制造与装配难度大，精度要求高，步距控制精确，且要求刃磨、维修方便。如有些电动机定转子连续模，其主要零件制造精度达 $2\mu m$，步距精度 $2\sim3\mu m$，总寿命达 1 亿次。

(3) 刚性大。

(4) 对有关模具零件材料及热处理要求高。

(5) 一般应采用导向机构，有时还采用辅助导向机构。

(6) 自动化程度高，常设有自动送料、安全检测等机构，以便实现高效自动化生产。

2) 级进模的分类

(1) 用导正销定位的级进模。图 2.12 所示为用导正销定距的冲孔落料级进模。上、下模用导板导向。冲孔凸模 3 与落料凸模 4 之间的距离就是送料步距 A。材料送进时，为保证首件的正确定距，始用挡料销首次定位冲 2 个小孔；第二工位由固定挡料销 6 进行初

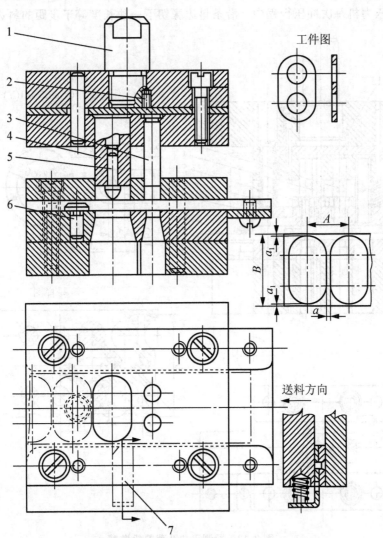

图 2.12 用导正销定距的冲孔落料级进模
1—模柄；2—螺钉；3—冲孔凸模；4—落料凸模；
5—导正销；6—固定挡料销；7—始用挡料销

定位，由两个装在落料凸模上的导正销 5 进行精定位。导正销与落料凸模的配合为 H7/r6，其连接应保证在修磨凸模时的拆装方便。导正销头部的形状应有利于在导正时插入已冲的孔，它与孔的配合应略有间隙。始用挡料销装置安装在导板下的导料板中间，在条料冲制首件时，用手推始用挡料销 7，使它从导料板中伸出来抵住条料的前端即可冲第一件上的两个孔，以后各次冲裁由固定挡料销 6 控制送料步距作初定位。

这种定距方式多用于冲裁板料较厚、冲裁件上有孔、精度低于 IT12 级的冲裁件。它不适用于软料或板厚 $t<0.3\mathrm{mm}$ 的冲裁件，也不适用于孔径小于 1.5mm 或落料凸模较小的冲裁件。

（2）侧刃定距的级进模，可分为以下两种：

① 双侧刃定距的冲孔落料级进模。图 2.13 所示为冲裁接触环双侧刃定距的级进模——双侧刃冲孔落料级进模，它与图 2.12 相比，特点是：它以成形侧刃 12 代替了始用挡料销、挡料钉和导正销控制条料送进距离（进距或俗称步距）。侧刃是特殊功用的凸模，其作用是在压力机每次冲压行程中，沿条料边缘切下一块长度等于步距的料边。

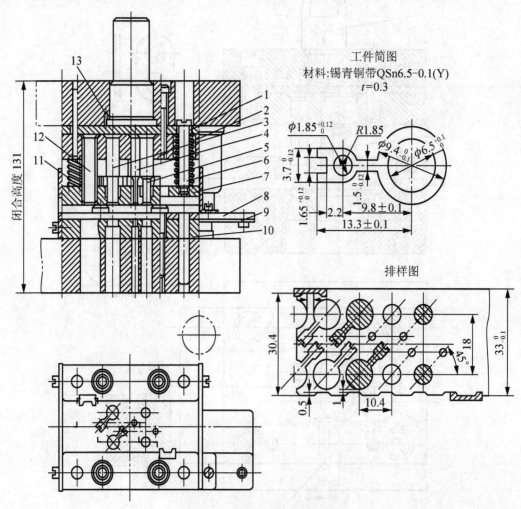

图 2.13 双侧刃冲孔落料级进模

1—垫板；2—固定板；3—落料凸模；4、5—冲孔凸模；6—卸料螺钉；7—卸料板；
8—导料板；9—承料板；10—凹模；11—弹簧；12—成形侧刃；13—防转销

为了减少料尾损耗，尤其工位较多的级进模，可采用两个侧刃前后对角排列。由于该模具冲裁的板料较薄（0.3mm），所以选用弹压卸料方式。

② 弹压导板级进模。图2.14所示的模具除了具有上述侧刃定距级进模的特点外，还具有以下特点。

a. 凸模以装在弹压导板2中的导板镶块4导向，弹压导板以导柱1、10导向，导向准确，保证凸模与凹模的正确配合。

b. 凸模与固定板为间隙配合，凸模装配调整和更换较方便。

c. 弹压导板用卸料螺钉与上模连接，加上凸模与固定板是间隙配合，因此能消除压力机导向误差对模具的影响。

d. 冲裁排样采用直对排，两件的落料工位离开一定距离，以增强凹模强度，也便于加工和装配。

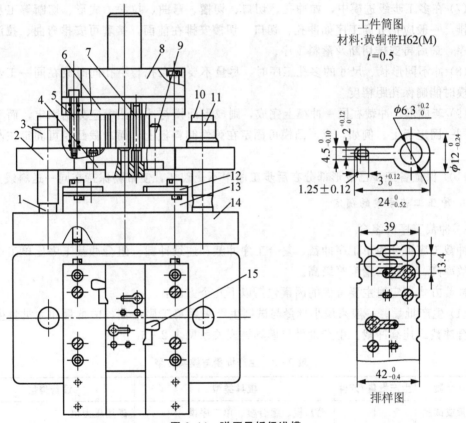

图2.14 弹压导板级进模

1、10—导柱；2—弹压导板；3—导套；4—导板镶块；5—卸料螺钉；6—凸模固定板；7—凸模；8—上模座；9—限制柱；11—导套；12—导料板；13—凹模；14—下模座；15—侧刃挡块

3）级进模设计应注意的问题

（1）合理确定工步数。级进模的工步数等于分解的单工序之和，如冲孔落料级进模的工序步数，通常是等于冲孔与落料两个单工序之和。但为了增加冲模的强度和便于凸模的安装，有时可根据内孔的数量分几步完成。其工步数的确定原则主要是在不影响凹模强度的原则下，其工步数选用的越少越好，工步数越少，累积误差越小，则所冲出的冲压件尺

寸精度越高。

(2) 在安排冲孔与落料工序次序时，应把冲孔工序放在前面，这样不但可以确保带料的直接送进，而且还可以借助冲好的孔来作为导正定位孔，以提高冲压件的精度。

(3) 在没有圆形孔的冲压件中，为了提高送料步距精度，可以在凹模的首次工步中设计工艺孔，以此工艺孔作为导正孔定位，提高冲裁精度。

(4) 在产品要求孔与外形的某突出部分位置精度时，应把这部分与孔设计在同一工步中成形，以保证产品质量。

(5) 同一尺寸基准下，精度要求较高的不同孔，在不影响凹模强度的情况下，应安排在同一工步成形。

(6) 尺寸精度要求较高的工步，应尽量安排在最后一步工序，而精度要求不太高的工步，则最好安排在较前一步工序，这是因为工步越靠前，其累积误差越大。

(7) 在多工步级进模中，如冲孔、切口、切槽、弯曲、拉深、成形、切断等工步的次序安排，一般应把分离工序如冲孔、切口、切槽安排在前面，接着可安排弯曲、拉深、成形工序，最后再安排切断及落料工序。

(8) 冲不同形状、尺寸的多孔工序时，尽量不要把大孔与小孔同时放在同一工步，以便修模时能确保孔距精度。

(9) 若成形、冲裁在同一冲模上完成，则成形凸模与冲裁凸模应分别固定，而不要固定在同一固定板上。例如，成形凸模可固定在弹性卸料板上，而冲裁凸模可固定在凸模固定板上。

(10) 保证各工步已成形部分在后步工序中不受破坏，使带料保持在同一送料线上。

3. 冲压工艺方案的确定

1) 冲裁工序的组合

冲裁工序可分为单工序冲裁、复合工序冲裁和连续冲裁。组合冲裁工序比单工序冲裁生产效率高，加工的精度等级高。

冲裁方式确定时主要考虑的因素包括以下几个方面：

(1) 生产批量。一般来说小批量与试制生产采用单工序冲裁，中批量和大批量生产采用复合冲裁或连续冲裁。生产批量与模具类型关系见表2-3。

表2-3 生产批量与模具类型

生产性质	生产批量/万件	模具类型	设备类型
小批量或试制	1	简易模、组合模、单工序模	通用压力机
中批量	1~30	单工序模、复合模、级进模	通用压力机
大批量	30~150	复合模、多工位自动级进模、自动模	机械化高速压力机、自动化压力机
大量	>150	硬质合金模、多工位自动级进模	自动化压力机、专用压力机

(2) 冲裁件尺寸和精度等级。复合冲裁所得到的冲裁件尺寸精度等级高，避免了多次单工序冲裁的定位误差，并且在冲裁过程中可以进行压料，冲裁件较平整。连续冲裁比复合冲裁的冲裁件尺寸精度等级低。

(3) 冲裁件尺寸形状。冲裁件的尺寸较小时，考虑到单工序送料不方便和生产效率低，常采用复合冲裁或连续冲裁。对于尺寸中等的冲裁件，由于制造多副单工序模具的费用比复合模昂贵，所以应采用复合冲裁；当冲裁件上孔与孔之间或孔与边缘之间的距离过小时，不宜采用复合冲裁或单工序冲裁，宜采用连续冲裁。所以连续冲裁可以加工形状复杂、宽度很小的异形冲裁件，且可冲裁的材料厚度比复合冲裁时要厚，但连续冲裁受压力机台面尺寸与工序数的限制，冲裁件尺寸不宜太大。

(4) 模具的制造、安装、调整及成本。对复杂形状的冲裁件来说，采用复合冲裁比采用连续冲裁较为适宜，因为模具制造安装调整较容易，且成本较低。

(5) 操作是否方便与安全。复合冲裁出件或清除废料较困难，工作安全性较差，连续冲裁较安全。

单工序、复合模、级进模是常见的三种冲模结构形式，在设计模具时，究竟选用哪种模具结构形式比较合适，应从以下几个方面考虑，见表 2-4。

表 2-4 普通冲裁模的对比关系

模具种类比较 项目	单工序模		级进模	复合模
	无导向的	有导向的		
冲压精度	低	一般	IT13～IT10	IT10～IT8
零件平整程度	差	一般	不平整、高质量件需较平	因压料较好，零件平整
零件最大尺寸和材料厚度	尺寸、厚度不受限制	中小型尺寸、厚度较厚	尺寸在 250mm 以下，厚度在 0.1～6mm 之间	尺寸在 300mm 以下，厚度在 0.05～3mm 之间
冲压生产率	低	较低	工序间自动送料生产效率较高	冲裁件留在工作面上需清理，生产率稍低
使用高速自动压力机的可能性	不能使用	可以使用	可在高速压力机上工作	操作时出件困难，不作推荐
多排冲压法的应用			广泛用于尺寸较小的冲件	很少采用
模具制造的工作量和成本	低	比无导向模略高	冲裁较简单的零件时低于复合模	冲裁复杂零件时低于级进模
安全性	不安全，需采取安全措施		比较安全	不安全需采取安全措施

总之，设计者应本着以下原则：对于精度不高、小批量以及试制性生产、冲压件外形较大、厚度较厚的冲压件应考虑用简易模或单工序的模具加工；而对于精度要求高、生产批量大的冲压件，应采用复合模；对于冲压件精度要求一般，冲压批量又大的情况下，应选用级进模结构，同时实现自动化生产较为适宜。

2) 冲裁顺序的安排

(1) 连续冲裁顺序的安排：

① 先冲孔或冲缺口，最后落料或切断，将冲裁件与条料分离。首先冲出的孔可作后续工序的定位孔。

② 采用定距侧刃时，定距侧刃切边工序安排与首次冲孔同时进行，以便控制送料进

距。采用两个定距侧刃时,可以安排成一前一后。

(2) 多工序冲裁件用单工序冲裁时的顺序安排:

① 先落料使坯料与条料分离,再冲孔或冲缺口。后继工序的定位基准要一致,以避免定位误差和尺寸链换算。

② 冲裁大小不同相距较近的孔时,为减少孔的变形,应先冲大孔后冲小孔。

根据冲裁件的生产批量、尺寸精度的高低、尺寸大小、形状复杂程度、材料厚薄、冲模制造条件与冲压设备条件、操作方便与否等多方面因素,拟订出多种可能的不同工艺方案进行全面分析和研究,从中选择出技术可行、经济合理、满足产量和质量要求的最佳冲裁工艺方案。

2.2.3 任务实施

1. 手柄零件

手柄零件包括落料、冲孔两个基本工序,可有三种工艺方案,见表2-5。

图2-5 手柄零件落料、冲孔两个基本工序的工艺方案

序号	方案	特点
1	先落料,后冲孔,采用单工序模生产	模具结构简单,但需两道工序、两副模具,成本高而生产效率低,难以满足中批量生产要求
2	落料-冲孔复合冲压,采用复合模生产	只需一副模具,工件的精度及生产效率都较高,但工件最小壁厚3.5mm,接近凸凹模许用最小壁厚3.2mm,模具强度较差,制造难度大,并且冲压后成品件留在模具上,在清理模具上的物料时会影响冲压速度,操作不方便
3	冲孔-落料级进冲压,采用级进模生产	只需一副模具,生产效率高,操作方便,工件精度也能满足要求

通过对上述三种方案的分析比较,该件的冲压生产采用方案3为佳。

2. 垫片零件

垫片零件包括落料、冲孔两个基本工序,也可有三种工艺方案,见表2-6。

表2-6 垫片零件落料、冲孔两个基本工序的工艺方案

序号	方案	特点
1	先落料,后冲孔,采用单工序模生产	优点是模具比较简单,但需两道工序、两副模具,成本高而生产效率低,难以满足大批量生产要求
2	冲孔-落料级进冲压,采用级进模生产	只需一套模具,生产率较高能满足大批量生产的要求,但不满足尺寸22±0.62mm精度的要求
3	落料-冲孔复合冲压,采用复合模生产	只需一套模具,工件的精度和生产率都能得到保证,并且能满足最小壁厚的要求

通过对上述三种方案的分析比较,该件的冲压生产采用方案3复合模为佳,又因为正装复合模结构复杂,料易在凹模内积聚,减少模具使用寿命,而工件尺寸精度要求较高,且工件产量大,为保证较高的生产率,采取导柱导向的倒装式冲裁模。

拓展训练

对图2.8所示的转卡片零件,试拟订它们的冲裁工艺方案。

任务2.3 冲裁工艺计算

2.3.1 工作任务

对手柄零件和垫片零件的设计需要进行必要的工艺计算,包括排样的设计、凸凹模刃口尺寸计算、冲裁力计算以及压力机的初步选择。

2.3.2 相关知识

有关排样、冲裁力、压力中心确定等知识详见项目1,本项目不再重复,只是针对级进模排样设计时易出现的步距尺寸确定问题做一下阐述。

级进模的步距是确定条料在模具中每送进一次所需要向前移动的固定距离,步距的精度直接影响零件的精度。从图2.15可以看出,步距公称尺寸取决于零件的外形轮廓尺寸和两零件间的搭边宽度。

(1) 单排列排样的步距公称尺寸,如图2.15(a)所示,其步距为

$$S = A + M$$

式中,A——零件外形尺寸(mm);
　　　M——搭边宽度(mm)。

(2) 外形交错排样的步距公称尺寸,如图2.15(b)所示。

当两个零件外轮廓在沿送料方向排列相互交错时,并不是以整个外轮廓最大尺寸A送进条料的,而只要按某局部外形尺寸B送进即可,其步距公称尺寸为$S = B + M$。

(3) 斜排样的步距公称尺寸,如图2.15(c)所示。

在排样图中,如果斜排,则其步距公称尺寸为

$$S = (B + M)/\sin\alpha$$

式中,B——冲裁件沿送料方向有一倾斜夹角方位的某个局部外形轮廓尺寸(mm);
　　　α——零件中心线与送料方向的倾斜夹角(°)。

(4) 双排或多排排样的步距公称尺寸,如图2.15(d)所示。

沿送料方向在同一轴线上进行双排或多排排样,则步距公称尺寸为

$$S = A + B + 2M$$

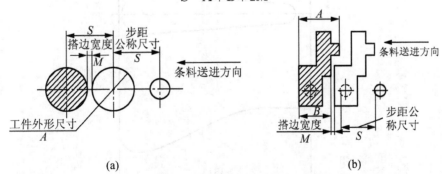

图2.15 排样的步距公称尺寸

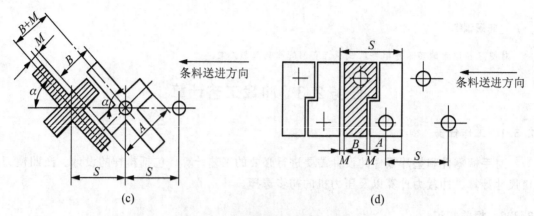

图 2.15 排样的步距公称尺寸(续)
(a)单排列排样的步距公称尺寸；(b)外形交错排样的步距公称尺寸
(c)斜排样的步距公称尺寸；(d)双排或多排排样的步距公称尺寸

2.3.3 任务实施

1.手柄零件

1)排样设计

手柄的形状具有一头大一头小的特点，直排时材料利用率低，应采用直对排，如图 2.16 所示，设计成隔位冲压，可显著地减少废料。隔位冲压就是将第一遍冲压以后的条料水平方向旋转 180°，再冲第二遍，在第一次冲裁的间隔中冲裁出第二部分工件。

$B = 131\text{mm}$，$A = 51.73\text{mm}$

$S = 2454.09\text{mm}^2$，$L = 257.72\text{mm}$

$$\eta = \frac{nS}{AB} \times 100\% = \frac{2 \times 2454.09}{51.73 \times 131} \times 100\% = 72.4\%$$

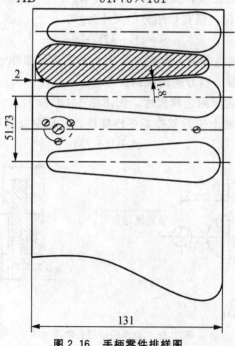

图 2.16 手柄零件排样图

2) 冲压力的计算

(1) 冲孔。

冲裁力：$F_{p1}=K_p tL\tau=1.3\times1.2\times(4\times5\pi+8\pi)\times380\text{kN}=52.12\text{kN}$

推料力：$F_{Q1}=nK_1F_{p1}=5\times0.04\times52.12\text{kN}=10.42\text{kN}$ （$K_1=0.04$）

(2) 落料。

冲裁力：$F_{p2}=K_p tL\tau=1.3\times1.2\times257.72\times380\text{kN}=152.78\text{kN}$

卸料力：$F_{Q2}=KF_{p2}=0.04\times152.78\text{kN}=6.11\text{kN}$ （$K=0.04$）

$F=F_{p1}+F_{p2}+F_{Q1}+F_{Q2}=(52.12+10.42+152.78+6.11)\text{kN}=221.43\text{kN}\approx22.2\text{t}$

根据计算结果，冲压设备拟选 J23—25。

3) 压力中心的确定及相关计算

计算压力中心时，先画出凹模型口，如图 2.17 所示。

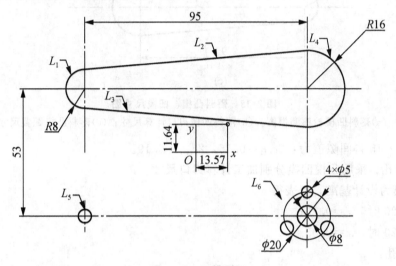

图 2.17 凹模型口

在图 2.17 中将 xOy 坐标系建立在图示的对称中心线上，将冲裁轮廓线按几何图形分解成 $L_1\sim L_6$ 共六组基本线段，用解析法求得该模具的压力中心 C 点的坐标（13.57，11.64）。有关计算数据如下：

$L_1=25.132 \qquad x_1=-52.592 \qquad y_1=26.5$

$L_2=95.34 \qquad x_2=0 \qquad y_2=38.5$

$L_3=95.34 \qquad x_3=0 \qquad y_3=14.5$

$L_4=50.265 \qquad x_4=57.865 \qquad y_4=26.5$

$L_5=15.708 \qquad x_5=-47.5 \qquad y_5=-26.5$

$L_6=87.965 \qquad x_6=47.5 \qquad y_6=-26.5$

合计 $L_总=369.75$，$x_C=13.57$，$y_C=11.64$。

由以上计算结果可以看出，冲裁力不大，压力中心偏移坐标原点 O 较小，为了便于模具的加工和装配，模具中心仍选在坐标原点 O。若选用 J23—25 冲床，C 点仍在压力机模柄孔投影面积范围内，满足要求。

4) 工作零件刃口尺寸计算

工作零件的形状相对较简单，采用线切割机床分别加工落料凸模、凹模、凸模固定板以及卸料板可以保证这些零件各个孔的同轴度，使装配工作简化，如图 2.18 所示。

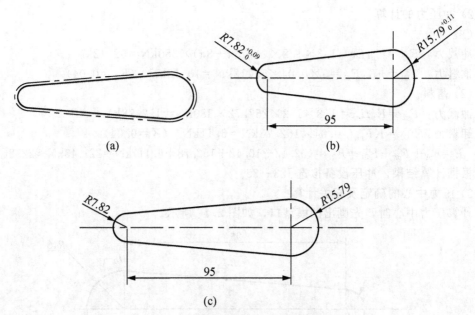

图 2.18 落料凸模、凹模尺寸图
(a)落料凹模轮廓磨损图;(b)落料凹模刃口计算尺寸;(c)落料凸模配置尺寸

查表 1-15 得间隙值为:$2c_{min}=0.16$,$2c_{max}=0.19$。
(1) 冲孔,采用凸模凹模分别加工计算刃口尺寸。
以凸模为设计基准,查表得

$\Delta < 0.20$ 时,$x=0.75$;

$\Delta \geq 0.20$ 时,$x=0.05$。

$\phi 5^{+0.3}_{0}$ 孔:

$$d_{p1}=(d_{min}+x\Delta)^{\ 0}_{-\delta_p}=(5+0.5\times 0.3)^{\ 0}_{-0.02}\text{mm}=5.15^{\ 0}_{-0.02}\text{mm}$$

$$d_{d1}=(d_{p1}+2c_{min})^{+\delta_d}_{0}=(5.15+0.13)^{+0.02}_{0}\text{mm}=5.28^{+0.02}_{0}\text{mm}$$

校核 $|\delta_p|+|\delta_d|\leq 2c_{max}-2c_{min}$ 得

$$0.040 > 0.030$$

由此可知,只有缩小 δ_p、δ_d,提高制造精度,才能保证间隙在合理范围内。

由此可取:$\delta_p=0.4\times(2c_{max}-2c_{min})=0.4\times 0.03\text{mm}=0.012\text{mm}$

$\delta_d=0.6\times(2c_{max}-2c_{min})=0.6\times 0.03\text{mm}=0.018\text{mm}$

故 $d_{p1}=5.15^{\ 0}_{-0.012}\text{mm}$,$d_{d1}=5.28^{+0.018}_{0}\text{mm}$。

$\phi 8^{+0.36}_{0}$ 孔:

$$d_{p2}=(d_{min}+x\Delta)^{\ 0}_{-\delta_p}=(8+0.5\times 0.36)^{\ 0}_{-0.020}\text{mm}=8.18^{\ 0}_{-0.020}\text{mm}$$

$$d_{d2}=(d_{p2}+2c_{min})^{+\delta_d}_{0}=(8.18+0.13)^{+0.020}_{0}\text{mm}=8.31^{+0.020}_{0}\text{mm}$$

校核 $|\delta_p|+|\delta_d|\leq 2c_{max}-2c_{min}$ 得

$$0.040 > 0.030$$

由此可知,只有缩小 δ_p、δ_d,提高制造精度,才能保证间隙在合理范围内。

由此可取:$\delta_p=0.4\times(2c_{max}-2c_{min})=0.4\times 0.03\text{mm}=0.012\text{mm}$

$\delta_d=0.6\times(2c_{max}-2c_{min})=0.6\times 0.03\text{mm}=0.018\text{mm}$

故 $d_{p2}=8.18_{-0.012}^{0}$ mm, $d_{d2}=8.31_{0}^{+0.018}$ mm。

(2) 落料，以凹模、凸模配合加工计算刃口尺寸。

以凹模为设计基准。

磨损后增大的尺寸有 $R16_{-0.43}^{0}$ 和 $R8_{-0.36}^{0}$，则

$$A_{R16}=(A_{max}-x\Delta)_{0}^{+0.25\Delta}=(16-0.5\times0.43)_{0}^{+0.25\times0.43}\text{mm}=15.79_{0}^{+0.11}\text{mm}$$

$$A_{R8}=(A_{max}-x\Delta)_{0}^{+0.25\Delta}=(8-0.5\times0.36)_{0}^{+0.25\times0.36}\text{mm}=7.82_{0}^{+0.09}\text{mm}$$

2. 垫片零件

1) 排样方案

为提高材料的利用率，该垫片零件应采用直对排，如图 2.19 所示。

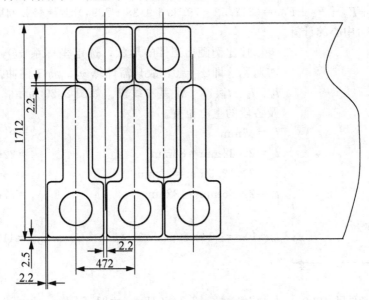

图 2.19 排样方案

计算工件毛坯面积：

$$S=44\times45\text{mm}+20\times66\text{mm}+\frac{1}{2}\pi\,10^{2}\text{mm}-13^{2}\pi\text{mm}=2926.34\text{mm}^{2}$$

条料宽度：

$$B=(2.5+120+2.2+44+2.5)\text{mm}=171.2\text{mm}$$

进距：

$$A=(45+2.2)\text{mm}=47.2\text{mm}$$

材料利用率：

$$\eta=\frac{nS}{AB}\times100\%=\frac{2\times2926.34}{171.2\times47.2}\times100\%=72.43\%$$

2) 冲压力的计算

(1) 冲压力的组成为落料力+冲孔力+落料时卸料力+冲孔时推件力。

(2) 冲压力的计算，查表得：$\tau=340\text{MPa}$。

① 落料。

落料力：
$$F_{p1}=K_p tL\tau=1.3\times 2.2\times(10\pi+2\times 66+12.5\times 2+44\times 2+45)\times 340\text{kN}=312.53\text{kN}$$
卸料力：
$$F_Q=KF_{p1}=0.03\times 312.53\text{kN}=9.38\text{kN}\quad(K\text{ 取 }0.03)$$
② 冲孔。

冲孔力：$F_{p2}=K_p tL\tau=1.3\times 2.2\times 2\pi\times 13\times 340\text{kN}=79.39\text{kN}$

顶件力：凹模的洞口形式 $h=5\text{mm}$，则 $n=\dfrac{h}{t}=\dfrac{5}{2.2}\approx 2$，所以
$$F_{Q1}=nK_1 F_{p2}=2\times 0.05\times 79.39\text{kN}=7.94\text{kN}\quad(K_1\text{ 取 }0.05)$$
总冲压力为
$$F=F_{p1}+F_{p2}+F_Q+F_{Q1}=(312.53+79.39+9.38+7.94)\text{kN}=409.24\text{kN}\approx 41\text{t}$$

3) 模具压力中心的计算

按比例画出工件的形状，选定坐标系 xOy，由于工件左右对称，即 $x_C=0$，故只需计算 y_C。将工件冲裁周边分成 l_1、l_2、l_3、l_4、l_5、l_6 基本线段。如图 2.20 所示，求出各段长度及各段的重心位置。

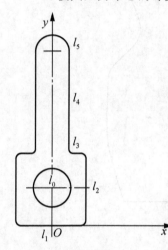

图 2.20 手柄件压力中心

$l_1=45\text{mm}$ $y_1=0$

$l_2=2\times 44\text{mm}=88\text{mm}$ $y_2=22\text{mm}$

$l_3=2\times 12.5\text{mm}=25\text{mm}$ $y_3=44\text{mm}$

$l_4=2\times 66\text{mm}=132\text{mm}$ $y_4=77\text{mm}$

$l_5=10\pi=3.14\times 10\text{mm}=31.4\text{mm}$ $y_5=110+\dfrac{10\sin\frac{\pi}{2}}{\frac{\pi}{2}}=116.29\text{mm}$

$l_6=2\pi R=2\times 3.14\times 13\text{mm}=81.64\text{mm}$ $y_6=22\text{mm}$

$$y_C=\dfrac{l_1 y_1+l_2 y_2+l_3 y_3+l_4 y_4+l_5 y_5+l_6 y_6}{l_1+l_2+l_3+l_4+l_5+l_6}=46.27\text{mm}$$

4) 刃口的计算

任务分析：

对直径为 26mm 的孔采用凸模、凹模分开加工的方法；

对外轮廓的落料件，又与外形比较复杂，采用配合加工的方法。

① 孔的模具刃口尺寸。

查表得间隙值 $2c_{\min}=0.39$，$2c_{\max}=0.45$。

$x=0.5$，$\delta_p=-0.020$，$\delta_d=+0.025$

$d_p=(d_{\min}+x\Delta)_{-\delta_p}^{\ 0}=(26+0.5\times 0.24)_{-0.020}^{\ 0}\text{mm}=26.12_{-0.020}^{\ 0}\text{mm}$

$d_d=(d_p+2c_{\min})_{\ 0}^{+\delta_d}=(26.12+2\times 0.39)_{\ 0}^{+0.025}\text{mm}=26.9_{\ 0}^{+0.025}\text{mm}$

校核 $|\delta_p|+|\delta_d|\leqslant 2c_{\max}-2c_{\min}$ 得

$0.02+0.025\leqslant 0.45-0.39$（满足间隙公差条件）

② 外轮廓模具刃口。

由公差配合表可得：

$120_{-0.87}^{\ 0}$ $R\,10_{-0.36}^{\ 0}$

由表查得当 $\Delta \geqslant 0.5$ 时，$x=0.5$；当 $\Delta < 0.5$ 时，$x=0.75$。

$A_{45} = (A_{max} - x\Delta)_0^{+0.25\Delta} = (45 - 0.5 \times 0.56)_0^{+0.25 \times 0.56}$ mm
$= 44.72_0^{+0.14}$ mm

$A_{44} = (A_{max} - x\Delta)_0^{+0.25\Delta} = (44 - 0.5 \times 0.54)_0^{+0.25 \times 0.54}$ mm
$= 43.73_0^{+0.14}$ mm

$A_{120} = (A_{max} - x\Delta)_0^{+0.25\Delta}\quad 0(120 - 0.5 \times 0.87)_0^{+0.25 \times 0.87}$ mm
$= 119.57_0^{+0.22}$ mm

$A_{R10} = (A_{max} - x\Delta)_0^{+0.25\Delta} = (10 - 0.75 \times 0.36)_0^{+0.25 \times 0.36}$ mm
$= 9.73_0^{+0.09}$ mm

落料凹模轮廓尺寸图如图 2.21 所示。

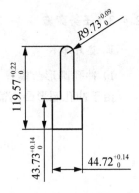

图 2.21 落料凹模轮廓图

拓展训练

对图 2.8 所示的转卡片进行冲裁工艺计算。

任务 2.4 设计模具工作零件

2.4.1 工作任务

对手柄零件和垫片零件的模具工作部分进行设计。

手柄零件和垫片零件均属冲裁件，所以凸模、凹模的设计思路可参考项目1任务1.7中的相关知识，但对于复合模而言，它有一个特殊的工作零件——凸凹模，因此本任务重点在于介绍凸凹模的设计。

2.4.2 相关知识

凸凹模是复合模同时具有落料凸模和冲孔凹模作用的工作零件，外形按一般凸模设计，内形按一般凹模设计。设计的关键是要保证内形与外形之间的壁厚强度。加强凸凹模强度的方法有以下几种。

(1) 增加有效刃口以下的壁厚。

(2) 采用正装式结构复合模，减少凸凹模模孔废料的积存数目，减少推件力。

(3) 对于不积累废料的凸凹模，冲硬材料其最小壁厚 $m \geqslant 1.5t$，但不小于 0.7mm；冲软材料 $m \geqslant t$，但不小于 0.5mm。

(4) 对于不积累废料的凸凹模其最小壁厚可参考表 2-7。

表 2-7 凸凹模最小厚度

料厚 t/mm	0.4	0.5	0.6	0.7	0.8	0.9	1.0	1.2	1.5	1.75
最小壁厚 a/mm	1.1	1.6	1.8	2.0	2.3	2.5	2.7	3.2	3.8	1.0
最小直径 D/mm			15				18		21	
料厚 t/mm	2.0	2.1	2.5	2.75	3.0	3.5	1.0	1.5	5.0	5.5
最小壁厚 a/mm	1.9	5.0	5.8	6.3	6.7	7.8	8.5	9.3	10	12
最小直径 D/mm	21		25		28		32		35	10 15

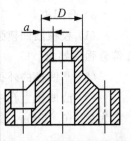

2.4.3 任务实施

1. 垫片零件

1) 冲孔圆形凸模

由于冲孔圆形凸模需要在凸模外面装推件块，因此设计成直柱形式(图2.22)。

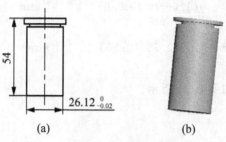

图 2.22 冲孔圆形凸模
(a)尺寸图；(b)三维图

2) 凹模结构

凹模的刃口形式，鉴于该产品生产批量较大，所以采用刃口强度较高的凹模，如图2.23所示。

凹模的外形尺寸为：

$$H = Kb = 0.24 \times 120 \text{mm} = 29 \text{mm}$$

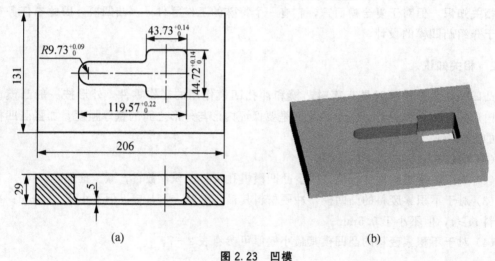

图 2.23 凹模
(a)尺寸图；(b)三维图

3) 凸凹模

(1) 校核凸凹模强度，凸凹模的最小壁厚 $m = 1.5t = 3.3$mm，实际壁厚为9mm，所以符合强度要求。

(2) 凸凹模的外刃口尺寸按凹模尺寸配制，并保证双面间隙0.34～0.39mm。

(3) 凸凹模上孔中心与边缘距离尺寸为22mm，其公差应比零件精度高3～4级，所以定为22±0.15mm，如图2.24所示。

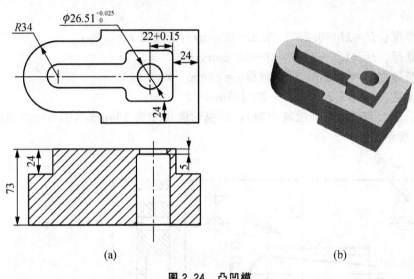

图 2.24 凸凹模
(a)尺寸图；(b)三维图

2. 手柄零件

1) 落料凸模

结合手柄零件外形并考虑加工，将落料凸模设计成直通式，采用线切割机床加工，两个 M8 螺钉固定在垫板上，与凸模固定板的配合按 H6/m5 设计，其总长 L 为

$$L=(20+14+1.2+28.8)\text{mm}=64\text{mm}$$

2) 冲孔凸模

因为所冲的孔均为圆形，而且都不属于需要特别保护的小凸模，所以冲孔凸模采用台阶式，一方面加工简单，另一方面又便于装配与更换。其中冲五个 $\phi 5\text{mm}$ 的圆形凸模可选用标准件 BⅡ形式(尺寸为 $5.15\text{mm}\times 64\text{mm}$)。冲 $\phi 8\text{mm}$ 孔的凸模结构如图 2.25 所示。

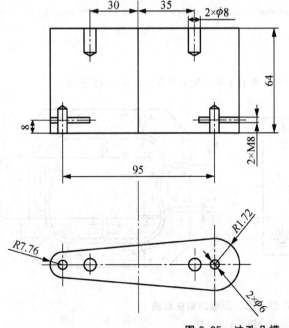

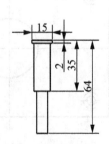

图 2.25 冲孔凸模

3) 凹模

凹模厚度：$H=kb=0.2×127mm=25.4mm$（查表得 $k=0.2$）；

凹模壁厚：$c=(1.5～2)H=38～50.8mm$；

取凹模厚度 $H=30mm$，凹模壁厚 $c=45mm$，则

凹模宽度：$B=b+2c=(127+2×45)mm=217mm$；

凹模长度 L 取 195mm（送料方向），凹模轮廓尺寸为 195mm×217mm×30mm，结构如图 2.26 所示。

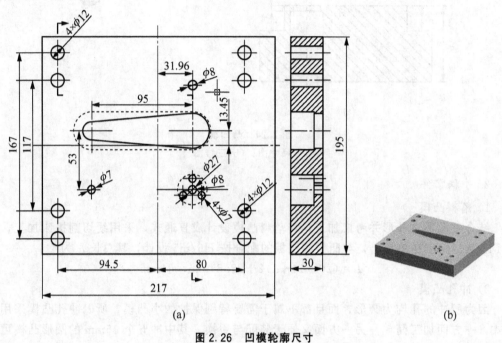

图 2.26　凹模轮廓尺寸
(a)尺寸图；(b)三维图

拓展阅读

1. 凸模与凹模的镶拼结构

镶接常用于局部易损的结构，拼接常用于形状复杂或大型模具，如图 2.27 所示。

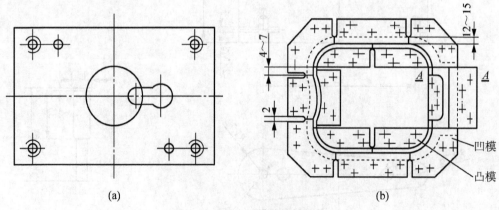

图 2.27　凸、凹模的镶拼结构
(a)镶接；(b)拼接

2. 镶拼结构设计的一般原则

(1) 便于加工制造,减少钳工工作量,提高模具加工精度的具体办法有以下几种。

① 尽量将形状复杂的内形加工分割后变为外形加工,以便于机械加工和成型磨削;同时拼块断面可以做得均匀,以减少热处理变形,提高模具制造精度。

② 沿对称轴线分割。形状、尺寸相同的分块可以一同磨削加工,如图 2.28(a)、(c)、(d)所示。

③ 沿转角、尖角分割。拼块角度应大于等于 90°,如图 2.28(a)、(b)、(c)所示。

④ 圆弧单独做成一块,拼接线应在离圆弧与直线的切点 4~7mm 的直线处;大弧线、长直线可以分为几块,拼接线应与刃口垂直。

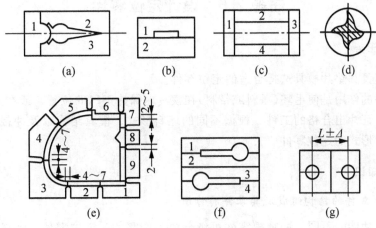

图 2.28 拼接式凹模

(2) 便于维修、更换与调整。

① 比较薄弱或易磨损的局部凸出或凹进部分,单独做成一块,如图 2.28(e)中拼块 8。

② 拼块之间可以通过增减垫片或磨削接合面的方法,以调整间隙或中心距,如图 2.28(f)、(g)所示。

(3) 满足冲裁工艺要求。凸模与凹模的拼接线应错开 3~5mm,以免产生冲裁毛刺。

3. 镶拼式凸、凹模的固定方法

镶拼式凸、凹模的固定方法主要有平面固定法[图 2.29(a)]、压入固定法[图 2.29(b)]和嵌入固定法[图 2.29(c)]。平面固定法是将拼块用螺钉和销钉直接固定在固定板上,主要用于大型模具;压入固定法是将各拼块以过盈关系压入固定板孔或槽内,常用于结构简单的小型拼块的固定;嵌入固定法是将各拼块嵌入固定板内定位(一般需用调节块压紧),然后采用螺钉紧固,主要用于中小型凸、凹模镶拼结构的固定。

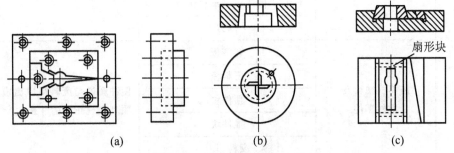

图 2.29 凸、凹模的固定方法

(a)平面固定法;(b)压入固定法;(c)嵌入固定法

4. 镶拼结构的优缺点

（1）优点。采用镶拼结构，节约了较贵的模具钢，降低了成本；便于锻造、加工；易于控制和调整刃口尺寸和冲裁间隙，模具寿命较高；避免了应力集中，减少或消除了热处理变形与开裂的危险；便于维修和更换已损坏或过分磨损部分。

（2）缺点。为保证镶拼后的刃口尺寸和凸模、凹模间隙，对各拼块的尺寸要严格要求，装配工艺较复杂；由于冲模间隙较精确，所以对压力机精度要求较高。

任务2.5 设计定位零件

2.5.1 工作任务

为手柄模具和垫片模具选择合适的定位零件。

定位零件的作用是使毛坯（条料或带料）在模具内保持正确的位置，或在送料时有准确的位置，以保证冲出合格的工件。根据不同的坯料形式、模具结构以及冲裁件质量要求，必须选用各种形式的定位零件。

2.5.2 相关知识

1. 冲裁模零件的结构组成及其零件的作用

根据作用功能的不同，冲裁模零件可细分成工作零件、定位零件、卸料及出件零件、导向零件、固定零件和标准件六类，具体结构见表2-8。

表2-8 冲裁模结构

零件种类		零件名称	零件作用
工艺零件	工作零件	凸模、凹模	直接对零件进行加工，完成板料的分离
		凸凹模	
		刃口镶块	
	定位零件	定位销	确定冲压加工中坯料在冲模中正确的位置
		导料销、导正销	
		导料板、导料销	
		侧压板、承料板	
		侧刃	
	压料、卸料及出件零件	卸料板	使冲裁件与废料得以出模，保证顺利实现正常的冲压生产
		压料板	
		顶件块	
		推件块	
		废料切刀	

续表

零件种类		零件名称	零件作用
结构零件	导向零件	导柱	正确保证上、下模之间的相对位置，以保证冲压精度
		导套	
		导板	
	固定零件	上、下模座	承装模具零件或将模具紧固在压力机上
		模柄	
		凸、凹模固定板	
		垫板	
	标准件及其他	螺钉、销钉	完成模具零件之间的相互连接
		弹簧等其他零件	

2. 定位零件

定位零件的作用是用来保证条料的正确送进及在模具中的正确位置。

分类：导料零件——在与条料方向垂直的方向上进行限位，用于确定条料的送进方向；

送料步距零件——在送料方向上进行限位，用于确定步距。

1) 导料零件

常见导料零件包括导料板、导料销及保证条料紧靠导料板一侧送进的侧压装置，其具体结构形式、特点应用见表2-9。

表2-9 常见导料零件

零件名称	导料方式	常见类型		应用场合
导料板	两块导料板分别置于条料的两侧	整体式		与刚性卸料板配合使用，常用于简单模和级进模
		分开式		与刚性卸料板、弹性卸料板均可配合，应用较广

续表

零件名称	导料方式	常见类型		应用场合
导料销	两个导料销同时使用，且位于条料的一侧，通常前后送料导料销位于左侧；左右送料位于后侧	固定式		应用灵活广泛，常用于简单模和复合模中
		活动式		
侧压装置	常位于一侧的导料板中，以保证条料在送进过程中始终与另一侧的导料板贴合	簧片式		结构简单，侧压力小，用于薄料
		弹簧式		侧压力较大，可用于厚料
		压板式		侧压力大且均匀，常用于单侧刃的级进模中

导料板通常选用 Q233 或 Q255 钢制造,导向面及上、下表面的表面粗糙度应达到 $Ra1.6\sim0.8\mu m$。为使条料顺利通过,两导料板间距离应等于条料宽度加上一个间隙值。导料板的厚度 H 取决于导料方式和板料厚度。采用固定挡料销时,导料板厚度如图 2.30 和表 2-10 所示。

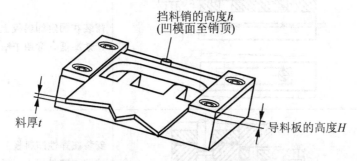

图 2.30 固定挡料销、导料板在模具上的结构

表 2-10 导料板的高度

材料的厚度 t/mm	挡料销的高度 h/mm	导料板的高度 H/mm	
		固定挡料销	自动挡料销或侧刃
0.3~2	3	6~8	4~8
2~3	4	8~10	6~8
3~4	4	10~12	6~10
4~6	5	12~15	8~10
6~10	8	15~25	10~15

2)送料步距零件

属于送料步距零件的定位零件有挡料销、导正销、侧刃等。

(1)挡料销。挡料销抵住条料的搭边或冲裁件的轮廓,起定位作用。挡料销分固定挡料销、活动挡料销和始用挡料销三类,具体结构形式见表 2-11。

表 2-11 挡料销结构形式

形 式	简 图	特点及适用范围
圆柱头固定挡料销	$d(\frac{H7}{m6})$	结构简单,制造方便,固定部分和工作部分直径差较大时才不至于削弱凹模刃口强度,一般装在凹模上,应用广泛
钩形头固定挡料销		比制造圆柱头固定挡料销难,安装时需防转,但其固定孔较凹模刃口更远,故刃口强度不会削弱

续表

形　式	简　图	特点及适用范围
回带式活动挡料销	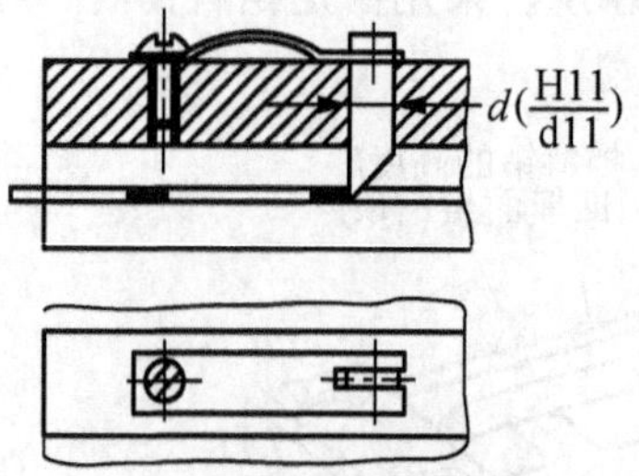 $d\left(\dfrac{H11}{d11}\right)$	需装在固定卸料板上，操作烦琐，生产效率低，常用于窄形零件
弹压式活动挡料销	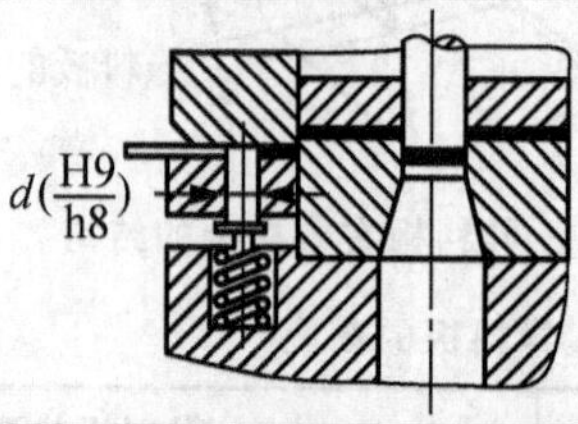 $d\left(\dfrac{H9}{h8}\right)$	安装在弹性卸料板上，合模时挡料销被压入卸料板内，所以无须在凹模上开避让孔，常用于复合模中
始用挡料销	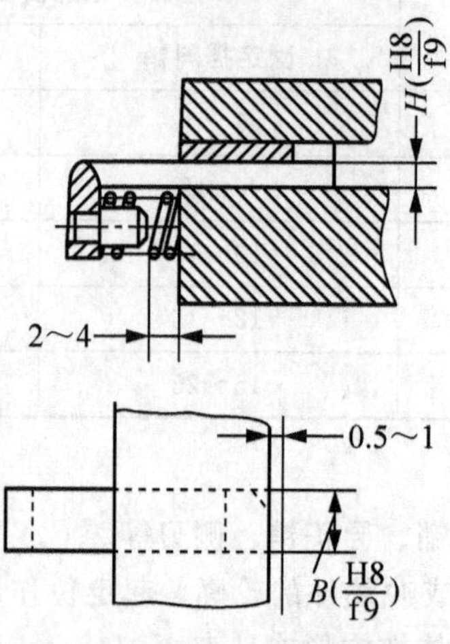 $H\left(\dfrac{H8}{f9}\right)$，$2\sim4$，$0.5\sim1$，$B\left(\dfrac{H8}{f9}\right)$	仅在每个条料的第一次冲裁时使用，常用于级进模中

(2) 侧刃：

① 作用原理。在条料侧边冲切一定形状缺口以确定步距。

② 特点。用侧刃限定进距准确可靠，保证有较高的送料精度和生产率，其缺点是增加了材料消耗和冲裁力。

③ 应用。用于送料精度和生产率要求较高；不能采用上述挡料形式；窄长工件或料厚较薄（$t<0.5\mathrm{mm}$）；工位数较多的级进模和冲裁件侧边需冲出一定形状，由侧刃一同完成的场合以及多工序级进模（多采用双侧刃结构）。

④ 结构分类。侧刃按照工作端面形状分为平直形和台阶形，台阶形多用于冲裁 1mm 以上较厚的材料。冲裁前凸出部分先进入凹模导向，可以避免侧压力对侧刃的损坏，如图 2.31 所示。

侧刃按照工作断面的形状可分为长方形侧刃和成形侧刃（图 2.32）。长方形侧刃结构简单，制造方便，但刃口尖角磨损后，在条料被冲去的一边会产生毛刺，影响送料精度。成形侧刃，产生的毛刺位于条料侧边凹进处，可克服上述缺点，但制造较难，冲裁废料较多。对于尖角侧刃，其优点是节约材料，但每一进距需把条料往后拉，以后端定距，操作不如前者方便。

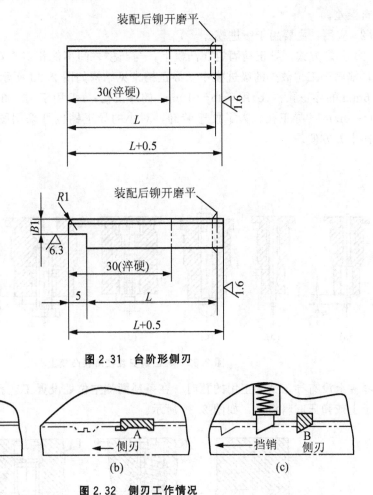

图 2.31 台阶形侧刃

图 2.32 侧刃工作情况
(a)长方形侧刃；(b)成形侧刃；(c)尖角侧刃

⑤ 设计要点：侧刃凸模及其凹模按冲孔模的设计原则，凹模按侧刃凸模配制，取单面间隙。侧刃长度 s 原则上等于送料步距，但对长方形侧刃和侧刃与导正销兼用的模具，其长度 $s=$ 步距公称尺寸 $+(0.05\sim0.10)$mm，侧刃断面宽度 $B=6\sim10$mm。侧刃制造公差，一般取 0.02mm。

⑥ 采用侧刃的条件：
  a. 窄长工件；
  b. 料厚较薄（$t<0.5$mm）；
  c. 成形侧刃成形工件侧边外形；
  d. 多工序级进模（多采用双侧刃结构）。

侧刃数量可以是一个，也可以两个。当条料冲到最后一个件时，单侧刃模具宽边已经冲完，条料上没有定位的台阶，不能有效定位，所以最后一个件可能就是废件，如果有 n 个工位，就会有 $n-1$ 个废品。两个侧刃可以在条料两侧并列布置，也可以对角布置，对角布置能够保证料尾的充分利用。

3) 导正销

(1) 作用原理：冲裁中，先进入已冲孔中，导正条料位置，保证孔与外形的位置，消除送料误差。

(2) 应用：主要用于级进模。

(3) 固定方式。导正销固定在凸模上，与凸模之间不能相对滑动，送料失误时易发生事故，常用于工位数少的级进模中。导正销常见结构如图 2.33 所示。其中，(a)用于直径小于 6mm 的导正孔；(b)用于小于 10mm 的导正孔；(d)用于 10～30mm 的导正孔；(e)用于 20～50mm 的导正孔。为了便于装卸，对小的导正销也可采用图 2.33(f) 所示的结构，其更换十分方便。

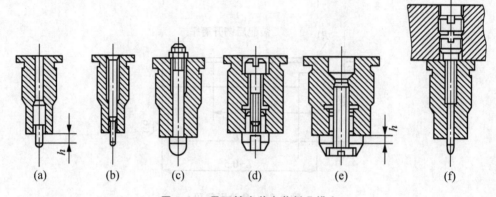

图 2.33 导正销安装在落料凸模上

零件上没有导正销导正用的孔时，在条料两侧空位处设置工艺孔，导正销安装在凸模固定板上或弹压卸料板上，如图 2.34 所示。

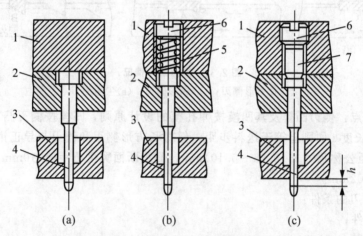

图 2.34 导正销安装在凸模固定板上

1—上模座；2—凸模固定板；3—卸料板；4—导正销；5—弹簧；6—螺塞；7—顶销

(4) 设计要点：导正销由导入和定位两部分组成，导入部分一般用圆弧或圆锥过渡，定位部分为圆柱面。定位部分的直径根据孔的直径设计，考虑到冲孔后材料弹性变形收缩，导正销直径比冲孔凸模直径小 0.04～0.2mm。此外，冲孔凸模、导正销及挡料销之间的相互位置关系应满足以下计算公式。

按图 2.35(a)方式定位时
$$c = D/2 + a_1 + d/2 + 0.1$$
按图 2.35(b)方式定位时
$$c = 3D/2 + a_1 - d/2 - 0.1$$

上式中尺寸"0.1mm"作为导正销往后拉或往前推的活动余量。当没有导正销时，0.1mm 的余量不用考虑。

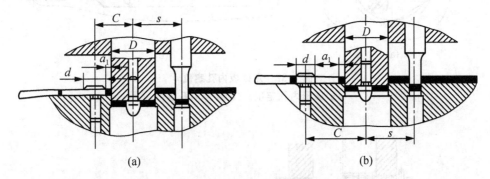

图 2.35 挡料销的位置

3. 毛坯定位——定位板和定位钉

定位装置常用的有定位板和定位销。单个毛坯或工序件的定位，一般采用定位板和定位销，可以采用外形定位，也可以采用内孔定位。

采用定位板确定外形位置定位的情况如图 2.36 所示。图 2.36(a)为利用工序件的两端定位，是异形落料件常用的定位方式；图 2.36(b)为端部定位，适用于较长工序件的定位。

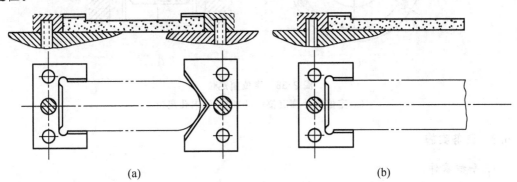

图 2.36 定位板外廓定位
(a)两端定位；(b)端部定位

图 2.37 所示为采用定位板确定内孔位置定位。图 2.37(a)为圆形内孔定位；图 2.37(b)为异形内孔定位。

图 2.38(a)所示为采用定位销外廓定位，四个定位销确定了工序件在模具中的位置；图 2.38(b)为采用定位销内孔定位，工序件内孔位置被定位销确定，图中为拉深件切边时常用。

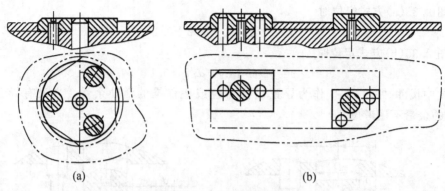

图 2.37 定位板内孔定位
(a)圆形内孔定位;(b)异形内孔定位

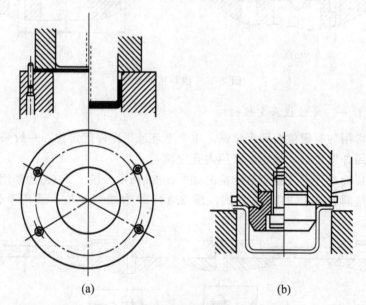

图 2.38 定位销定位
(a)定位销外廓定位;(b)定位销内孔定位

2.5.3 任务实施

1. 手柄零件

因为该模具采用的是条料,控制条料的送进方向采用导料板,无侧压装置。控制条料的送进步距采用挡料销初定距,导正销精定距。

导料板的内侧与条料接触,外侧与凹模齐平,导料板与条料之间的间隙取 1mm,这样就可确定了导料板的宽度,导料板的厚度可查阅相关表。导料板采用 45 钢制作,热处理硬度为 40~45HRC,用螺钉和销钉固定在凹模上。导料板的进料端安装有承料板。

落料凸模下部设置两个导正销,分别借用工件上 ϕ5mm 和 ϕ8mm 两个孔作导正孔。ϕ8mm 导正孔的导正销的结构如图 2.33 所示。导正应在卸料板压紧板料之前完成导正,考虑料厚和装配后卸料板下平面超出凸模端面 1mm,所以导正销直线部分的长度为 1.8mm,如图 2.39 所示。

2. 垫片零件

由前可知，条料的送进定位方式有导料销、导料板和侧压板，其中，导料板一般用在级进模中，如手柄零件定位零件的选取，导料销一般用在复合模中，又因选用的模具是倒装复合模，所以用活动挡料销控制条料送进时的送进距离，如图2.40所示。

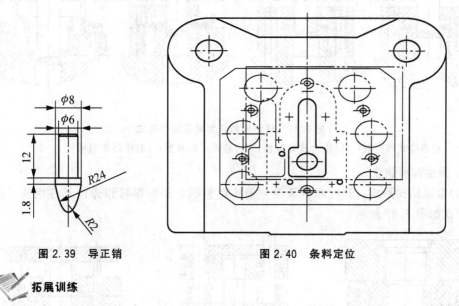

图2.39 导正销　　　　　　图2.40 条料定位

拓展训练

为图2.8转卡片零件选择合适的定位零件(导正销的设计和侧刃的设计)。

任务2.6　设计卸料与出件装置

2.6.1　工作任务

为手柄零件和垫片零件模具选择合适的卸料及出件装置。

在一次冲裁结束后，冲裁的工件或废料就会卡在凸模或凸凹模上，或是塞在凹模中。卸料零件的作用是将冲裁后卡在凸模上或凸凹模上的工件或废料卸掉，保证下次冲压正常进行；出件装置(推件与顶件装置)的作用就是从凹模中卸下工件或废料。

2.6.2　相关知识

1. 卸料装置

卸料装置分刚性卸料装置、弹性卸料装置和废料切刀三种。其中，废料切刀是在冲压过程中将废料切断成数块、从而实现卸料的零件。

1) 刚性卸料装置

(1) 常见结构形式：刚性卸料装置一般装于下模的凹模上，其具体结构形式如图2.41所示。

(2) 特点：结构简单，卸料力大，卸料动作可靠。

(3) 应用：用于厚料、硬料以及工件精度要求不高的场合。

(4) 设计要点：卸料板孔与凸模之间的单边间隙一般为$(0.1\sim0.5)\delta$，若兼作导板，两只之间的配合关系为 H7/h6。卸料板一般采用 Q235 制造，兼作导板时宜用 45 钢制造。

（5）尺寸确定：一般情况下，卸料板的外形尺寸与凹模周界相同，卸料板的厚度取 (0.8～1)凹模高度。

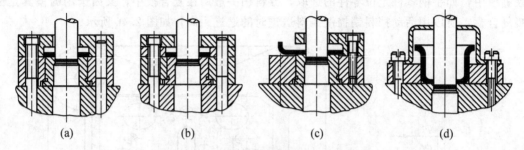

图 2.41　刚性卸料装置常见结构形式
(a)整体式卸料板；(b)组合式卸料板；(c)悬臂式卸料板；(d)拱形卸料板

2）弹性卸料装置

（1）常见结构形式：弹性卸料装置一般由卸料板、卸料螺钉和弹性元件组成，其常见结构形式如图 2.42 所示。

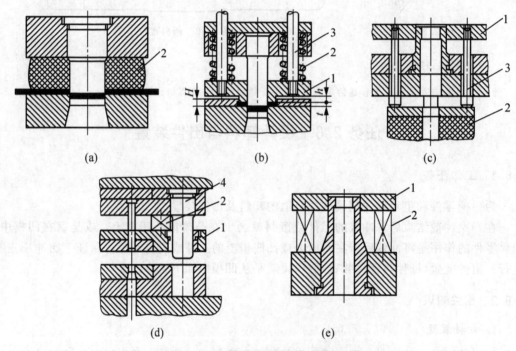

图 2.42　弹性卸料装置常见结构形式
1—卸料板；2—弹性元件；3—卸料螺钉；4—小导柱

（2）特点：卸料力较小，卸料动作平稳，在冲裁时能够实现先压料后冲裁，故生产零件的切断面质量和平直度好。

（3）应用：用于软料、薄料以及冲裁件精度要求较高的场合。

（4）设计要点：卸料板孔与凸模之间的单边间隙一般为(0.1～0.2)δ，若兼作导板，两只之间的配合关系为 H7/h6。弹性卸料板在自由状态下应高出凸模刃口面 0.5～1mm。卸料板的材料同刚性卸料板。

(5) 尺寸确定：一般情况下，卸料板的外形尺寸与凹模周界相同，卸料板的厚度取10～15mm。

2. 出件装置

出件装置一般是为了解决取出卡在凹模洞口内的材料而设置的，其主要有刚性出件装置与弹性出件装置两种，其中若出件方向与冲压方向相同，则工件便从凹模（装于上模）内由上而下推出，此种出件装置常称为推件器。若出件方向与冲压方向相反，则工件便从凹模（装于下模）内由下而上被顶出，这种出件装置称为顶件器。

1) 刚性推件装置

(1) 常见结构形式：刚性出件装置一般装于上模，它是在冲压结束后上模回程时，利用压力机滑块上的打料横梁，撞击上模内的打杆与推件板(块)，将凹模内的工件推出。刚性出件装置由打杆、推板、推杆和推件块组成，在凸模位置比较合适的情况下，推板和推杆可以省略，其常见形式如图2.43所示。

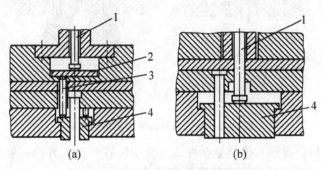

图2.43 刚性推件装置常见结构形式
1—打杆；2—推板；3—推杆；4—推件块

(2) 特点及应用：刚性推件装置推件力大，而且工作可靠，但不起压料作用，多用于倒装式复合模及拉深模。

(3) 设计要点：为保证推力均匀，推杆一般为2～4个均匀布置，且长短一致。为保证凸模有足够的支撑刚度和强度，推板的形状尺寸不能过大。推件块与凸、凹模的配合基准取决于推件块内孔或外形的复杂程度及尺寸大小，如推件块内形尺寸较小，外形形状相对简单时，取推件块与凹模为间隙配合H8/f7，推件块与凸模之间取单边间隙0.1～0.2mm，反之亦然。

2) 弹性推件装置

(1) 常见结构形式：弹性推件装置的组成与刚性推件装置基本相同，只是用弹性元件代替了刚性推件装置中的打杆，其常见结构形式如图2.44所示。

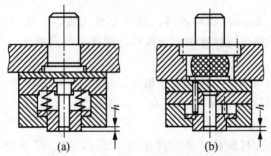

图2.44 弹性推件装置常见结构形式

(2) 特点及应用：限于弹性元件的安装空间，弹性推件装置所能提供的推件力较小，但力量均匀，推件平稳，且冲压时能起到压料作用，所以多用于薄料和平面度要求较高的场合。

(3) 设计要点：推件块在自由状态下应高出凹模刃口面 0.2～0.5mm，其他设计要点同刚性推件装置。

3) 弹性顶件装置

(1) 常见结构形式：弹性顶件装置安装于下模，一般由弹顶器、顶杆和顶件块组成，其常见结构形式如图 2.45 所示。

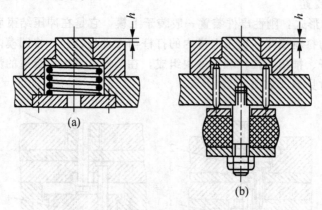

图 2.45 弹性顶件装置常见结构形式

(2) 特点及应用：弹性顶件装置在冲裁过程中能够实现压料，一般用于薄料、零件平直度要求高等不适于采用推件方式的模具中。

(3) 设计要点：开模状态下，顶件块应高出凹模刃口 0.2～0.5mm。合模状态下，顶件块的下表面不应与下模座贴合，应留有 5～10mm 的修模空间。顶件块与凹模之间为间隙配合 H8/f7。

2.6.3 任务实施

1. 垫片零件

冲模的结构与类型的选择，很大程度上取决于冲压件生产批量的大小，该零件为大批量生产，由参考文献[14]中表 4-14 知卸料方式可以选择弹压卸料方式。推件装置采用刚性推件装置，按标准选取。因本任务采用倒装复合模，工件直接从凹模刃口中落下，所以不需要推件装置。

2. 手柄零件

因为工件料厚为 1.2mm，相对较薄，卸料力也比较小，故可采用弹性卸料。又因为是级进模生产，所以采用下出件比较便于操作与提高生产效率。

(1) 卸料板的设计。

卸料板的周界尺寸与凹模的周界尺寸相同，厚度为 14mm。

卸料板采用 45 钢制造，淬火硬度为 40～45HRC。

(2) 卸料螺钉的选用。

卸料板上设置 4 个卸料螺钉，公称直径为 12mm，螺纹部分为 M10×10mm。卸料钉尾部应留有足够的行程空间。卸料螺钉拧紧后，应使卸料板超出凸模端面 1mm，有误差时通过在螺钉与卸料板之间安装垫片来调整。垫片厚度取 8mm，并用 4 个卸料螺钉将其和橡胶固定于上模。

拓展训练

为图 2.8 所示的转卡片选择合适的卸料和出料零件。

拓展阅读

弹性元件的选用

1. 选用原则

（1）满足力的要求：即所选弹性元件必须能够达到零件所需的卸料力或顶（推）件力，为此，弹性元件在开模状态下就有一定的预压要求，一般情况下，预压力应等于零件所需的卸料力或顶（推）件力，即

$$F_预 = F_卸（对于弹簧 F_预 = F_卸/n）$$

（2）满足弹性元件最大许用压缩量的要求：为保证弹性元件的寿命，其在工作时总压缩量不能大于所允许的最大压缩量，即

$$H_允 \geq H_总 = H_预 + H_{工作} + H_{修模}$$

（3）满足安装空间要求：即所选弹性元件应有足够的安装空间。

2. 弹簧的选用步骤

（1）根据模具结构空间尺寸和卸料力 $F_卸$ 的大小，初定弹簧数目 n，算出每个弹簧应承担的卸料力 $F_卸/n$。

（2）根据 $F = F_卸/n$ 的要求，选择弹簧规格，使所选弹簧的允许最大工作载荷 $F_允 \geq F_预$。

（3）根据弹簧压力与其压缩量成正比的特性，可按 $H_预 = F_预 H_允/F_允$ 求得弹簧的预压缩量。

（4）检查弹簧的允许最大压缩量是否满足 $H_允 \geq H_总 = H_预 + H_{工作} + H_{修模}$，如满足该式，说明所选弹簧合适，否则应按上述步骤重选。

（5）确定弹簧安装高度，即 $H_装 = H_0 - H_预$。

3. 橡胶的选用步骤

（1）确定橡胶垫的自由高度 H_0。根据弹性元件的选用原则，且由于橡胶的最大许用压缩量 $H_允 = (35\% \sim 45\%)H_0$，预压量 $H_预 = (10\% \sim 15\%)H_0$，$H_{工作} = t + 1$，修模量 $H_{修模} = 5 \sim 10$ mm，将以上各式带入 $H_允 \geq H_总 = H_预 + H_{工作} + H_{修模}$，整理得

$$H_0 = (3.5 \sim 4)[\delta + (6 \sim 11)]$$

（2）确定橡胶垫的横截面积 A：根据上述选用橡胶的原则可知，为使橡胶满足压力的要求，则 $F_预 = Ap \geq F_卸$。所以，橡胶垫的横截面积与卸料力及单位压力之间存有如下关系

$$A = F_卸/p$$

（3）确定橡胶垫的平面尺寸：常见的橡胶垫形状有圆筒形、圆柱形和矩形，可根据模具结构任选其中一种。橡胶垫的平面尺寸与橡胶垫的形状有关，可按上式确定的橡胶垫横截面积计算出平面尺寸。

（4）校核橡胶垫的自由高度 H_0：橡胶垫自由高度 H_0 与其直径 D 之比的范围为

$$0.5 \leq H_0/D \leq 1.5$$

如果超过 1.5，应将橡胶分成若干层后，在其间垫以钢垫片。如果小于 0.5，则应重新确定其高度。只有这样，才能保证橡胶垫正常工作。

（5）确定橡胶垫的安装高度，即

$$H_装 = H_0 - H_预$$

任务 2.7　设计与选用结构零件

2.7.1　工作任务

为手柄零件和垫片零件选择合适的模架以及固定支撑零件。

在前面的几个任务中,重点介绍了跟毛坯直接接触的工作零件、定位零件、卸料和出件装置,本任务将对不与坯料直接接触的结构零件进行设计和选用。结构零件一般包括:导向零件(导柱、导套)、固定零件(模座、固定板、垫板等)和其他一些标准件(螺钉、销钉、弹簧)。

2.7.2　相关知识

1. 标准模架

通常所说的模架由上模座、下模座、导柱、导套四个部分组成,一般标准模架不包括模柄。模架是整副模具的骨架,它是连接冲模主要零件的载体。模具的全部零件都固定在它的上面,并承受冲压过程的全部载荷。模架的上模座和下模座分别与冲压设备的滑块和工作台固定。上、下模间的精确位置,由导柱、导套的导向来实现。

1) 模架的分类与选用

根据模架的导向机构摩擦性质的不同,模架分为滑动和滚动导向模架两大类。每类模架中,由于导柱的安装位置和导柱数量不同,又分为多种模架形式。冲模滑动式导向模架有对角导柱模架、后侧导柱模架、后侧导柱窄型模架、中间导柱模架、中间导柱圆形模架、四导柱模架几种形式,如图 2.46 所示;滑动导向模架的导柱、导套结构简单,加工、装配方便,应用最广泛,各类模架的主要特点和应用场合见表 2-12。

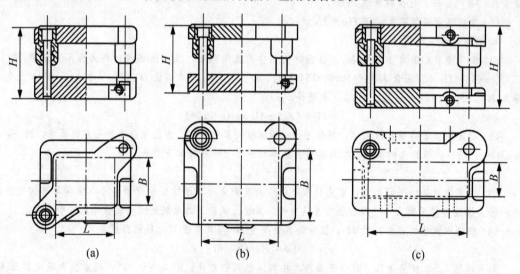

图 2.46　滑动式导向模架

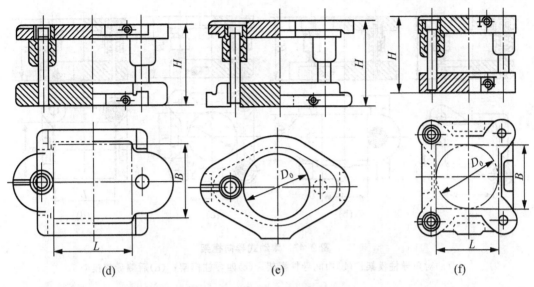

图 2.46 滑动式导向模架（续）
（a）对角导柱模架；（b）后侧导柱模架；（c）后侧导柱窄型模架；
（d）中间导柱模架；（e）中间导柱圆形模架；（f）四导柱模架

表 2-12 滑动式导向模架的主要形式、特点及应用

类别	模架形式	主要特点	应用场合
滑动导向模架	滑动导向对角导柱模架	在凹模面积的对角线上，装有一个前导柱和一个后导柱，其有效区在毛坯进给方向的导套间。受力平衡，上模座在导柱上运动平稳	适用纵向和横向送料，使用面宽，常用于级进模和复合模
	滑动导向后置导柱模架	两导柱、导套分别装于上、下模座后侧，凹模面积是导套前的有效区域。可用于冲压较宽条料。送料及操作方便。由于导柱、导套装在一侧，会因偏心载荷产生力矩，上模座在导柱上运动不够平稳	可纵向、横向送料。主要适用于一般精度要求的冲模，不适于大型模具
	滑动导向中间导柱模架	在模架的左、右中心线上装有两个不同尺寸的导柱，其凹模面积是导套间的有效区域，具有导向精度高，上模座在导柱上运动平稳等特点	仅能纵向送料，常用于弯曲模和复合模
	滑动导向四角导柱模架	模架的四个角上分别装有导柱。模架受力平衡，导向精度高	用于大型冲压件且精度要求很高的冲模，以及大批量生产的自动冲压生产线上的冲模

冲模滚动式导向模架有对角导柱模架、中间导柱模架、四导柱模架、后侧导柱模架几种形式。滚动式导向模架在导套内镶有成行的滚珠，导柱通过滚珠与导套实现有微量过盈的无间隙配合，（一般过盈量为 0.01~0.02mm），因此，这种滚动式模架导向精度高，使用寿命长，运动平稳。主要用于高精度、高寿命的精密模具及薄材料冲裁模具，如图 2.47 所示。

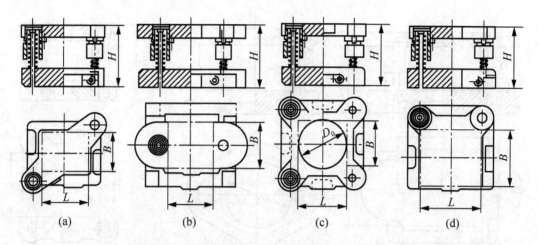

图 2.47 滚动式导向模架
(a)对角导柱模架;(b)中间导柱模架;(c)四导柱模架;(d)后侧导柱模架

模架的选择应从三方面入手：依据产品零件精度、模具工作零件配合精度高低确定模架精度；根据产品零件精度要求、形状、条料送料方向选择模架类型；根据凹模周界尺寸确定模架的大小规格。

2)滑动式导向模架主要零件的结构和设计要点

(1)模座。

① 材料：铸铁 HT200、HT250 或 Q235、Q255。

② 精度要求：模座上、下表面的平行度应达要求，上模座导套孔的轴线垂直于上模座的上表面，下模座导柱孔的轴线垂直于下模座的下表面，且垂直度公差等级一般为 IT4 级。上、下模座的导套、导柱安装孔中心距必须一致，精度一般要求在 ±0.02mm 以下。模座的上、下表面粗糙度为 $Ra1.6\sim0.8\mu m$，在保证平行度的前提下，可允许降低为 $Ra3.2\sim1.6\mu m$。

通常，如果冲下的工件或废料需从下模座下面漏下时，则应在冲模的下模座上开一个漏料孔。如果压力机的工作台面上没有漏料孔或漏料孔太小，或因顶件装置安装影响无法排料，可在下模座底面开一条通槽，冲下的零件或料可以从槽内排出，故称排出槽。若冲模上有较多的冲孔，并且孔距离很近时，则可在下模座底面开一条公用的排出槽。

(2)导柱、导套。

导向零件是用来保证上模相对于下模的正确运动。模具中应用最广的导向零件是滑动导柱和导套，其结构形式如图 2.48 所示。

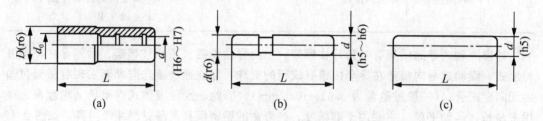

图 2.48 导柱、导套结构形式

① 导套：导套内孔开有油槽，导套与导柱配合关系为间隙配合（H7/h6、H6/h5），导套与上模座之间配合关系为过盈配合（H7/r6），由于过盈配合装配时孔有缩小的现象，所以 d_0 在设计加工时比 d 大 $0.5\sim1\text{mm}$。

② 导柱：B 型导柱如图 2.48(b) 所示，导柱两端公称尺寸相同，但公差不同。一端为与导套的间隙配合（H7/h6），另一端为与下模座的过盈配合（H7/r6）。

A 型导柱如图 2.48(c) 所示，其只有一个尺寸，加工方便，但与上模座之间的过盈配合改为基轴制，配合关系为 R7/h6。

③ 导柱、导套的装配关系：导柱直径一般在 $16\sim60\text{mm}$，长度在 $90\sim320\text{mm}$。选择导柱长度时，应考虑模具闭合高度的要求，即保证冲模在最低工作位置（即闭合状态）时导柱的上端面与上模座上平面之间的距离不小于 10mm，以保证凸、凹模经多次刃磨而使模具闭合高度变小后，导柱也不会影响模具正常工作；而下模座下平面与导柱压入端的端面之间的距离不应小于 2mm，以保证下模座在压力机工作台上的安装固定；导套的上端面与上模座上平面之间的距离应大于 2mm，以便排气和出油，如图 2.49 所示。

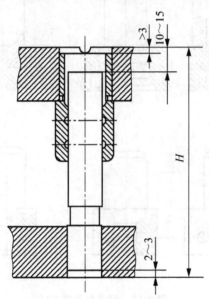

图 2.49　导柱、导套的装配关系

④ 导柱、导套的材料及热处理：导柱、导套一般选用 20 钢制造。为了增强表面硬度和耐磨性，应进行表面渗碳处理，渗碳层厚为 $0.8\sim1.2\text{mm}$，渗碳后的淬火硬度为 $58\sim62\text{HRC}$。

导柱的外表面和导套的内表面，淬硬后进行磨削，其表面粗糙度应不大于 $Ra0.8\mu\text{m}$（一般为 $Ra0.2\sim0.1\mu\text{m}$），其余部分为 $Ra1.6\mu\text{m}$。

2. 连接与紧固零件

模具的连接与固定零件有模柄、固定板、垫板、销钉、螺钉等。这些零件大多有国家标准，设计时可按国家标准选用。

1) 模柄

(1) 作用：将上模固定在压力机的滑块上。

(2) 要求：模具的压力中心与模柄中心线重合。

(3) 应用：常用于1000kN以下的中小型模具上。

(4) 类型及应用场合。

① 旋入式如图2.50(a)所示，通过螺纹与上模座连接，为防止松动，常用防转螺钉紧固。这种模柄装拆方便，但模柄轴线与上模座的垂直度较差，多用于有导柱的小型冲模。

② 压入式如图2.50(b)所示，它与模座孔采用过渡配合H7/m6，并加销钉防转。这种模柄可较好地保证轴线与上模座的垂直度。适用于各种中、小型冲模，生产中最常用。

③ 凸缘式如图2.50(c)所示，用3~4个螺钉固定在上模座的窝孔内，模柄的凸缘与上模座的窝孔采用H7/js6过渡配合。多用于较大型的模具。

④ 槽型模柄和通用模柄如图2.50(d)、(e)所示，均用于直接固定凸模，也称为带模座的模柄，它更换凸模方便，主要用于简单模。

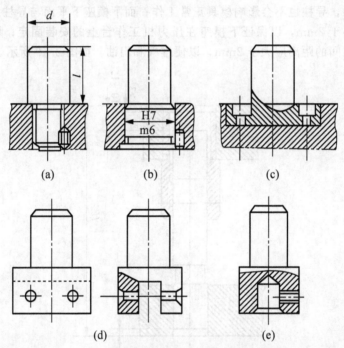

图2.50 模柄的固定方式

(a)旋入式；(b)压入式；(c)凸缘式；(d)槽型模柄；(e)通用模柄

(5) 模柄的选用：首先应根据模具的大小及零件精度等方面的要求，确定模柄的类型，然后根据所选压力机的模柄孔尺寸确定模柄的规格。选择模柄时应注意模柄安装直径d和长度l应与滑块模柄孔尺寸相适应。模柄直径可取与模柄孔相等，采用间隙配合H11/d11，模柄长度应小于模柄孔深度5~10mm。

2) 固定板

将凸模或凹模按一定相对位置压入固定后，作为一个整体安装在上模座或下模座的板件上。模具中最常见的是凸模固定板，固定板分为圆形固定板和矩形固定板两种，主要用于固定小型的凸模和凹模。

 特别提示

● 固定板的设计应注意以下几点。

(1) 凸模固定板的厚度一般取凹模厚度的 0.6～0.8 倍,其平面尺寸可与凹模、卸料板外形尺寸相同,但还应考虑紧固螺钉及销钉的位置。

(2) 固定板上的凸模安装孔与凸模采用过渡配合 H7/m6,凸模压装后端面要与固定板一起磨平。

(3) 固定板的上、下表面应磨平,并与凸模安装孔的轴线垂直。固定板基面和压装配合面的表面粗糙度为 $Ra1.6～0.8\mu m$,另一非基准面可适当降低要求。

(4) 固定板材料一般采用 Q235 或 45 钢制造,无须热处理淬硬。

3) 垫板

垫板的作用是直接承受和扩散凸模传递的压力,以降低模座所受的单位压力,防止模座被局部压陷。模具中最为常见的是凸模垫板,它被装于凸模固定板与模座之间。模具是否加装垫板,要根据模座所受压力的大小进行判断,若模座所受单位压力大于模座材料的许用压应力,则需加垫板。

垫板外形尺寸可与固定板相同,其厚度一般取 3～10mm。垫板材料为 45 钢,淬火硬度为 43～48HRC。垫板上、下表面应磨平,表面粗糙度为 $Ra1.6～0.8\mu m$,以保证平行度要求。为了便于模具装配,垫板上销钉通过孔直径可比销钉直径增大 0.3～0.5mm。螺钉通过孔也类似。

4) 螺钉与销钉

螺钉与销钉都是标准件,设计模具时按标准选用即可。螺钉用于固定模具零件,而销钉则起定位作用。模具中广泛应用的是内六角螺钉和圆柱销钉,其中 M(6～12)mm 的螺钉和 $\phi(4～10)$mm 的销钉最为常用。

特别提示

- 在模具设计中,选用螺钉、销钉应注意以下几点。
  (1) 螺钉要均匀布置,尽量置于被固定件的外形轮廓附近。当被固定件为圆形时,一般采用 3～4 个螺钉,当为矩形时,一般采用 4～6 个。销钉一般都用两个,且尽量远距离错开布置,以保证定位可靠。螺钉的大小应根据凹模厚度选用。
  (2) 螺钉之间、螺钉与销钉之间的距离,螺钉、销钉距刃口及外边缘的距离,均不应过小,以防降低强度。
  (3) 内六角螺钉通过孔及其螺钉装配尺寸应合理,其具体数值可由相关资料查得。
  (4) 圆柱销孔形式及其装配尺寸可参考相关资料。连接件的销孔应配合加工,以保证位置精度,销钉孔与销钉采用 H7/m6 或 H7/n6 过渡配合。
  (5) 弹压卸料板上的卸料螺钉用于连接卸料板,主要承受拉应力。根据卸料螺钉的头部形状,也可分为内六角和圆柱头两种。圆形卸料板常用 3 个卸料螺钉,矩形卸料板一般用 4 或 6 个卸料螺钉。由于弹压卸料板在装配后应保持水平,故卸料螺钉的长度 l 应控制在一定的公差范围内,装配时要选用同一长度的螺钉,卸料螺钉孔的装配尺寸见相关资料。

3. 冷冲模的组合结构

为了方便模具的专业化生产,国家规定了冷冲模的标准组合结构。图 2.51～图 2.54 所示为冷冲模典型组合结构实例。每种组合结构的零件数量、规格及其规定方法等都已经标准化，设计时根据凹模周界的大小进行选用，并对闭合高度等参数做必要的校核。

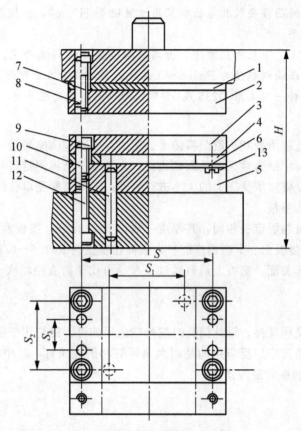

图 2.51 固定卸料之纵向送料典型组合
1—垫板；2—固定板；3—卸料板；4—导料板；5—凹模；
6—承料板；7、9、12、13—螺钉；8、10、11—圆柱销

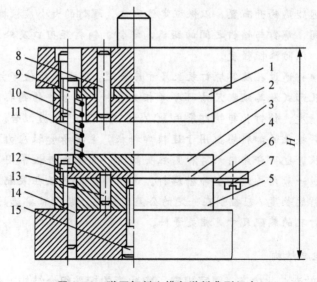

图 2.52 弹压卸料之横向送料典型组合

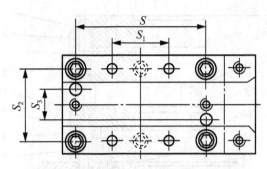

图 2.52 弹压卸料之横向送料典型组合(续)
1—垫板；2—固定板；3—卸料板；4—导料板；5—凹模；
6—承料板；7、9、12、15—螺钉；8、13、14—圆柱销；
10—卸料螺钉；11—弹簧

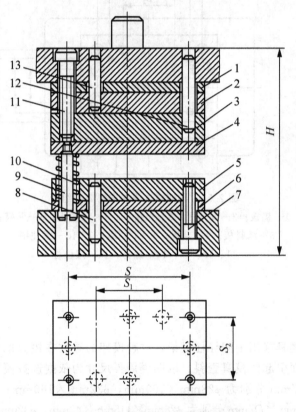

图 2.53 复合模之矩形凹模典型组合
1—垫板；2—固定板；3—凹模；4—卸料板；5—固定板；
6—垫板；7、11—螺钉；8、12、13—圆柱销；
9—卸料螺钉；10—弹簧

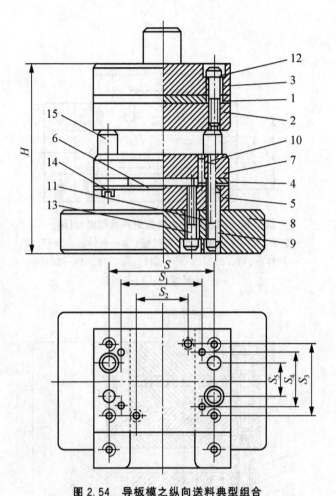

图 2.54 导板模之纵向送料典型组合

1—垫板；2—固定板；3—上模座；4—导料板；5—凹模；
6—承料板；7—导板；8—下模座；9、10—圆柱销；
11、12、13、14—螺钉；15—限位柱

2.7.3 任务实施

1. 手柄零件

该手柄零件的模具采用中间导柱模架，这种模架的导柱在模具的中间位置，冲压时可防止由于偏心力矩而引起的模具歪斜。以凹模周界尺寸为依据选择模架规格。

导柱 $d/\text{mm} \times l/\text{mm}$ 分别为 $\phi 28\text{mm} \times 160\text{mm}$，$\phi 32\text{mm} \times 160\text{mm}$；

导套 $d/\text{mm} \times l/\text{mm} \times D/\text{mm}$ 分别为 $\phi 28\text{mm} \times 115\text{mm} \times 42\text{mm}$，$\phi 32\text{mm} \times 115\text{mm} \times 45\text{mm}$。

上模座厚度 $H_{上模}$ 取 45mm，上模垫板厚度 $H_{垫}$ 取 10mm，固定板厚度 $H_{固}$ 取 20mm，下模座厚度 $H_{下模}$ 取 50mm，那么，该模具的闭合高度：

$$H_{闭} = H_{上模} + H_{垫} + l + H + H_{下模} - h_2 = (45+10+64+30+50-2)\text{mm} = 197\text{mm}$$

式中，l——凸模长度，$l=64\text{mm}$；

H——凹模厚度，$H=30\text{mm}$；

h_2——凸模冲裁后进入凹模的深度，$h_2=2\text{mm}$。

可见该模具闭合高度小于所选压力机 J23—25 的最大装模高度(220mm)，可以使用。

2. 垫片零件

按标准选择模座时，应根据凹模(凸模)、卸料和定位装置等的平面布置来选择模座尺寸。一般应取模座的尺寸 l 大于凹模尺寸 40～70mm，模座厚度应是凹模厚度的 1～1.5 倍。上、下模座已有国家标准，应可能选取标准模座。导柱、导套和上、下模座装配后组成模架。

该凹模的外形尺寸为 206mm×131mm，选择凹模周界为 250mm×125mm 的厚度为 20mm 的凹模，为了操作方便模具采用后置导柱模架，根据以上计算结果，可查得模架规格为：上模座 250mm×125mm×40mm，下模座 250mm×125mm×40mm，导柱 25mm×150mm，导套 25mm×85mm×33mm。

该例中所需冲压力计算为 222kN，初选压力机为 J23—35。模具中模柄采用凸缘式模柄，根据设备上模柄孔尺寸，选用规格 A50mm×100mm 的模柄。

模具中上模采用垫板以保护上模座，垫板的外形尺寸同凹模周界，厚度取 6mm。凸模的固定采用了凸模固定板，其外形尺寸也为凹模的周界尺寸，厚度取凹模的厚度 18mm。根据模具的尺寸，选用 M8mm 的螺钉和 ϕ8mm 的销钉。

拓展实训

为转卡片模具选择模架及固定零件。

任务 2.8　绘制冲裁模装配图和零件图

2.8.1　工作任务

绘制手柄零件的装配图和零件图。

普通机械零件装配图和零件图的绘制在《机械识图与制图》课程中已经系统地学习过了，那它跟冲裁模具的装配图和零件图的绘制方法是否一致呢？本任务的主要目的就是介绍模具装配图和零件图的画法。

2.8.2　相关知识

模具图样由总装配图、零件图两部分组成，所绘制的装配图应能清楚地表达各零件之间的相互关系，应有足够说明模具结构的投影图和剖面图、剖视图，还应画出工件图、填写零件明细表和提出技术要求。

1. 装配图

模具装配图用以表明模具的结构、工作原理、组成模具的全部零件及其相互位置和装配关系。

一般情况下，模具装配图用主视图和俯视图表示，若不能表示清楚，应再增加其他视图，一般按 1∶1 的比例绘制。装配图上要表明必要的尺寸和技术要求。模具总装图的一般布置情况如图 2.55 所示。

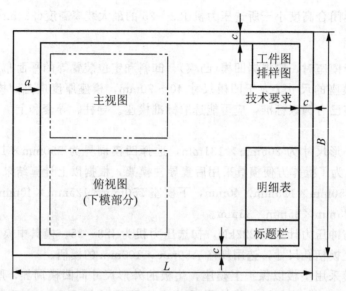

图 2.55　装配图

(1) 主视图。主视图一般放在图样上面偏左,按模具正对操作者方向绘制,采取剖视图画法,一般按模具闭合状态绘制,在上、下模之间有一完成的工件。

主视图是模具装配图的主体部分,应尽量在主视图上将结构表达清楚,力求将成形零件的形状画完整。

剖视图画法一般按照机械制图国家标准执行,但也有一些行业习惯和特殊画法:如为减少局部视图,在不影响剖视图表达剖面迹线通过部分结构的情况下,可以将剖面迹线以外部分旋转或平移到剖视图上,螺钉和销钉可各画一半等,但不能与国家标准发生矛盾。

(2) 俯视图。俯视图通常布置在图样的下面偏左,与主视图相对应。通过俯视图可以了解模具的平面布置、排样方式以及模具的轮廓形状等。习惯上将上模或定模拿去,只反映模具的下模俯视可见部分;或将上模的左半部分去掉,只画下模,而右半部分保留上模画俯视图。

(3) 工件图和排样图。装配图上还应该绘出工件图。工件图一般画在图样的右上角,要注明工件的材料、规格以及工件的尺寸、公差等。如位置不够也允许画在其他位置上或在另一页上绘出。

对于有落料工序的冲压件还应绘出排样图。排样图布置在工件图的下方,应标明条料的宽度及公差、步距和搭边值。对于需多工序冲压完成的工件,除绘出本工序的工件图外,还应该绘出上工序的半成品图,画在本工序工件图的左边。

工件图和排样图均应按比例绘出,一般与模具的比例一致,特殊情况可以放大或缩小。它们的方位应与工件在模具中位置相同,若不一致,应用箭头指明工件成型方向。

(4) 标题栏和零件明细表。标题栏和零件明细表布置在图样的右下角,按照机械制图国家标准填写。零件明细表应包括件号、名称、数量、材料、热处理、标准零件代号及规格、备注等内容。模具图中所有零件均应详细写在明细表中。

在设计与绘制冲模总装图的过程中,除了应保证该副模具既定的对冲压件加工达到的工艺目标及冲模总体设计要求外,还必须在以下两个方面有正确的设计。

① 与压力机的装配关系，如图2.56所示。

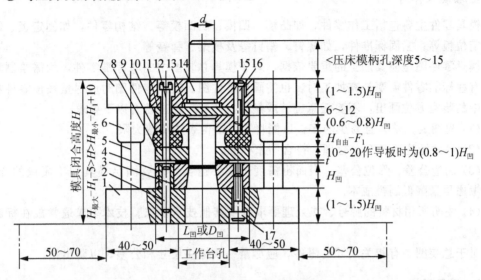

图 2.56　模具与压力机的装配关系

a. 模具平面尺寸应小于压力机工作台板的尺寸，以便模具下模的固定。

b. 下模的漏料孔应小于压力机台板孔 D。

c. 模柄露出端长度应小于压力机滑块孔深度；模柄露出端直径应小于压力机滑块孔和放入孔径。

d. 模具在压力机冲压行程的全过程中，应尽量保持模具的导向部分不互相脱离。

② 相关零件的配合。

a. 采用过盈配合处：导柱与下模座、导套与上模座之间的配合面。

b. 采用过盈或过渡配合处：模具工作零件与固定板、圆柱销与其配合件、（压入式）模柄与上模座之间的配合面。

c. 采用精密间隙配合处：导柱与导套之间的配合面。

配合处的配合及其表面粗糙度可参照表 2-13。

表 2-13　冲压模具零件的配合及表面粗糙度

零件及其位置	配合及标准公差等级	表面粗糙度 $Ra/\mu m$
工作零件表面刃口表面包括：凸模、凹模、凸凹模；废料切刀	H6/h6、H7/h7	0.8~0.4
工作零件与固定板、防转动圆柱销、挡料销等配合面	H7/m6、H7/n7	0.8~0.4
导柱、导套配合面	H6/h5、H7/h6、H7/j5	0.2~0.1
导柱、导套与模座配合面	H7/r6	0.8~0.2
模柄与模座配合面	H7/m6	
导正销结构面	H7/k6、H7/h6	0.8~0.4
其他零件表面	IT9、IT10~IT14	1.6~不加工

2. 模具零件图

模具零件主要包括工作零件，如凸模、凹模、凸凹模等；结构零件，如固定板、卸料板、定位板等；紧固标准件，如螺钉、销钉等及模架、弹簧等。

模具零件图是模具加工的重要依据，对于模具总装图中的非标准零件，均需绘制零件图。有些标准零件需要补充加工时，也需画出零件图。绘制零件图时应尽量按该零件在总装图中的装配方位画出，不要任意旋转或颠倒，此外，还应符合以下要求：

（1）视图要完整，且易少勿多，以能将零件结构表达清楚为限。

（2）尺寸标注要齐全、合理，符合国家标准。

（3）制造公差、形位公差、表面粗糙度选用要适当，既要满足模具加工质量的要求，又要考虑尽量降低制模成本。

（4）注明所用材料的牌号、热处理要求以及其他技术要求。技术要求通常放在标题栏的上方。

对于总装图中有相关尺寸的零件，应尽量一块标注尺寸和公差，以防出错。

2.8.3 任务实施

图 2.57 所示为模具总装图。模具上模部分主要由上模板、垫板、凸模(6个)、凸模固定板及卸料板等组成。卸料方式采用弹性卸料，以橡胶为弹性元件。下模部分由下模座、凹模板、导料板等组成。冲孔废料和成品件均由漏料孔漏出。

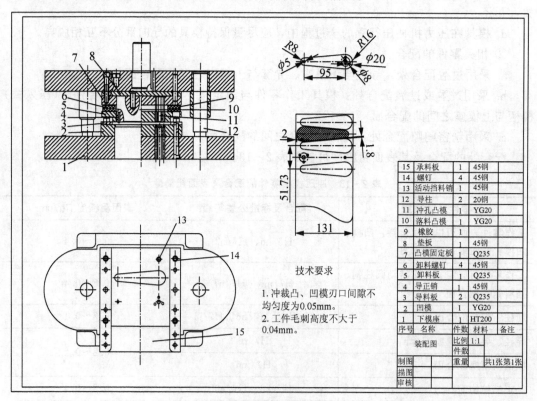

图 2.57 模具总装图

条料送进时采用活动挡料销 13 作为粗定距，在落料凸模上安装两个导正销 4，利用条料上 φ5mm 和 φ8mm 孔作导正销孔进行导正，以此作为条料送进的精确定距。操作时完成第一步冲压后，把条料抬起向前移动，用落料孔套在活动挡料销 13 上，并向前推紧，冲压时凸模上的导正销 4 再作精确定距。活动挡料销位置的设定比理想的几何位置向前偏移 0.2mm，冲压过程中粗定位完成以后，当用导正销作精确定位时，由导正销上圆锥形斜面再将条料向后拉回约 0.2mm 而完成精确定距。用这种方法定距，精度可达到 0.02mm。图 2.58 所示为凹模图。

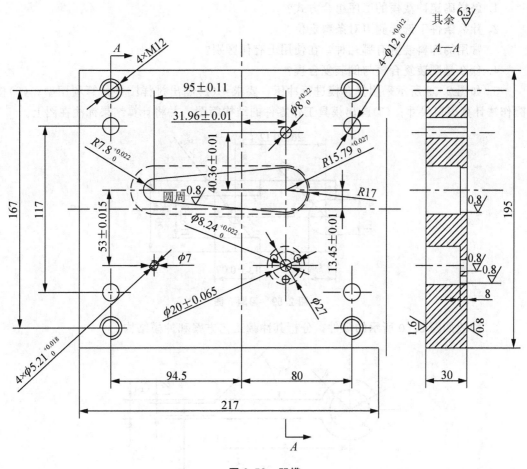

图 2.58 凹模

拓展实训

绘制垫片的装配图及零件图。

小 结

本项目通过垫片零件和手柄零件的模具设计，意在对比学习复合冲裁模和级进冲裁模的相关知识，主要介绍了复合冲裁模和级进冲裁模的结构选择、复合模具凸凹模的设计、定位零件设计、卸料零件设计、其他零件设计和冲裁模装配图和零件图的绘制。

在确定冲裁工艺方案时，要求能够制定几种方案，选择并确定最适合的工艺方案，在确定使用复合模时，特别注意凸凹模壁厚；在设计定位零件时，能根据具体要求选择导正销或侧刃，在设计卸料与出件零件时，会选择合适的卸料零件类型；并学会冲裁模装配图和零件图的绘制方法。

习 题

1. 怎样确定冲裁模的工序组合方式？
2. 什么条件下选择侧刃对条料定位？
3. 常用的卸料装置有哪几种？在使用上有何区别？
4. 什么是顺装复合模与倒装复合模？
5. 如图 2.59 所示采用复合模进行冲压，要求：(1)画出排样图并计算利用率；(2)按配作法计算刃口尺寸；(3)画出模具工作零件的结构简图，并将计算结果标注在图上。

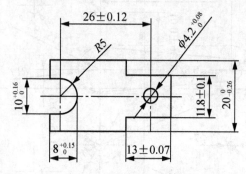

图 2.59 习题 5 图

6. 冲裁如图 2.60 所示的零件，分析其冲裁工艺方案和冲模结构。

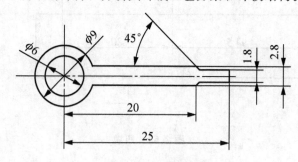

图 2.60 习题 6 图

项目 3

弯曲工艺与弯曲模设计

学习目标

最终目标	掌握弯曲的工艺设计及弯曲模具结构设计方法
促成目标	(1) 了解弯曲变形规律及弯曲件质量影响因素; (2) 掌握弯曲工艺计算方法; (3) 掌握弯曲工艺性分析与工艺设计方法; (4) 认识弯曲模典型结构及特点,掌握弯曲模工作零件设计方法; (5) 掌握弯曲工艺与弯曲模设计的方法和步骤

项目导读

弯曲是使材料产生塑性变形,形成有一定角度或一定曲率形状的冲压工序。它是冲压加工的基本工序之一,如飞机的机翼、汽车大梁、自行车车把、门窗铰链等都是弯曲成形的,现实生活中还有好多弯曲成形的实例,如图 3.1 所示。

本项目通过托架模具零件的设计,使学生熟悉弯曲变形的过程及变形特点、回弹、弯曲成形工艺设计、弯曲模具的设计等方面的知识,并最终掌握弯曲工艺设计及弯曲模具结构设计方法。

冲压工艺与模具设计

图 3.1 弯曲成形实例

▶ 项目描述

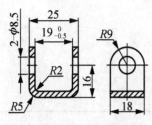

图 3.2 零件图

零件名称：U 形零件
生产批量：年产量 20 万件（大批量）
材料：08F
材料厚度：1mm
制件尺寸精度为 IT14 级。
产品及零件图：如图 3.2 所示。

▶ 项目流程

项目设计流程如图 3.3 所示。

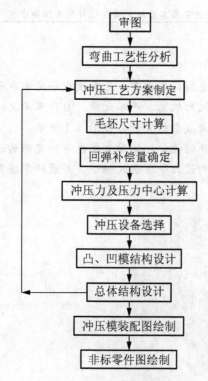

图 3.3 项目设计流程图

任务 3.1 分析弯曲件工艺性

3.1.1 工作任务

弯曲件的工艺性是指弯曲件的形状、尺寸、材料及技术要求等是否满足弯曲加工的工艺要求。具有良好的弯曲工艺性的弯曲件，不仅能提高工件质量，减少废品率，而且能简化工艺和模具结构，降低材料消耗。

本任务的主要目标就是理解最小相对弯曲半径，掌握弯曲件的结构工艺性要求，了解弯曲件在公差、材料上的要求，能对如图 3.2 所示的项目零件进行工艺性分析。

3.1.2 相关知识

弯曲成形常常在机械压力机、摩擦压力机、液压机上进行，此外也在弯板机、弯管机、拉弯机等专用设备上进行，如图 3.4 所示，本项目主要介绍常用的板材在压力机上的压弯。

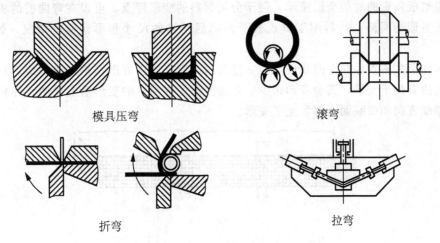

图 3.4 弯曲零件的成形方法

1. 弯曲变形的过程

V 形件的弯曲，是坯料弯曲中最基本的一种，其弯曲过程如图 3.5 所示。在开始弯曲时，坯料的弯曲内侧半径大于凸模的圆角半径。随着凸模的下压，坯料的直边与凹模 V 形表面逐渐靠紧，弯曲内侧半径逐渐减小，即 $r_0 > r_1 > r_2 > r$，同时弯曲力臂也逐渐减小，即 $l_0 > l_1 > l_2 > l_k$。当凸模、坯料与凹模三者完全压合，坯料的内侧弯曲半径及弯曲力臂达到最小时，弯曲过程结束。

由于坯料在弯曲变形过程中弯曲内侧半径逐渐减小，因此弯曲变形部分的变形程度逐渐增加。又由于弯曲力臂逐渐减小，弯曲变形过程中坯料与凹模之间有相对滑移现象。凸模、坯料与凹模三者完全压合后，如果再增加一定的压力，对弯曲件施压，则称为校正弯曲。没有这一过程的弯曲，称为自由弯曲。

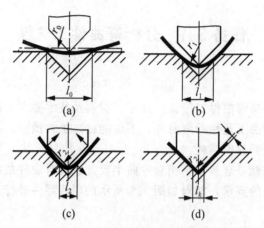

图 3.5 V形弯曲板材受力情况
1—凸模；2—凹模

2. 弯曲变形特点

为观察板料弯曲时的金属流动，便于分析材料的变形特点，可以在弯曲前的板料侧表面制作正方形的网格，然后用工具观察弯曲前后网格的尺寸和形状变化情况，如图 3.6 所示。

弯曲变形主要发生在弯曲带中心角 α 范围内，原来的正方形网格变成扇形，靠近圆角部分的直边有少量变形，其余变形很少。弯曲变形区内网格的变形情况说明，坯料在长度方向、厚度方向和横断面上都发生了变形。

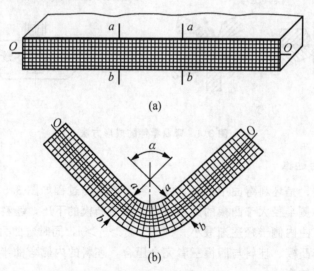

图 3.6 弯曲前后坐标网格的变化

1) 长度方向

网格由正方形变成扇形，靠近凹模的外侧长度增加，靠近凸模的内侧长度缩短，即 $\widehat{bb}>\overline{bb}$，$\widehat{aa}<\overline{aa}$。由内外表面到坯料中心，其缩短与伸长的程度都在减小。在缩短与伸长两个变形区之间必然有一金属层，其长度在变形前后没有变化，这层金属层称为应变中性层。应变中性层长度的确定是今后进行弯曲件毛坯展开尺寸计算的重要依据。

2) 厚度方向

弯曲变形程度较大时，变形区外侧材料受拉伸长，使得厚度方向的材料减薄；变形区内侧材料受压，使得材料厚度方向的材料增厚。总体上增厚量小于变薄量，毛坯材料厚度在弯曲变形区内有变薄现象，因此弹性变形位于坯料厚度中间的中性层内移，变形程度越大，弯曲变形区中性层内移量越大，变薄越严重。

3) 变形区的横断面

宽板 $b/t > 3$，窄板 $b/t \leqslant 3$（b 是板料的宽度，t 是板料的厚度），所以：

（1）对于窄板，弯曲内侧材料受到切向压缩后，便向宽度方向流动，使板宽增加，而外侧的材料受到切向拉延后，则宽度变窄，使断面呈扇形[图 3.7(a)]。

（2）对于宽板，弯曲时宽度方向受阻力大，材料不宜流动，弯曲后无明显变化，断面仍为矩形[图 3.7(b)]。

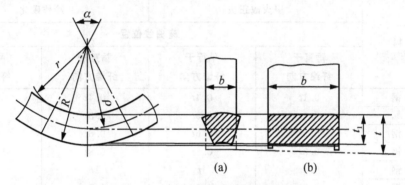

图 3.7 弯曲变形区横断面的变形

窄板弯曲的应力状态是平面的，应变状态是立体的。宽板弯曲的应力状态是立体的，应变状态是平面的(图 3.8)。

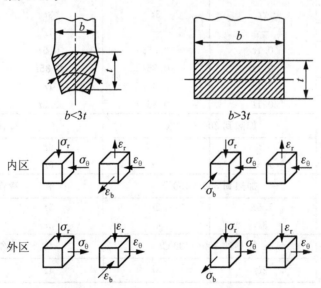

图 3.8 材料弯曲时的应力应变状态

3. 弯曲成形工艺设计

弯曲件的工艺性是指弯曲件的形状、尺寸、材料的选用及技术要求等是否满足弯曲加工的工艺要求。具有良好冲压工艺性的弯曲件，不仅能提高工件质量，减少废品率，而且能简化工艺和模具结构，降低材料消耗。

1）弯曲件的圆角半径

板料弯曲的最小半径是有限制的，如果弯曲半径过小，弯曲时外层材料拉伸变形量过大，而使拉应力达到或超过抗拉强度 σ_b，则板料外层将出现裂纹，致使工件报废，因此，板料弯曲存在一个最小圆角半径允许值，称为最小弯曲半径 r_{min}，相应的 r_{min}/t 称为最小相对弯曲半径，板料弯曲圆角半径不应小于此值，最小弯曲半径值按表 3-1 选用。

表 3-1 最小弯曲半径 r_{min} 的数值

材料	退火或正火		冷作硬化	
	弯曲线位置			
	垂直于纤维方向	平行于纤维方向	垂直于纤维方向	平行于纤维方向
08、10 钢	0.1t	0.4t	0.4t	0.8t
15、20 钢	0.1t	0.5t	0.5t	1t
25、30 钢	0.2t	0.6t	0.6t	1.2t
35、40 钢	0.3t	0.8t	0.8t	1.5t
45、50 钢	0.5t	1t	1t	1.7t
55、60 钢	0.7t	1.3t	1.3t	2t
65 锰、T7 钢	1.0t	2.0t	2.0t	3.0t
不锈钢	1t	2t	3t	4t
软杜拉铝	1t	1.5t	1.5t	2.5t
硬杜拉铝	2t	3t	3t	4t
磷铜	—	—	1t	3t
平硬黄铜	0.1t	0.35t	0.5t	1.2t
软黄铜	0.1t	0.35t	0.35t	0.8t
纯铜	0.1t	0.35t	1t	2t
铝	0.1t	0.35t	0.5t	1t
镁合金	加热到 300~400℃		冷作状态	
MB4	2t	3t	6t	8t
MB8	1.5t	2t	5t	6t
钛合金	加热到 300~400℃		冷作状态	
TB2(TB4)	1.5t	2t	3t	4t
(BT5)	3t	4t	5t	6t
钼合金	加热到 300~400℃		冷作状态	
$t \leq 2mm$	2t	3t	4t	5t

注：1. 当弯曲线与纤维方向成一定角度时，可采用垂直和平行纤维方向二者的中间数值。
2. 在冲裁或剪裁后没有退火的毛坯应作为硬化的金属选用。
3. 弯曲时应使有毛刺的一边处于弯角的内侧。
4. 括号中钛合金牌号为旧标准。

2)弯曲件的结构工艺性

弯曲件的工艺性是指弯曲件对冲压工艺的适应性。对弯曲件的结构工艺性进行分析是判定弯曲成形难易,制订冲压工艺方案以及进行模具设计的依据。弯曲件的工艺性主要表现在以下方面。

(1)直边高度。在进行直角弯曲时,如果弯曲的直立部分过小,将产生不规则变形,或称为稳定性不好,如图 3.9(b)所示。为避免这种情况,应当如图 3.9(a)所示,使直立部分的高度 $h > 2.5t$,当 $h < 2.5t$ 时,则应在弯曲部位加工出槽,使之便于弯曲,或者加大此处的弯边高度 h,在弯曲后在截去加高的部分。

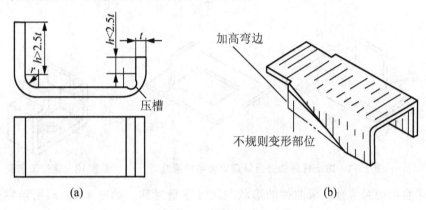

图 3.9 弯边高度

(2)孔边距。带孔的板料在弯曲时,如果孔位于变形区内,则弯曲时孔的形状会发生改变。因此孔必须位于变形区之外。如图 3.10(a)所示。一般孔边到弯曲半径 r 中心的距离按料厚确定:当 $t < 2mm$ 时,$l \geq t$;当 $t \geq 2mm$ 时,$l > 2t$。若孔边至弯曲半径 r 中心的距离过小,为了防止弯曲时孔发生变形,可以在弯曲线上冲上工艺孔 [图 3.10(b)]或工艺槽 [图 3.10(c)]。如果对零件孔的精度要求较高,则应弯曲后再冲孔。

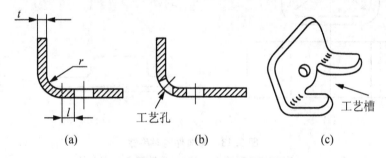

图 3.10 弯曲件孔边距离

(3)工艺孔、槽。在局部弯曲某一段边缘时,为了防止在交接处由于应力集中而产生撕裂,可预先冲一个卸荷孔或槽,如图 3.11(c)、(d)所示或将弯曲线位移一定距离如图 3.11(a)、(b)所示。

需要多次弯曲才能成形的零件,如图 3.12 所示,可以在图中 D 位置增加工艺孔,作为弯曲工序的定位基准,这样虽然经过多次弯曲工序,仍能保证其对称性和尺寸要求。

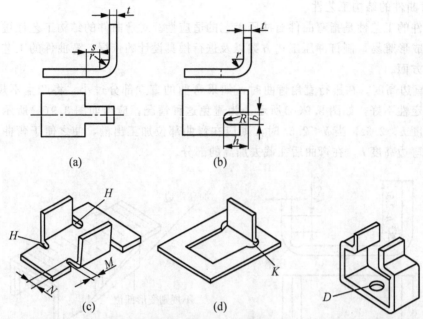

图 3.11　防止弯曲边交接处应力集中的措施　　图 3.12　定位工艺孔

(4) 弯曲件的对称性。弯曲件的形状与尺寸尽量对称。如图 3.13(a)所示零件的圆角应该是 $r_1=r_2$、$r_3=r_4$ 比较好。图 3.13(b)所示的零件由于弯曲线两边的宽度尺寸相差较大，弯曲时会出现工件被拉向一边的现象，不容易保证尺寸精度。如果零件结构允许的话，可加设定位工艺孔防止偏移，或采用对称弯曲后剖切得到不对称的零件。

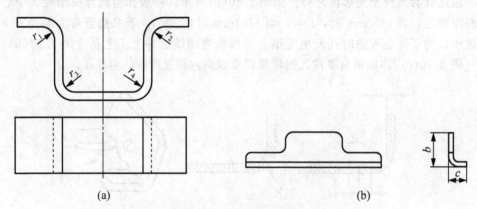

图 3.13　弯曲件的对称性
(a)弯曲件的对称性；(b)对称性不良的弯曲件

(5) 弯曲件的尺寸公差。一般弯曲件的尺寸公差等级最好在 IT13 级以下，角度公差最好大于 15′，否则应增加整形工序。

(6) 添加连接带和定位工艺孔。在变形区附近有缺口的弯曲件，如果在坯料上先将缺口冲出，则弯曲时会出现叉口，严重的无法成形。此时，应在缺口处留连接带，待弯曲成形后再将连接带切除。如图 3.14(a)、(b)所示。为了保证坯料在弯曲模内准确定位或防止在弯曲过程中坯料的偏移，最好能够在坯料上预先增加工艺孔，如图 3.14(b)、(c)所示。

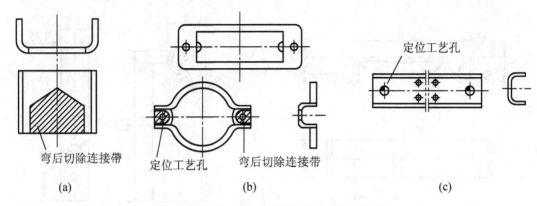

图 3.14　添加连接带和定位工艺孔的连接件

（7）弯曲件的尺寸标注。尺寸标注对弯曲件的生产工艺有很大影响。如图 3.15 所示，弯曲件孔的位置尺寸标注有三种形式。对于第一种标注形式，孔的位置精度不受坯料展开长度和回弹的影响，会大大简化工艺和模具设计，因此在不要求弯曲件有一定装配关系时，应尽量考虑冲压工艺的方便来标注尺寸。

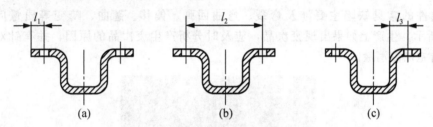

图 3.15　弯曲件尺寸标注形式对弯曲工艺的影响

3.1.3　任务实施

1. 材料分析

45 钢为优质碳素结构钢，具有良好的弯曲成形性能。

2. 结构分析

本项目零件结构简单，左右对称，对弯曲成形较为有利。可查得此材料所允许的最小弯曲半径 $r_{min}=0.5t=1.5mm$，而零件弯曲半径 $r=2mm>1.5mm$，故不会弯裂。另外，零件上的孔位于弯曲变形区之外，所以弯曲时孔不会变形，可以先冲孔后弯曲。计算零件相对弯曲半径 $r/t=0.67<5$，卸载后弯曲件圆角半径的变化可以不予考虑，而弯曲中心角发生了变化，采用校正弯曲来控制角度回弹。

3. 精度分析

零件上只有一个尺寸有公差要求，由公差表查得其公差要求属于 IT14 级，其余未注公差尺寸也均按 IT14 级选取，所以普通弯曲和冲裁即可满足零件的精度要求。

拓展训练

分析如图 3.16 所示弯曲零件的结构工艺性。

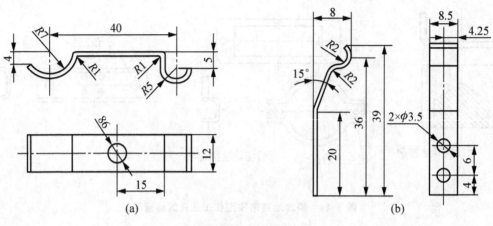

图 3.16 弯曲零件

任务 3.2 分析弯曲件常见缺陷

弯曲件的常见缺陷主要涉及弯裂、弯曲回弹、偏移、翘曲、畸变等质量问题，如图 3.17 所示。生产上如果出现废次品，应及时分析产生废次品的原因，并有针对性地采取相应措施加以消除。

图 3.17 弯裂的弯曲件

3.2.1 工作任务

本任务的主要目的在于能够理解弯裂、弯曲回弹、偏移的现象及其分析其产生原因，找出相对应的解决措施。并通过学习将表 3-2 补全。

表 3-2 任务表

废次品类型	简 图	产生原因	消除方法
裂纹	裂纹		

续表

废次品类型	简图	产生原因	消除方法
翘曲			
直臂高度不稳			
表面擦伤			
偏移			
孔变形			
弯曲角度变化			

3.2.2 相关知识

1. 弯裂

(1) 弯曲变形程度。在弯曲变形过程中,弯曲件的外层受拉变形。当料厚一定时,弯曲半径越小,拉应力就越大。当弯曲半径小到一定程度时,弯曲件的外层由于受过大的拉应力作用而出现开裂。因此常用板料的相对弯曲半径 r/t 来表示板料弯曲变形程度的大小。

(2) 最小相对弯曲半径。通常将不致使材料弯曲时发生开裂的最小弯曲半径的极限值称为该材料的最小弯曲半径。各种不同材料的弯曲件都有各自的最小弯曲半径。一般情况下,不宜使制件的圆角半径等于最小弯曲半径,应尽量将圆角半径取大一些。只有当产品结构上有要求时,才采用最小弯半径。

如图 3.18 所示,设弯曲件中性层的曲率半径为 ρ,弯曲带中心角为 φ,则最外层金属的伸长率 $\delta_{外}$ 为

$$\delta_{外} = \frac{\widehat{aa} - \widehat{oo}}{\widehat{oo}} = \frac{(r_1 - \rho)\varphi}{\rho\varphi} = \frac{r_1 - \rho}{\rho}$$

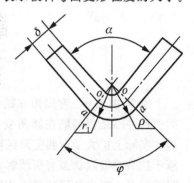

图 3.18 弯曲时的变形情况

设中性层位置在半径为 $\rho=r+t/2$ 处,且弯曲后料厚保持不变,则 $r_1=r+t$,且有

$$\delta_{\text{外}}=\frac{(r+t)-(r+t/2)}{r+t/2}=\frac{t/2}{r+t/2}=\frac{1}{2\dfrac{r}{t}+1} \tag{3-1}$$

如将 $\delta_{\text{外}}$ 以材料的延伸率 $[\delta]$ 代入上式,则 r/t 转化为 $r_{\min}/t$,且有

$$\frac{r_{\min}}{t}=\frac{1-[t]}{2[t]} \tag{3-2}$$

从式(3-2)可以看出,对于一定厚度的材料,弯曲半径越小,外层材料的伸长率越大。当外边缘材料的伸长率达到并超过材料的延伸率后,就会导致弯裂。在自由弯曲保证坯料最外层纤维不发生破裂的前提下,所能获得的弯曲件内表面最小圆角半径与弯曲材料厚度的比值 $r_{\min}/t$,称为最小相对弯曲半径。

(3)最小弯曲半径的影响因素:

① 材料的塑性和热处理状态。材料的塑性越好,其伸长率 $[\delta]$ 值越大,其最小相对弯曲半径越小。经退火的坯料塑性好,$r_{\min}$ 可小些;经冷作硬化的坯料塑性降低,$r_{\min}$ 应增大。

② 坯料的边缘及表面状态。下料时坯料边缘的冷作硬化、毛刺以及坯料表面带有划伤等缺陷,弯曲时易受到拉伸应力而破裂,使最小许可相对弯曲半径增大。为了防止弯裂,可将坯料上的大毛刺去除,小毛刺放在弯曲圆角的内侧。

③ 弯曲方向。材料经过轧制后得到纤维状组织,使板料呈现各向异性。沿纤维方向的力学性能较好,不易拉裂。因此,当弯曲线与纤维组织方向垂直时,$r_{\min}$ 数值最小,平行时最大。为了获得较小的弯曲半径,应使弯曲线和纤维方向垂直;在双弯曲时,应使弯曲线与纤维方向成一定的角度,如图 3.19 所示。

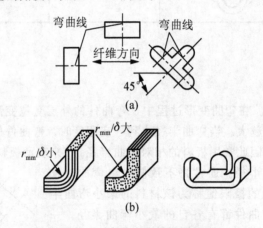

图 3.19 弯曲方向与纤维方向

④ 弯曲角 α。弯曲角 α 越大,最小弯曲半径 $r_{\min}$ 越小。这是因为在弯曲过程中,坯料的变形并不是仅局限在圆角变形区。由于材料的相互牵连,其变形影响到圆角附近的直边,实际上扩大了弯曲变形区范围,分散了集中在圆角部分的弯曲应变,对圆角外层纤维濒于拉裂的极限状态有所缓解,使最小相对弯曲半径减小。α 越大,圆角中段变形程度的降低越多,所以许可的最小相对弯曲半径 $r_{\min}$ 可以越小。

(4) 最小弯曲半径的确定。由于上述各种因素的综合影响十分复杂，所以最小相对弯曲半径的数值一般用试验方法确定，其具体数值可由相关表查得。

(5) 防止弯裂的措施。在一般的情况下，不宜采用最小弯曲半径。当零件的弯曲半径小于查表所得数值时，为提高弯曲极限变形程度，防止弯裂，常采用的措施有退火、加热弯曲、消除冲裁毛刺、两次弯曲（先加大弯曲半径，退火后再按工件要求的小半径弯曲）、校正弯曲以及对较厚材料的开槽弯曲（图 3.20）等。

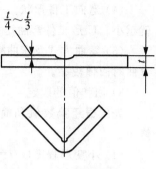

图 3.20 开槽后弯曲

2. 弯曲卸载后的回弹

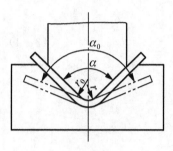

图 3.21 弯曲件的回弹

在材料变形后，工件不受外力作用时，由于弹性恢复，使弯曲件的角度、弯曲半径与模具的形状尺寸不一致，这种现象称为回弹。回弹是弯曲件的常见现象，但也是弯曲件生产中不易解决的一个棘手问题。

1) 回弹的表现形式

(1) 弯曲半径增大。卸载前坯料的内半径 r（与凸模的半径吻合），在卸载后增加到 r_0，其增量为 $\Delta r = r_0 - r$。

(2) 弯曲角增大。卸载前坯料的弯曲角度为 α（与凸模顶角吻合），卸载后增大到 α_0，其增量为 $\Delta \alpha = \alpha_0 - \alpha$（图 3.21）。

2) 影响回弹的主要因素

(1) 材料的力学性能。材料的屈服点 σ_s 越高，弹性模量 E 越小，加工硬化越严重，弯曲弹性回弹越大；相反如果两种材料弹性模量相同而屈服极限不同，在弯曲变形程度相同的条件下，卸载后，屈服极限较高的软钢的回弹大于屈服极限较低的退火软钢，如图 3.22 所示。

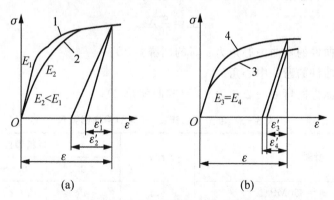

图 3.22 材料的力学性能对回弹值的影响
1、3—退火软钢；2—软锰黄铜；4—经冷变形硬化的软钢

(2) 相对弯曲半径 r/t。r/t 越小，回弹越小，当 $r/t < 0.2 \sim 0.3$ 时，则回弹可能为零，甚至达到负值。

(3) 模具间隙。U 形模的凸、凹模单边间隙大，材料处于松动状态，回弹就大；间隙小，材料被挤压，回弹就小。

(4) 弯曲工件形状。一般而言,弯曲件越复杂,一次弯曲成形角的数量越多,回弹量就越小。U 形工件弯曲比 V 形工件弯曲回弹小。

(5) 弯曲方式及弯曲模。在无底凹模内作自由弯曲时回弹最大,在有底凹模内作校正弯曲时回弹较小。

3) 回弹值的确定

先根据经验数值和简单的计算来初步确定模具工作部分尺寸,然后在试模时进行修正。

(1) 小变形程度($r/t=5\sim8$)自由弯曲时的回弹值,凸模工作部分的圆角半径和角度可按下式进行计算:

$$r_p = \frac{r}{1+3\dfrac{\sigma_s}{E}\dfrac{r}{t}} \tag{3-3}$$

$$\alpha_p = \frac{r}{r_t}\alpha \tag{3-4}$$

式中,r——工件的圆角半径(mm);

r_p——凸模的圆角半径(mm);

α——工件的圆角半径 r 所对弧长的中心角(°);

α_p——凸模的圆角半径 r_p 所对弧长的中心角(°);

σ_s——弯曲材料的屈服极限(MPa);

t——弯曲材料的厚度(mm);

E——材料的弹性模量(MPa)。

(2) 大变形程度($r/t<5$)自由弯曲时的回弹值。

卸载后弯曲件圆角半径的变化是很小的,可以不予考虑,而仅考虑弯曲中心角的回弹变化。可以运用查表法(见表 3-3)查取回弹角的经验修正数值。

当弯曲件弯曲中心角不为 90°时,其回弹角为

$$\Delta\alpha = \frac{\alpha}{90}\Delta\alpha_{90} \tag{3-5}$$

式中,$\Delta\alpha$——弯曲件的弯曲中心角为 α 时的回弹角(°);

α——弯曲件的弯曲中心角(°);

$\Delta\alpha_{90}$——弯曲件的弯曲中心角为 90°时的回弹角(°);

表 3-3 单角自由弯曲 90°时的平均回弹角

材料	r/t	材料厚度 t/mm		
		<0.8	0.8~2	>2
软钢,$\sigma_b=350$MPa	<1	4°	2°	0°
黄铜,$\sigma_b=350$MPa	1~5	5°	3°	1°
铝和锌	>5	6°	4°	2°
中硬钢,$\sigma_b=400\sim500$MPa	<1	5°	2°	0°
硬黄铜,$\sigma_b=350\sim400$MPa	1~5	6°	3°	1°
硬青铜	>5	8°	5°	3°

续表

材料	r/t	材料厚度 t/mm		
		<0.8	0.8~2	>2
硬钢，σ_b>350MPa	<1	7°	4°	2°
	1~5	9°	5°	3°
	>5	12°	7°	6°
硬铝 LY12	<1	2°	3°	4.5°
	1~5	4°	6°	8.5°
	>5	6.5°	10°	14°

4) 减少回弹的措施

(1) 材料选择：应尽可能选用弹性模数大、屈服极限小、机械性比较稳定的材料。

(2) 改进弯曲件的结构设计。

设计弯曲件时改进一些结构，加强弯曲件的刚度以减小回弹(图3.23)。例如，在变形区压加强肋或压成形边翼增加弯曲件的刚性，使弯曲件回弹困难。

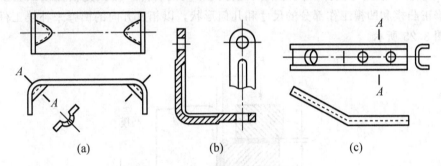

图 3.23　改进零件的结构设计

(3) 从工艺上采取措施：

① 采用热处理工艺。对一些硬材料和已经冷作硬化的材料，弯曲前先进行退火处理，降低其硬度以减少弯曲时的回弹，待弯曲后再淬硬。在条件允许的情况下，甚至可使用加热弯曲。

② 增加校正工序。运用校正弯曲工序，对弯曲件施加较大的校正压力，可以改变其变形区的应力应变状态，以减少回弹量。

③ 采用拉弯工艺。对于相对弯曲半径很大的弯曲件，由于变形区大部分处于弹性变形状态，弯曲回弹量很大，这时可以采用拉弯工艺。

可以用拉弯法(图3.24)代替一般弯曲方法。采用拉弯工艺的特点是在弯曲的同时使坯料承受一定的拉应力，拉应力的数值应使弯曲变形区内各点的合成应力稍大于材料的屈服点σ_s，使整个断面都处于塑性拉伸变形范围内，内、外区应力、应变方向取得了一致，故可大大减小零件的回弹。这种措施主要用于相对弯曲半径很大的零件的成形。

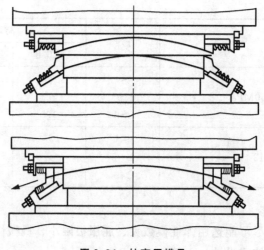

图 3.24 拉弯用模具

(4) 从模具结构采取措施。

① 补偿法。利用弯曲件不同部位回弹方向相反的特点，按预先估算或试验所得的回弹量，修正凸模和凹模工作部分的尺寸和几何形状，以相反方向的回弹来补偿工件的回弹量，如图 3.25 所示。

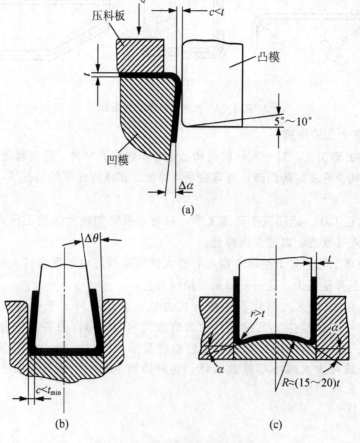

图 3.25 用补偿法修正模具结构

② 校正法。如图3.26所示，可以改变凸模结构，使校正力集中在弯曲变形区，加大变形区应力、应变状态的改变程度（迫使材料内、外侧同为切向压应力、切向拉应变）。

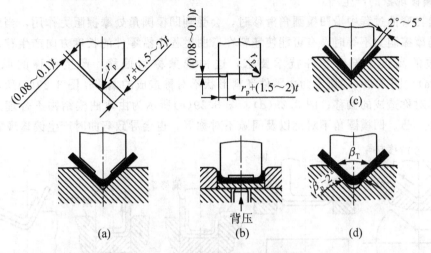

图 3.26 用校正法修正模具结构

③ 纵向加压法。在弯曲过程完成后，如图3.27所示，利用模具的突肩在弯曲件的端部纵向加压，使弯曲变形区横断面上都受到压应力，卸载时工件内、外侧的回弹趋势相反，使回弹大为降低。利用这种方法可获得较精确的弯边尺寸，但对毛坯精度要求较高。

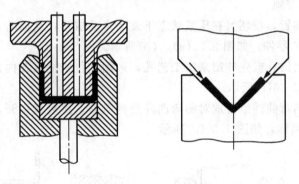

图 3.27 纵向加压弯曲

④ 采用聚氨酯弯曲模。如图3.28所示利用聚氨酯凹模代替刚性金属凹模进行弯曲。弯曲时金属板料随着凸模逐渐进入聚氨酯凹模，激增的弯曲力将会改变圆角变形区材料的应力应变状态，达到类似校正弯曲的效果，从而减少回弹。

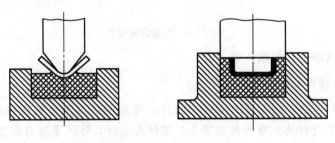

图 3.28 聚氨酯弯曲模

3. 弯曲时的偏移

1) 偏移现象的产生

板料在弯曲过程中沿凹模圆角滑移时，会受到凹模圆角处摩擦阻力作用，当坯料各边所受到的摩擦阻力不等时，有可能使坯料在弯曲过程中沿零件的长度方向产生移动，使零件两直边的高度不符合零件技术要求，这种现象称为偏移。产生偏移的原因很多。图3.29(a)、图3.29(b)所示为由零件坯料形状不对称造成的偏移；图3.29(c)所示为由零件结构不对称造成的偏移；图3.29(d)、图3.29(e)所示为由弯曲模结构不合理造成的偏移。此外，凸、凹模圆角不对称以及间隙不对称等，也会导致弯曲时产生偏移现象。

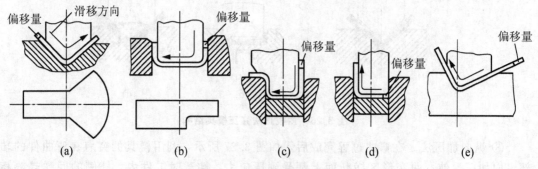

图3.29 弯曲时的偏移现象

2) 消除偏移的措施

(1) 利用压料装置，使坯料在压紧状态下逐渐弯曲成形，从而防止坯料的滑动，并且能够得到较为平整的零件，如图3.30(a)、(b)所示。

(2) 利用坯料上的孔或先冲出来的工艺孔，采用定位销插入孔内再弯曲。从而使得坯料无法移动，如图3.30(c)所示。

(3) 将不对称的弯曲件组合成对称弯曲件后再弯曲，然后再切开，使坯料弯曲时受力均匀，不容易产生偏移，如图3.30(d)所示。

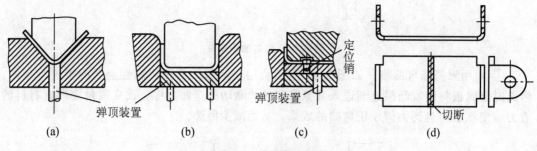

图3.30 克服偏移措施

(4) 模具制造准确，间隙调整一致。

4. 弯曲后的翘曲与剖面畸变

(1) 弯曲后的翘曲。细而长的板料弯曲件，弯曲后纵向产生翘曲变形，如图3.31所示。这是因为沿折弯线方向零件的刚度小，塑性弯曲时，外区宽度方向的压应变和内区的拉应变得以实现，使得折弯线翘曲。当板弯件短而粗时，沿工件纵向刚度大，宽向应变被抑制，翘曲则不明显。

（2）剖面畸变。对于管材、型材弯曲后的剖面畸变如图 3.32 所示。这种现象是由径向压应力 σ_r 引起的。另外，在薄壁管的弯曲中，还会出现内侧面因受压应力 σ_θ 的作用而失稳起皱的现象，因此弯管时在管中应加填料或芯棒。

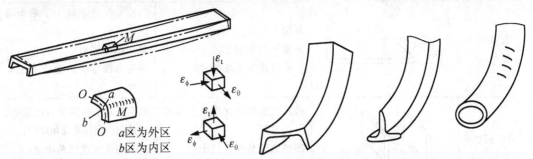

图 3.31 弯曲后的翘曲　　　　图 3.32 管材、型材弯曲后的剖面畸变

5. 表面擦伤

表面擦伤是指工件在弯曲后弯曲外表面所产生的划痕等。产生的原因可能是由于有较硬的颗粒附在工件表面，或凹模圆角半径太小，或凸模与凹模的间隙过小。解决的办法是适当增加凹模圆角半径，降低凹模的表面粗糙度，采用合理的凸、凹模间隙值以及保持凸、凹模和工件工作部分的清洁。

厚板弯曲时容易在外表面产生平行于折弯线的撞击痕，此时除了加大凹模圆角半径外，还可以采用图 3.33 所示的凹模结构形式消除撞击痕。

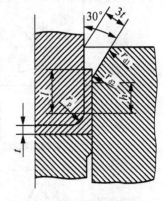

图 3.33 厚板弯曲凹模形式

3.2.3 任务实施

本任务的实施说明如表 3-4 所示。

表 3-4 任务实施说明

废次品类型	简　图	产生原因	消除方法
裂纹	（裂纹简图）	凸模弯曲半径过小；毛坯毛刺的一面处于弯曲外侧；板材的塑性较低；落料时毛坯硬化层过大	适当增大凸模圆角半径；将毛刺一面处于弯曲内侧；用经退火或塑性较好的材料；弯曲线与纤维线方向垂直或成 45°方向
翘曲	（翘曲简图）	由变形区应变状态引起，横向应变（沿弯曲线方向）在中性层外侧是压应变，中性层内侧是拉应变，故横向便形成翘曲	采用校正性弯曲，增加单位面积压力根据翘曲量修正凸模与凹模

续表

废次品类型	简图	产生原因	消除方法
直臂高度不稳		高度 h 尺寸太小； 凹模圆角不对称； 弯曲过程中毛坯偏移	高度 h 尺寸不能小于最小弯曲高度； 修正凹模侧角； 采用弹性压料装置或工艺孔定位
表面擦伤		金属的微粒附在模具工作部分的表面上； 凹模的圆角半径过小； 凸、凹模的间隙过小	清除模具工作部分表面脏物，降低凸、凹模表面粗糙度； 适当增大凹模圆角半径； 采用合理的凸、凹模间隙
偏移		当弯曲不对称形状工件时，毛坯在向凹模内滑动时，两边受到的摩擦阻力不相等，故发生尺寸偏移	采用弹性压料顶板的模具； 毛坯在模具中定位要准确； 在可能情况下，采用成双弯曲后，再切开
孔变形		孔边离弯曲线太近，在中性层内侧为压缩变形，而外侧为拉伸变形，故发生了变形	保证从孔边到弯曲半径 r 中心的距离大于一定值； 在弯曲部位设置工艺孔，以减轻弯曲变形的影响
弯曲角度变化		塑性弯曲变形伴随着弹性变形，当弯曲工件从模具中取出后，便产生弹性恢复，从而使弯曲角度发生了变化	以预定的回弹角来修正凸、凹模的角度，达到补偿的目的； 采用校正性弯曲代替自由弯曲

任务 3.3 确定工艺方案

3.3.1 工作任务

分析弯曲件工艺性后，应根据分析结果制定零件的生产工艺路线。在制定工艺方案时，要罗列出所有可能的加工方法，然后根据零件的形状、精度要求以及生产现场条件，选择最合理的生产工艺路线。通过本任务的学习能够掌握弯曲件工序安排的原则，对项目零件能够设计其工艺方案。

3.3.2 相关知识

1. 弯曲件工序安排的一般原则

弯曲件的工序安排应根据工件形状的复杂程度、精度要求的高低、生产批量的大小及材料的力学性能等因素进行考虑。如果弯曲工序安排合理，可以减少工序，简化模具结构，提高工件的质量和产量。反之，若安排不当，将导致工件质量低劣和废品率高。弯曲件工序安排的一般原则是：

(1) 尽量使毛坯或半成品的定位可靠、卸件方便，必要时可增设工艺孔定位。
(2) 应避免材料在弯曲过程中弯薄或弯曲变形区发生畸变。
(3) 便于试模后修正工作部位的几何形状和减少回弹。
(4) 对形状和尺寸要求精确的弯曲件，应利用过弯曲和校正弯曲来控制回弹。
(5) 对孔位精度要求高或邻近弯曲变形区的孔，应安排在弯曲成形后冲出。
(6) 不便抓取的小零件或是形状特殊不易定位的零件，一般应选用连续模，在安排工序时，不要先落料分离，而应在完成冲孔、冲外形、预弯和弯曲后，再落料分离(图 3.34)，这样不仅便于操作，有利于保证安全，而且也能提高生产率。

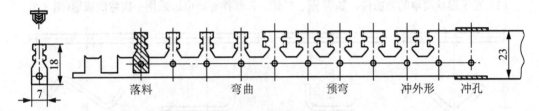

图 3.34 电线接头的连续冲压工艺过程

(7) 对多角弯曲件，因变形会影响弯曲件的形状精度，故一般应先弯外角，后弯内角，前次弯曲要给后次弯曲留出可靠的定位，并保证后次弯曲不破坏前次已弯曲的形状。工件上的高精度尺寸应安排在后面工序来定成。
(8) 对过小的内弯半径，为防止弯曲件出现裂口，可适当增加弯曲工序次数，通过逐次递减凸模圆角半径以减小弯曲变形程度，确保弯曲件质量。
(9) 在弯曲变形有缺口的弯曲件时，为防止弯曲时出现叉口现象，应在缺口处添加工艺连接带，待弯成后，再将多余的连接带切除(图 3.35)。

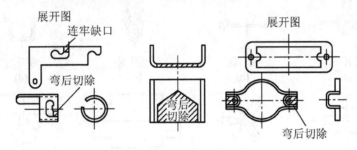

图 3.35 添加工艺连接带的实例

(10) 弯曲件本身带有单面几何形状时，若单件弯曲毛坯容易发生偏移，则可以采用成双弯曲成形，弯曲后再切开(图 3.36)。

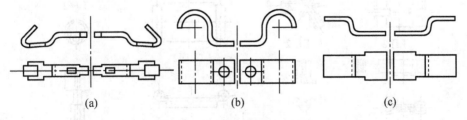

图 3.36 不对称结构的成双弯曲

(11) 在考虑排样方案时，应使弯曲线与板料轧制方向垂直(尤其当内弯半径小时)。

若工件具有多个不同的弯曲线时,最好使各弯曲线和轧纹方向均保持一定角度。

(12) 对某些尺寸小、材料薄、形状较复杂的弹性接触件,最好采用一次复合弯曲成形较为有利,如采用多次弯曲,则定位不易准确,操作不方便,同时材料经过多次弯曲也易失去弹性。

(13) 经济上要合理,批量小、精度低的弯曲件,可用几个单工序模来完成。反之,要用结构比较复杂的复合模或连续模来完成。

2. 弯曲件工序安排示例

(1) 对于形状简单的弯曲件,如V形、U形、Z形件等,可以采用一次弯曲成形(图3.37)。

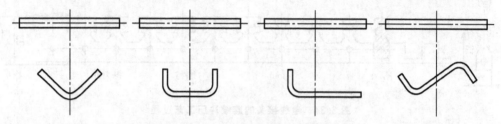

图3.37 一道工序弯曲成形的示例

(2) 对于形状较复杂的弯曲件,一般需要采用二次或多次弯曲成形(图3.38、图3.39)。

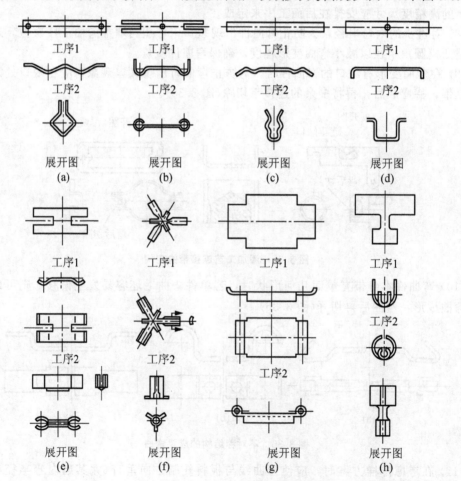

图3.38 两道工序弯曲成形的示例

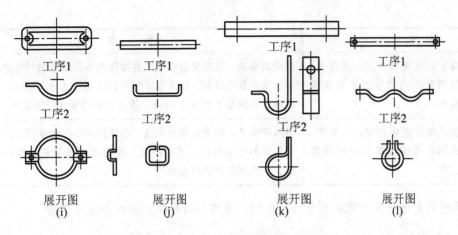

图3.38 两道工序弯曲成形的示例(续)

(3) 对于批量大,尺寸较小的弯曲件,为了提高生产效率,可以采用多工序的冲裁、弯曲、切断等连续冲压工艺成形,或在多滑块自动弯曲机上弯曲成形。

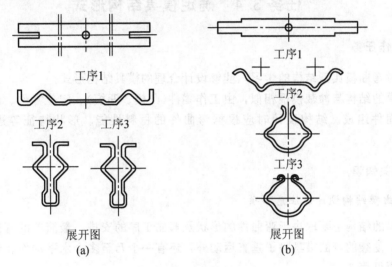

图3.39 三道工序弯曲成形的示例

3.3.3 任务实施

对于本项目设计任务,其工艺路线制定如下。

零件为U形弯曲件,该零件的生产包括落料、冲孔和弯曲三个基本工序,可有三种工艺方案,如表3-5所示。

表3-5 U形弯曲件的三种工艺方案

方案		特 点
1	先落料,后冲孔,再弯曲。采用三套单工序模生产	模具结构简单,但需三道工序三副模具,生产效率较低

续表

方案	特　点
2	落料冲孔复合冲压，再弯曲。采用复合模和单工序弯曲模生产	需两副模具，且用复合模生产的冲压件形位精度和尺寸精度易保证，生产效率较高。但由于该零件的孔边距为4.75mm，小于凸凹模允许的最小壁厚6.7mm，故不宜采用复合冲压工序
3	冲孔落料连续冲压，再弯曲。采用连续模和单工序弯曲模生产	需两副模具，生产效率也很高，但零件的冲压精度稍差。欲保证冲压件的形位精度，需在模具上设置导正销导正，故其模具制造、安装较复合模略复杂

通过对上述三种方案的综合分析比较，该件的冲压生产采用方案3为佳。

拓展训练

确定弹簧片零件的工艺方案。

任务3.4　确定模具结构形式

3.4.1　工作任务

通过对弯曲模典型结构的学习，能够设计合理的模具结构形式。

弯曲模的结构与冲裁模很相似，由工作零件(凸模、凹模)、定位零件、卸料装置及导向件、紧固件组成。结构设计时应根据弯曲件的材料性能、形状特征等进行综合分析而定。

3.4.2　相关知识

1. 弯曲模结构设计应注意事项

弯曲模的结构主要取决于弯曲件的形状及弯曲工序的安排。最简单的弯曲模只有一个垂直运动；复杂的弯曲模具除了垂直运动外，还有一个乃至多个水平动作。弯曲模结构设计注意事项见表3-6。

表3-6　弯曲模结构设计注意事项

因　素	注　意　事　项
模具结构的复杂程度	模具结构是否与冲压件批量相适应
模架	对称模具的模架要明显不对称，以防止上、下模装错位置
对称弯曲件	对称弯曲件的凸模圆角和凹模圆角应分别作成两侧相等
	小型的一侧弯曲件，有时可用同时弯两件变成对称弯曲，以防止冲压件滑动，冲压件在弯后切开
毛坯位置	落料断面带毛刺的一侧，应位于弯曲内侧
弯曲件卸下	U形弯曲件校正力大时，也会贴住凸模，需要卸料装置

续表

因　素	注　意　事　项
校正弯曲	校正力集中在弯曲件圆角处，效果更好，为此对于带顶板的U形弯曲模，其凹模内侧近底部处应做出圆弧，圆弧尺寸与弯曲件相适应
安全操作	放入和取出工件，必须方便、安全
便于修模	弹性材料的回弹只能通过试模得到准确数值，因而模具结构要使凸（凹）模便于拆卸、便于修改
提高弯曲件的精度	提高弯曲件精度的工艺措施有减少回弹、防止裂纹以及防止偏移

2. 各弯曲模的成形方式

1) V形件弯曲模

V形件形状简单，能一次弯曲成形。V形件的弯曲方法通常有沿弯曲件的角平分线方向的V形弯曲法和垂直于一直边方向的L形弯曲法。图3.40(a)所示为简单的V形件弯曲模，其特点是结构简单、通用性好，但弯曲时坯料容易偏移，影响零件精度。图3.40(b)、(c)、(d)所示分别为带有定位尖、顶杆、V形顶板的模具结构，可以防止坯料滑动，提高零件精度。

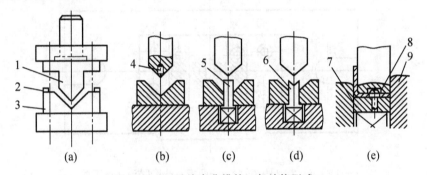

图3.40　V形件弯曲模的一般结构形式

1—凸模；2—定位板；3—凹模；4—定位尖；5—顶杆；
6—V形顶板；7—顶板；8—顶料销；9—反侧压板

V形弯曲件可以用两种方法弯曲，一种是沿着工件弯曲角的角平分线方向弯曲，称为V形弯曲(图3.41)；另一种是垂直于工件一条边的方向弯曲，称为L形弯曲(图3.42)。

对于精度要求较高，形状复杂、定位较困难的V形件(图3.43)，可以采用折板式弯曲模。两块活动凹模4通过转轴5铰接，定位板3(或定位销)固定在活动凹模上。弯曲前顶杆7将转轴顶到最高位置，使两块活动凹模成一平面。在弯曲过程中坯料始终与活动凹模和定位板接触，以防止弯曲过程中坯料的偏移。这种结构特别适用于有精确孔位的小零件、坯料不易放平稳的带窄条的零件以及没有足够压料面的零件。

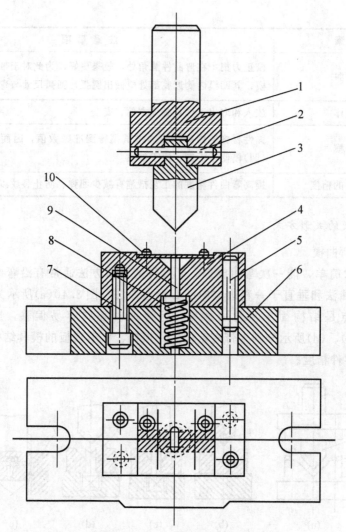

1—上模座；2、5—销钉；3—凸模；4—凹模；6—下模座；
7—顶杆；8—弹簧；9、11—螺钉；10—可调定位板

图 3.41 V 形件弯曲模

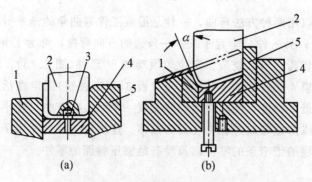

1—凹模；2—凸模；3—定位钉；4—压料板；5—靠板

图 3.42 L 形件弯曲模

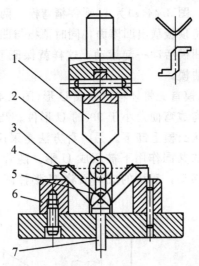

1—凸模；2—支架；3—定位板；4—活动凹模；
5—转轴；6—支承板；7—顶杆

图 3.43　V 形件精弯模

2) U 形件弯曲模

U 形件弯曲模在一次弯曲过程中可以形成两个弯曲角，根据弯曲件的要求，常用的 U 形件弯曲模有如图 3.44 所示的几种结构形式。图 3.44(a)所示为开底凹模，用于底部不要求平整的弯曲件。图 3.44(b)用于底部要求平整的弯曲件。图 3.44(c)用于料厚公差较大而外侧尺寸要求较高的弯曲件，其凸模为活动结构，可随料厚自动调整凸模横向尺寸。图 3.44(d)用于料厚公差较大而内侧尺寸要求较高的弯曲件，凹模两侧为活动结构，可随

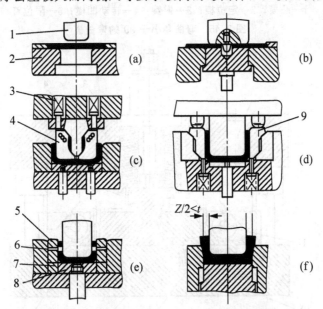

1—凸模；2—凹模；3—弹簧；4—凸模活动镶块；
5、9—凹模活动镶块；6—定位销；7—转轴；8—顶板

图 3.44　U 形件弯曲模

料厚自动调整凹模横向尺寸。图 3.44(e)为 U 形件精弯模，两侧的凹模活动镶块用转轴分别与顶板铰接。弯曲前顶杆将顶板顶出凹模面，同时顶板与凹模活动镶块成一平面，镶块上有定位销。弯曲时工件与凹模活动一起运动，这样就保证了两侧孔的同轴。图 3.44(f)为弯曲件两侧壁厚变薄的弯曲模。

当弯曲角小于 90°时，凸模首先将坯料弯曲成 U 形(图 3.45)，当凸模继续下压时，两侧的转动凹模使坯料最后压弯成弯曲角小于 90°的 U 形件。凸模上升，弹簧使转动凹模复位，工件则由垂直图面方向从凸模上卸下。另一种方法是采用斜楔弯曲模，如图 3.46 所示。毛坯在凸模与成形顶板的共同作用下被压成 U 形。随着上模继续向下移动，装在上模的两斜楔推动滑块向中间移动，滑块的成形面将 U 形件两侧向里压在凸模上，完成小于 90°的 U 形件。

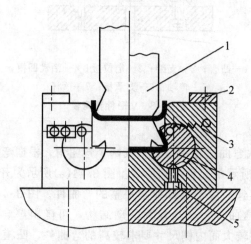

1—凸模；2—定位板；3—弹簧；4—转动凹模；5—限位钉

图 3.45 弯曲角小于 90°的弯曲模

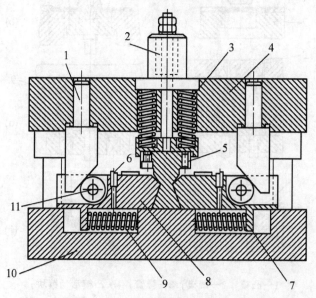

1—斜楔；2—凸模支杆；3—弹簧；4—上模座；5—凸模；
6—定位销；7、8—活动凹模；9—弹簧；10—下模座；11—滚柱

图 3.46 斜楔弯曲模

3) Z形件弯曲模

由于Z形件两端直边弯曲方向相反，所以Z形弯曲模需要有两个方向的弯曲动作。图3.47(a)所示弯曲模结构简单，但由于没有压料装置，压弯时坯料容易滑动，只适用于要求不高的零件。图3.47(b)所示为有顶板和定位销的Z形件弯曲模，能有效防止坯料的偏移。反侧压块的作用是克服上、下模之间水平方向的错移力，同时也为顶板导向，防止其窜动。

图3.47(c)所示的Z形件弯曲模，在冲压前活动凸模10在橡皮块8的作用下与凸模4端面齐平。冲压时活动凸模与顶板1将坯料压紧，由于橡皮块8产生的弹压力大于顶板1下方缓冲器所产生的弹顶力，推动顶板下移使坯料左端弯曲。当顶板接触下模座11后，橡皮块8压缩，则凸模4相对于活动凸模10下移将坯料右端弯曲成形。当压块7与上模座6相碰时，整个工件得到校正。

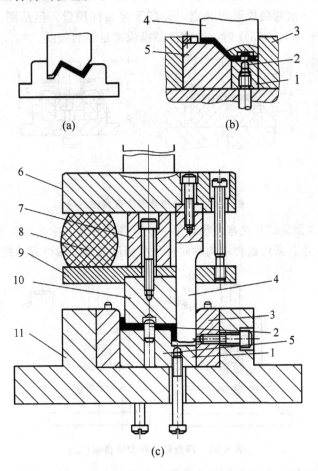

1—顶板；2—定位销；3—侧压块；4—凸模；5—凹模；6—上模座；
7—压块；8—橡皮块；9—凸模固定板；10—活动凸模；11—下模座

图3.47 Z形件弯曲模

4) 四角形件弯曲模

像Ⅱ形弯曲件，有四个角要弯曲，这类四角形件可以一次弯曲成形也可以两次弯曲成形。

（1）Π形弯曲件一次弯曲成形。图3.48所示为一次成形弯曲模，从图3.48(a)可以看出，在弯曲过程中由于凸模肩部妨碍了坯料的转动，加大了坯料通过凹模圆角的摩擦力，使弯曲件侧壁容易擦伤和变薄，成形后弯曲件两肩部与底面不易平行[图3.48(c)]。特别是材料厚、弯曲件直壁高、圆角半径小时，这一现象更为严重。

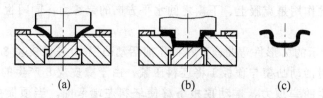

图3.48　四角形件一次弯曲成形模

（2）Π形弯曲件两次弯曲成形。图3.49所示为两次成形弯曲模，由于采用两副模具弯曲，从而避免了一次弯曲成形的缺点，提高了弯曲件质量。但从图3.49(b)可以看出，只有弯曲件高度$H>(12\sim15)t$时，才能使凹模保持足够的强度。

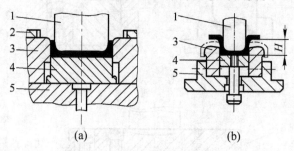

图3.49　四角形件两次弯曲模（一）

图3.50所示为倒装式两次弯曲模，第一次弯两个外角，中间两角预弯成45°，第二次弯曲加整形中间两角，采用这种结构弯曲件尺寸精度较高，回弹容易控制。

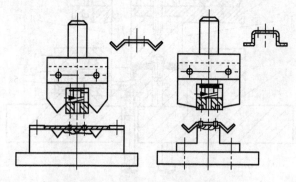

图3.50　四角形件两次弯曲模（二）

（3）摆块式Π形件弯曲模弯曲前毛坯靠活动凸模2的上端面和两侧挡板定位，弯曲时凸模在弹顶装置弹力的作用下与下行的凹模1一起压紧中间坯料，弯出两个内角。然后凹模进一步下压，带动活动凸模下移，迫使两侧摆块3向外转动至水平，完成两个外角的弯曲（图3.51）。

项目3　弯曲工艺与弯曲模设计

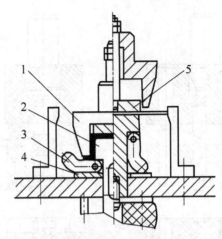

图 3.51　带摆块的Π形件弯曲模
1—凹模；2—活动凸模；3—摆块；4—垫板；5—推板

5）圆形件弯曲模

圆形件的尺寸大小不同，其弯曲方法也不同，一般按直径分为小圆和大圆两种。

（1）直径 $d<5\text{mm}$ 的小圆形件：弯小圆的方法是先弯成 U 形，再将 U 形弯成圆形。用两副简单模弯圆的方法如图 3.52 所示。由于工件小，分两次弯曲操作不便，故可将两道工序合并。

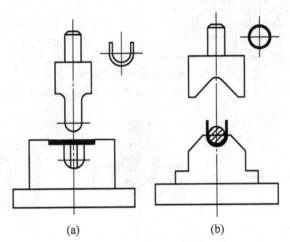

图 3.52　小圆两次弯曲模

图 3.53 所示为一次压弯模，适用于软材料和中小直径圆形件的弯曲。

坯料以凹模固定板 1 上的定位槽定位。当上模下行时，芯轴凸模 5 与下凹模 2 首先将坯料弯成 U 形。上模继续下行时，芯轴凸模 5 带动压料板 3 压缩弹簧，由上凹模 4 将工件最后弯曲成形。上模回程后，工件留在芯轴凸模上。拔出芯轴凸模，工件自动落下。该结构中，上模弹簧的压力必须大于首先将坯料压成 U 形时的压力，才能弯曲成圆形。一般圆形件弯曲后，必须用手工将工件从芯轴凸模上取下，操作比较麻烦。

（2）直径 $d<20\text{mm}$ 大圆形件：图 3.54 所示是用三道工序弯曲大圆的方法，这种方法生产率低，适合于材料厚度较大的。图 3.55 所示是用两道工序弯曲大圆的方法，先预弯成三个 120°的波浪形，然后再用第二副模具弯成圆形，工件顺凸模轴线方向取下。

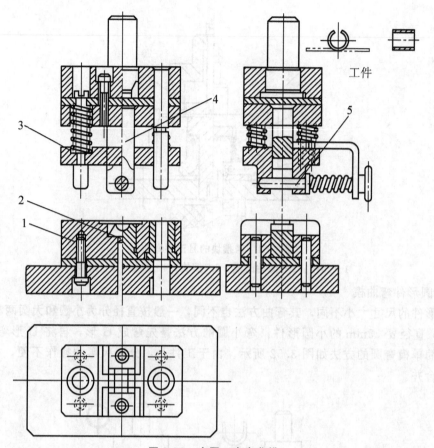

图 3.53 小圆一次弯曲模
1—凸模固定板；2—下凹模；3—压料板；4—上凹模；5—芯轴凸模

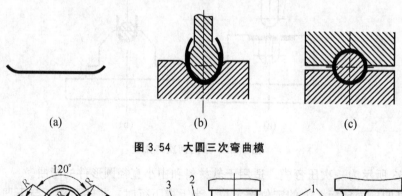

图 3.54 大圆三次弯曲模

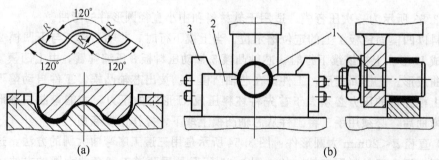

图 3.55 大圆两次弯曲模
1—凸模；2—凹模；3—定位板

图3.56所示是带摆动凹模的一次弯曲成形模,凸模下行先将坯料压成U形,凸模继续下行,摆动凹模将弯曲件由U形弯成圆形。工件可顺凸模轴线方向推开支撑取下。这种模具生产率较高,但由于回弹在工件接缝之处留有缝隙和少量直边,工件精度差,模具结构也较复杂。

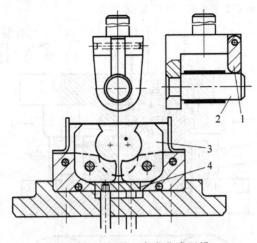

图3.56 大圆一次弯曲成形模
1—支撑;2—凸模;3—活动凹模;4—顶板

6) 铰链件弯曲模

图3.57所示为常见的铰链件形式和弯曲工序的安排。预弯模如图3.57(a)所示。卷圆的原理通常采用推圆法。图3.57(b)所示是立式卷圆模,结构简单。图3.57(c)所示是卧式卷圆模,有压料装置,不仅操作方便,零件质量也好。

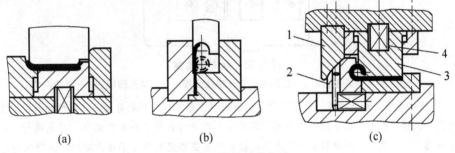

(a)　　　　　　(b)　　　　　　(c)

图3.57 铰链件弯曲模
1—斜楔;2—凹模;3—凸模;4—弹簧

3.4.3 任务实施

本任务中因工件材料较薄,为保证工件平整,采用弹压卸料装置。它还可对冲孔小凸模起导向作用和保护作用。为方便操作和取件,选用双柱可倾压力机,纵向送料。因工件薄而窄,故采用侧刃定位,生产率高,材料消耗也不大。

综上所述,选用弹压卸料纵向送料典型组合结构形式,对角导柱滑动导向模架。

拓展阅读

1. 级进弯曲模

对于批量大、尺寸小的弯曲件，为了提高生产效率和安全性，保证产品质量，可以采用级进弯曲模进行多工位冲裁、弯曲、切断等工艺成形，如图3.58所示。

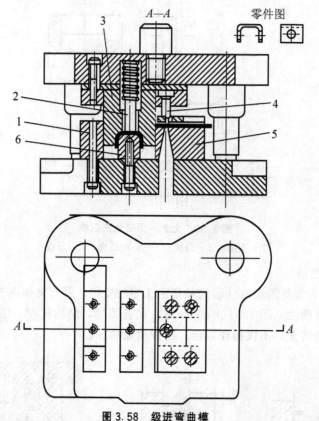

图3.58 级进弯曲模
1—挡块；2—顶件销；3—凸凹模；4—冲孔凸模；5—冲孔凹模；6—弯曲凸模

图3.58所示为同时进行冲孔、切断和弯曲的级进模。条料以导料板导向并从刚性卸料板下面送至挡块右侧定位。上模下行时，凸、凹模将条料切断并随即将所切断的坯料压弯成形。与此同时，冲孔凸模在条料上冲出孔。上模回程时卸料板卸下条料，顶件销则在弹簧的作用下推出零件，获得侧壁带孔的U形弯曲件。

2. 复合弯曲模

对于尺寸不大的弯曲件，还可以采用复合模，即在压力机一次行程中，在模具同一位置上完成落料、弯曲、冲孔等几种不同的工序。图3.59(a)、(b)所示是切断、弯曲复合模结构简图。图3.59(c)所示是落料、弯曲、冲孔复合模，模具结构紧凑，零件精度高，但凸凹模修磨困难。

3. 通用弯曲模

对于小批生产或试制生产的零件，因为生产量小、品种多、尺寸经常改变，所以在大多数情况下不使用专用的弯曲模。如果用手工加工，不仅会影响零件的加工精度，增加劳动强度，而且延长了产品的制造周期，增加了产品成本，生产中常采用通用弯曲模。

采用通用弯曲模不仅可以制造一般的V形、U形、⌐形零件，还可以制造精度不高的复杂形状的零件，图3.60所示是经过多次V形弯曲制造复杂零件的例子。

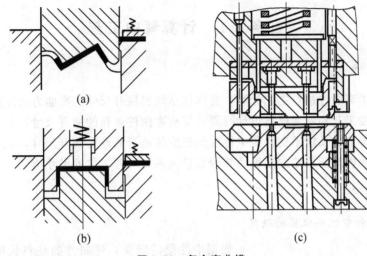

图 3.59 复合弯曲模

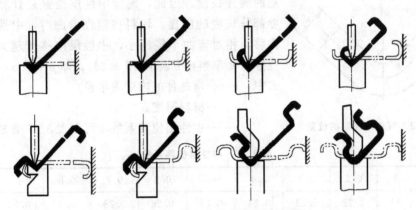

图 3.60 多次 V 形弯曲制造复杂零件

图 3.61 所示是折弯机上用的通用弯曲模。凹模四个面上分别制出适应于弯制零件的几种槽口[图 3.61(a)]。凸模有直臂式的、曲臂式的两种,对零件的圆角半径作成几种尺寸,以便按需要更换[图 3.61(b)、(c)]。

图 3.62 所示为通用 V 形弯曲模。凹模由两块组成,它具有四个工作面,以供弯曲多种角度用。凸模按零件弯曲角和圆角半径大小更换。

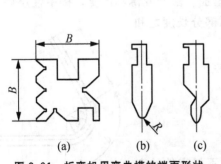

图 3.61 折弯机用弯曲模的端面形状
(a)通用凹模;(b)直臂式凸模;(c)曲臂式凸模

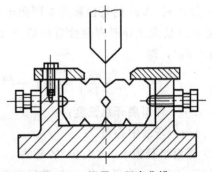

图 3.62 通用 V 形弯曲模

任务 3.5 计算弯曲工艺

3.5.1 工作任务

对项目所给弯曲件进行工艺计算,具体包括坯料展开尺寸、弯曲力的计算。

在进行弯曲工艺和弯曲模具设计时要计算出弯曲件坯料的展开尺寸,计算的依据是中性层在弯曲变形前后长度不变。即中性层的长度就是弯曲件的展开尺寸,也就是所要求的坯料长度,弯曲件展开尺寸的准确性与否直接关系到所弯工件的尺寸精度。

3.5.2 相关知识

1. 中性层和中性层位置的确定

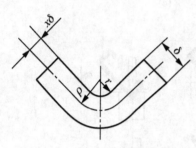

图 3.63 弯曲中性层的位置

根据中性层的定义,弯曲件的坯料长度应等于中性层的展开长度。因此,确定中性层位置是计算弯曲件弯曲部分长度的前提。坯料在塑性弯曲时,中性层发生了内移,相对弯曲半径越小,中性层内移量越大。中性层位置以曲率半径 ρ 表示(图 3.63),即 $\rho = r + xt$

式中,r——弯曲件的内弯曲半径;

t——材料厚度;

x——中性层位移系数,可由表 3-7 查取。

表 3-7 中性层位移系数

r/t	0.1	0.2	0.3	0.4	0.5	0.6	0.7	0.8	1	1.2
x	0.21	0.22	0.23	0.24	0.25	0.26	0.28	0.3	0.32	0.33
r/t	1.3	1.5	2	2.5	3	4	5	6	7	≥8
x	0.34	0.36	0.38	0.39	0.4	0.42	0.44	0.46	0.48	0.50

2. 各类弯曲件展开尺寸的计算

1) 有圆角半径的弯曲

一般将 $r > 0.5t$ 的弯曲称为有圆角半径的弯曲。由于变薄不严重,按中性层展开的原理,坯料总长度应等于弯曲件直线部分和圆弧部分长度之和(见图 3.64),即

$$L = l_1 + l_2 + \frac{\pi \rho_0 \alpha}{180} = l_1 + l_2 + \frac{\pi \alpha (r + xt)}{180}$$

式中,L——坯料展开总长度;

α——弯曲中心角(°)。

2) 圆角半径很小($r < 0.5t$)的弯曲

对于 $r < 0.5t$ 的弯曲件,由于弯曲变形时不仅零件的变形圆角区产生严重变薄,而且与其相邻的直边部分也产生变薄,故应按变形前后体积不变条件确定坯料长度。通常采用

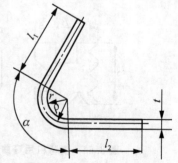

图 3.64 有圆角半径的弯曲

表3-8中所列经验公式计算。

表3-8 圆角半径很小的弯曲件的坯料长度计算公式

简　图	计算公式	简　图	计算公式
	$L=l_1+l_2+0.4t$		$L=l_1+l_2+l_3+0.6t$ （一次同时弯曲两个角）
	$L=l_1+l_2-0.4t$		$L=l_1+2l_2+2l_3+t$ （一次同时弯曲四个角） $L=l_1+2l_2+2l_3+1.2t$ （分为两次弯曲四个角）

3）铰链式弯曲件

对于 $r=(0.6\sim3.5)t$ 的铰链件，如图3.65所示，通常采用推圆的方法成形，在卷圆过程中坯料增厚，中性层外移，其坯料长度 L 可近似计算为

$$L=l+1.5\pi(r+x_1t)+r\approx l+5.7r+4.7x_1t \tag{3-6}$$

式中，l——直线段长度；

r——铰链内半径；

x_1——为铰链件弯曲时中性层的位移系数，可由表3-9查得。

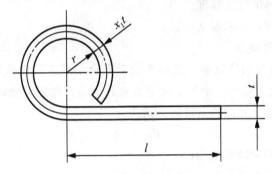

图3.65 铰链式弯曲件

表3-9 卷边时中性层位移系数 x_1 的值

r/t	0.5～0.6	0.6～0.8	0.8～1	1～1.2	1.2～1.5
x_1	0.76	0.73	0.7	0.67	0.64
r/t	1.5～1.8	1.8～2	2～2.2	>2.2	
x_1	0.61	0.58	0.54	0.5	

特别提示

- 用上述公式计算时，很多因素没有考虑，因而可能产生较大的误差，所以只能用于形状比较简单、尺寸精度要求不高的弯曲件。对于形状比较复杂或精度要求较高的弯曲件，在利用上述公式初步计算坯料长度后，还需反复试弯，不断修正，才能最后确定坯料的形状和尺寸。故在生产中宜先制造弯曲模，后制造落料模。

3. 弯曲工艺力的计算

弯曲工艺力(简称弯曲力)是设计弯曲模和选择压力机吨位的重要依据。生产中常用经验公式概略计算弯曲力，作为设计弯曲工艺过程和选择冲压设备的依据。

1) 自由弯曲时的弯曲力

V形弯曲件弯曲力为

$$F_{自} = \frac{0.6kbt^2\sigma_b}{r+t} \quad (3-7)$$

U形弯曲件弯曲力为

$$F_{自} = \frac{0.7kbt^2\sigma_b}{r+t} \quad (3-8)$$

式中，$F_{自}$——自由弯曲在冲压行程结束时的弯曲力；

b——弯曲件的宽度；

t——弯曲件的厚度；

r——弯曲件的内弯曲半径；

σ_b——弯曲材料的抗拉强度；

K——安全系数，一般取 $K=1.3$。

2) 校正弯曲时的弯曲力

校正弯曲是在自由弯曲阶段后，进一步使对贴合凸模、凹模表面的弯曲件进行挤压，其校正力比自由压弯力大得多。由于这两个力先后作用，校正弯曲时只需计算校正弯曲力即可。V形弯曲件和U形弯曲件的计算公式为

$$F_{校} = qA \quad (3-9)$$

式中，$F_{校}$——校正弯曲时的弯曲力(N)；

A——校正部分垂直投影面积(mm^2)；

q——单位面积上的校正力(MPa)，其值见表3-10。

表3-10 单位校正压力 q　　　　　　　　　　　　　　单位：MPa

材 料	料厚 $t<3mm$	料厚 $t=3\sim10mm$	材 料	料厚 $t<3mm$	料厚 $t=3\sim10mm$
铝	30~40	50~60	25~35钢	100~120	120~150
黄铜	60~80	80~100	钛合金 BT1	160~180	180~210
10~20钢	80~100	100~120	钛合金 BT3	160~200	200~260

3）顶件力或压料力

若弯曲模设有顶件装置或压料装置，其顶件力 F_D（或压料力 F_Y）可近似取自由弯曲力的 30%～80%，即 $F_D = (0.3\sim 0.8)F_自$。

4）压力机公称压力的确定

在选择压力机时，除考虑弯曲模尺寸、模具高度、模具结构和动作配合外，还需考虑弯曲力的大小，选择压力机公称压力的大致原则如下：

对于有压料的自由弯曲

$$F_{压力机} \geqslant (1.2\sim 1.3)(F_自 + F_Y)$$

对于校正弯曲

$$F_{压力机} \geqslant (1.2\sim 1.3)F_校$$

现在企业所用的冲压设备，其压力的单位有 tf 或 kN，只要把计算结果的单位按下面进行换算即可：1tf=9.8kN，1Pa=1N/m²，1kgf=9.8N。

3.5.3 任务实施

1. 坯料展开尺寸计算

该例属于 $r > 0.5t$ 有圆角半径的弯曲件，由于变薄不严重，按中性层展开的原理，坯料总长度应等于弯曲件直线部分和圆弧部分长度之和，可查得中性层位移系数 $x = 0.28$，所以坯料展开长度为

$$L = (16+9-5)\times 2 + (25-10) + 2 \times \left[\frac{\pi \times 90}{180}(2+0.28\times 3)\right] = 63.9 \approx 64\text{mm}$$

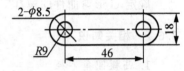

图 3.66 弯曲件平面展开图

由于零件宽度尺寸为 18mm，故毛坯尺寸应为 64mm×18mm。弯曲件平面展开图如图 3.66 所示，两孔中心距为 46mm。

2. 弯曲力的计算

弯曲力是设计弯曲模和选择压力机的重要依据。该零件是校正弯曲，校正弯曲时的弯曲力 $F_校$ 和顶件力 F_D 为

$$F_校 = Ap = 25\times 18\times 120\text{kN} = 54\text{kN}$$

$$F_D = (0.3\sim 0.8)F_自$$

$$= 0.3\times \frac{0.7KBt^2\sigma_b}{r+t}$$

$$= 0.3\times \frac{0.7\times 1.3\times 18\times 3^2\times 550}{2+3}\text{kN} = 5\text{kN}$$

对于校正弯曲，由于校正弯曲力比顶件力大得多，故一般 F_D 可以忽略。生产中为了安全，取 $F_{压力机} \geqslant 1.8F_校 = 1.8\times 54 = 97.2\text{kN}$，根据压弯力大小，初选设备为 JH23-25。

拓展训练

求下列弯曲件坯料展开尺寸图。

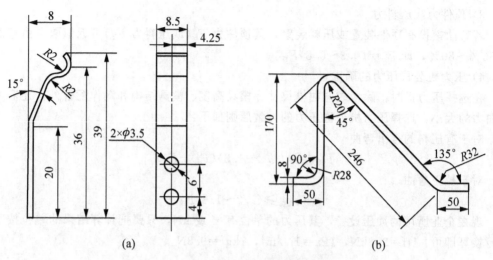

图 3.67 弯曲件坯料展开尺寸图

任务 3.6　设计与计算弯曲模工作零件

3.6.1　工作任务

确定 U 形弯曲件的模具工作部分尺寸。

3.6.2　相关知识

1. 凸模圆角半径

当零件的相对弯曲半径 r/t 较小时，凸模圆角半径 r_t 取零件的弯曲半径，但不应小于最小弯曲半径。若弯曲件的圆角半径小于最小弯曲半径，首次弯曲可完成较大的圆角半径，然后采用整形工序进行整形，使其满足弯曲件圆角的要求。

当 $r/t > 10$，精度要求较高时则应考虑回弹，凸模圆角半径 r_p 应根据回弹值加以修改。

2. 凹模圆角半径

如图 3.68 所示为弯曲凸、凹模的结构尺寸。凹模圆角半径 r_d 的大小对弯曲变形力和弯曲件质量均有较大影响，同时还关系到凹模壁厚的确定。凹模圆角半径 r_d 过小，会擦伤零件表面，影响冲模的寿命。凹模圆角半径 r_d 过大，会影响坯料定位的准确性。凹模两边的圆角半径应一致，否则在弯曲时坯料会发生偏移。r_d 值通常根据材料厚度取为

$$t \leqslant 2\text{mm}, \ r_d = (3 \sim 6)t$$
$$t = 2 \sim 4\text{mm}, \ r_d = (2 \sim 3)t$$
$$t > 4\text{mm}, \ r_d = 2t$$

3. 凹模深度

弯曲凹模的深度 l_0 要适当。凹模深度过小，则坯料两端未受压部分太多，零件回弹大且不平直，影响其质量；深度若过大，则浪费模具钢材，且需压力机有较大的工作行程。

（1）V 形件弯曲模：凹模深度 l_0 及底部最小厚度 h 值可查表 3-11。

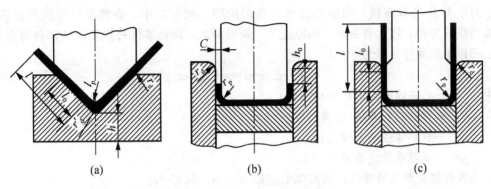

图 3.68 弯曲凸、凹模的结构尺寸

(2) U 形件弯曲模：对于弯边高度不大或要求两边平直的 U 形件，则凹模深度应大于零件的高度，如图 3.68(b)所示，图中 h_0 值见表 3-12；对于弯边高度较大，而平直度要求不高的 U 形件，可采用图 3.68(c)所示的凹模形式，凹模深度 l_0 值见表 3-13。

表 3-11 V 形件弯曲模的凹模深度 l_0 及底部最小厚度 h 单位：mm

弯曲件边长 l	材料厚度 t					
	≤2		2～4		>4	
	h	l_0	h	l_0	h	l_0
10～25	20	10～15	22	15	—	—
>25～50	22	15～20	27	25	32	30
>50～75	27	20～25	32	30	37	35
>75～100	32	25～30	37	35	42	40
>100～150	37	30～35	42	40	47	50

表 3-12 U 形件弯曲模的凹模的 h_0 值   单位：mm

板料厚度 t	≤1	1～2	2～3	3～4	4～5	5～6	6～7	7～8	8～10
h_0	3	4	5	6	8	10	15	20	25

表 3-13 U 形件弯曲模的凹模深度 l_0 单位：mm

弯曲件边长 l	材料厚度 t				
	<1	>1～2	>2～4	>4～6	>6～10
<50	15	20	25	30	35
50～75	20	25	30	35	40
75～100	25	30	35	40	40
100～150	30	35	40	50	50
150～200	40	45	55	65	65

4. 凸、凹模间隙

V 形件弯曲模的凸、凹模间隙是靠调整压力机的装模高度来控制的，设计时可以不考虑。对于 U 形件弯曲模，则应当选择合适的间隙。间隙过小，会使零件弯边厚度变薄，降低凹模的寿命，增大弯曲力。间隙过大，则回弹大，降低零件的精度。U 形件弯曲模的凸、凹模单边间隙一般为

$$C = t_{max} + nt = t + \Delta + nt \tag{3-10}$$

式中，C——弯曲模凸、凹模单边间隙；

t——零件材料厚度（公称尺寸）；

Δ——材料厚度的上偏差；

n——间隙系数，查表 3-14。

当零件精度要求较高时，其间隙值应适当减小，取 $C = t$。

表 3-14 U 形件弯曲模的凸、凹模间隙系数 n 值

弯曲件高度 H/mm	弯曲件高度 $B \leq 2H$				弯曲件高度 $B > 2H$				
	板料厚度 t/mm								
	<0.5	0.6~2	2.1~4	4.1~5	<0.5	0.6~2	2.1~4	4.2~7.6	7.6~12
10	0.05	0.05	0.04	—	0.10	0.10	0.08	—	—
20	0.05	0.05	0.04	0.03	0.10	0.10	0.08	0.06	0.06
35	0.07	0.05	0.04	0.03	0.15	0.10	0.08	0.06	0.06
50	0.10	0.07	0.05	0.04	0.20	0.15	0.10	0.06	0.06
70	0.10	0.07	0.05	0.05	0.20	0.15	0.10	0.10	0.08
100	—	0.07	0.05	0.05	—	0.15	0.10	0.10	0.08
150	—	0.10	0.07	0.05	—	0.20	0.15	0.10	0.10
200	—	0.10	0.07	0.07	—	0.20	0.15	0.15	0.10

5. U 形件弯曲凸、凹模横向尺寸及公差

确定 U 形件弯曲凸、凹模横向尺寸及公差的原则是：零件标注外形尺寸时[图 3.69(b)]，应以凹模为基准件，间隙取在凸模上。零件标注内形尺寸时[图 3.69(c)]，应以凸模为基准件，间隙取在凹模上。而凸、凹模的尺寸和公差则应根据零件的尺寸、公差、回弹情况以及模具磨损规律而定。

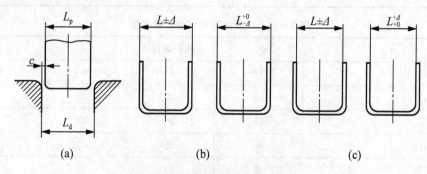

图 3.69 弯曲件的外形尺寸标注

当零件标注外形尺寸时，则

$$L_d = (L_{max} - 0.75\Delta)_0^{+\delta_d} \tag{3-11}$$

$$L_p = (L_d - 2Z)_{-\delta_p}^0 \tag{3-12}$$

当零件标注内形尺寸时,则

$$L_p = (L_{min} + 0.75\Delta)_{-\delta_p}^{0} \qquad (3-13)$$

$$L_d = (L_p + 2Z)_{0}^{+\delta_d} \qquad (3-14)$$

式中,L_p、L_d——凸、凹模横向尺寸;

　　　　L_{max}——弯曲件横向的最大极限尺寸;

　　　　L_{min}——弯曲件横向的最小极限尺寸;

　　　　Δ——弯曲件横向尺寸公差;

　　　　δ_p、δ_d——凸、凹模制造公差,可采用IT7~IT9级精度,一般可取凸模的精度比凹模的精度高一级。

3.6.3 任务实施

1. 凸模圆角半径

在保证不小于最小弯曲半径值的前提下,当零件的相对圆角半径 r/t 较小时,凸模圆角半径取零件的弯曲半径,即 $r_p = r = 2$mm。

2. 凹模圆角半径

凹模圆角半径不应过小,以免擦伤零件表面,影响冲模的寿命,凹模两边的圆角半径应一致,否则在弯曲时坯料会发生偏移。根据材料厚度取 $r_d = (2 \sim 3)t = 2.5 \times 3$ mm ≈ 8mm。

3. 凹模深度

凹模深度过小,则坯料两端未受压部分太多,零件回弹大且不平直,影响其质量;深度过大,则浪费模具钢材,且需压力机有较大的工作行程。本任务弯曲件为弯边高度不大且两边要求平直的U形弯曲件,则凹模深度应大于零件的高度,且高出值 $h_0 = 5$mm,如图3.70所示。

4. 凸、凹模间隙

根据U形件弯曲模凸、凹模单边间隙的计算公式得

$$C = t_{max} + nt = t + \Delta + nt$$
$$= (3 + 0.18 + 0.04 \times 3) \text{mm} = 3.3 \text{mm}$$

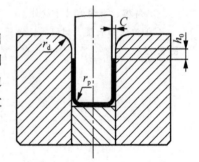

图3.70 U形件的凸、凹模

5. 弯曲件凸、凹模横向尺寸及公差

零件标注内形尺寸时,应以凸模为基准,间隙取在凹模上,而凸、凹模的横向尺寸及公差则应根据零件的尺寸、公差、回弹情况以及模具磨损规律而定。因此,凸、凹模的横向尺寸分别为

$$L_p = (L_{min} + 0.75\Delta)_{-\delta_p}^{0} = (18.5 + 0.75 \times 0.5)_{-0.033}^{0} \text{mm} = 18.875_{-0.033}^{0} \text{mm}$$

$$L_d = (L_T + 2Z)_{0}^{+\delta_d} = (18.875 + 2 \times 3.3)_{0}^{+0.052} \text{mm} = 25.475_{0}^{+0.052} \text{mm}$$

拓展阅读

一般的冲压加工为垂直方向,而当冲压方向是水平方向或倾斜成一定角度时,则应采用斜楔机构,

通过斜楔机构将压力机滑块的垂直运动转化为凸模、凹模的水平运动或倾斜运动，从而进行弯曲、切边、冲孔等工序的加工，下面主要介绍滑块水平运动的情况（图3.71）。

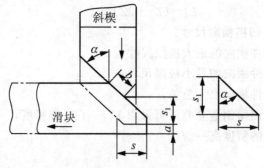

图3.71 斜楔机构

1. 斜楔、滑块之间的行程关系

确定斜楔的角度主要考虑到机械效率、行程和受力状态。斜楔作用下滑块的水平运动如图3.70所示，斜楔的有效行程 s_1 一般应大于滑块行程 s，$α$ 为斜楔角，一般取40°。为了增大滑块的行程 s，可以取45°、60°。$α$ 与 s/s_1 的关系见表4-13。

表4-13 $α$ 与 S/S_1 的对应关系表

$α$	30°	40°	45°	50°	55°	60°
S/S_1	0.5773	0.8391	1	1.1917	1.4281	1.732

2. 斜楔、滑块的尺寸设计

（1）滑块的长度尺寸 L_2 应保证当斜楔开始推动滑块时，推力的合力作用线处于滑块的长度之内（图3.72）。

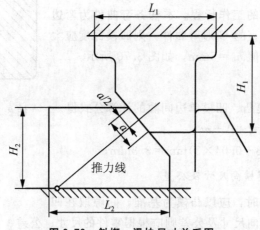

图3.72 斜楔、滑块尺寸关系图

（2）合理的滑块高度 H_2 应小于滑块的长度 L_2，一般取 $L_2 : H_2 = (2～1) : 1$。

（3）为了保证滑块运动的平稳，滑块的宽度 B_2 一般应满足 $B_2 \leq 2.5 L_2$。

（4）斜楔尺寸 H_1、L_1 基本上可按不同模具的结构要求进行设计，但必须有可靠的挡块，以保证斜楔正常工作。

（5）对于大型模具，滑块的宽度 B_2 与斜楔宽度 B_1 及所需斜楔数量的关系见表4-14。

表 4-14 滑块宽度 B_2 与斜楔宽度 B_1 及所需斜楔数量的关系

滑块宽度 B_2/mm	斜楔宽度 B_1/mm	斜楔数量
<300	70~120，$B_1 < B_2$	1
300~600	70~120	2
>600	100~150	2~3

3. 斜楔、滑块的结构

斜楔、滑块的结构如图 3.73 所示。斜楔、滑块应设置复位机构，一般采用弹簧复位，有时也用汽缸等装置。

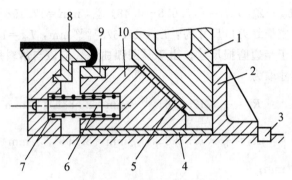

图 3.73　斜楔、滑块的结构

1—斜楔；2—挡块；3—键；4、5—防磨板；6—导销；
7—弹簧；8、9—镶块；10—滑块

斜楔模应设置后挡块（图 3.73 中 2），在大型斜楔模上也可以把后挡块与模座铸成一体。

滑动面单位面积上的压力如超出 50MPa，应设置防磨板（图 3.73 中 4、5），以提高模具寿命。

任务 3.7　绘制弯曲模装配图

3.7.1　工作任务

设计冲孔、落料连续模，并绘制其装配图，对本项目弯曲模具其他零部件进行设计，并绘制装配图。

3.7.2　任务实施

1. 冲孔落料级进模工艺计算

1）刃口尺寸计算

由图 3.2 可知，该项目零件属于一般冲孔、落料件。根据零件形状特点，冲裁模的凸、凹模采用分开加工方法制造。尺寸 18mm、R9mm 由落料获得，$2\times\phi 8.5$mm 和 46 ± 0.31mm 由冲孔同时获得。查得凸、凹模最小间隙 $2C_{min} = 0.48$mm，最大间隙 $2C_{max} = 0.66$mm，所以 $2C_{max} - 2C_{min} = (0.66 - 0.48)\text{mm} = 0.18$mm。

按照模具制造精度高于冲裁件精度 3~4 级的原则，设凸、凹模按 IT8 级制造，落料尺寸 $18_{-0.43}^{0}$mm，凸、凹模制造公差 $\delta_p = \delta_d = 0.027$mm，磨损系数 X 取 0.75。冲孔尺寸

$\phi 8.5^{+0.36}_{0}$mm，凸、凹模制造公差 $\delta_p=\delta_d=0.022$mm，磨损系数 X 取 0.5。根据冲裁凸、凹模刃口尺寸计算公式进行如下计算：

落料尺寸为 $18^{0}_{-0.43}$mm；

校核不等式 $\delta_p+\delta_d \leqslant 2C_{max}-2C_{min}$，代入数据得 $0.027+0.027=0.054<0.18$。说明所取的 δ_p 与 δ_d 合适，考虑零件要求和模具制造情况，可适当放大制造公差为

$$\delta_p=0.4\times0.18\text{mm}=0.072\text{mm}$$
$$\delta_d=0.6\times0.18\text{mm}=0.108\text{mm}$$

将已知和查表的数据代入公式得

$$L_d=(L_{max}-X\Delta)^{+\delta_d}_{0}=(18-0.75\times0.43)^{+0.027}_{0}\text{mm}=17.678^{+0.027}_{0}\text{mm}$$
$$L_p=(L_A-Z_{min})^{0}_{-\delta_p}=(17.678-0.48)^{0}_{-0.027}\text{mm}=17.198^{0}_{-0.027}\text{mm}$$

故落料凸模和凹模最终刃口尺寸为：$L_d=17.678^{+0.108}_{0}$mm，$L_p=17.198^{0}_{-0.072}$mm。

落料 $R9$mm，属于半边磨损尺寸。由于是圆弧曲线，应该与落料尺寸 18mm 相切，所以其凸、凹模刃口尺寸取为

$$R_p=\frac{1}{2}\times17.678^{+0.108/2}_{0}\text{mm}=8.839^{+0.054}_{0}\text{mm}$$

$$R_d=\frac{1}{2}\times17.198^{0}_{-0.072/2}\text{mm}=8.599^{0}_{-0.036}\text{mm}$$

冲孔为 $\phi 8.5^{+0.36}_{0}$mm；

校核 $\delta_p+\delta_d\leqslant 2C_{max}-2C_{min}$，代入数据得 $0.022+0.022=0.044<0.18$。说明所取的 δ_p 与 δ_d 合适，考虑零件要求和模具制造情况，可适当放大制造公差为

$$\delta_p=0.4\times0.18\text{mm}=0.072\text{mm}$$
$$\delta_d=0.6\times0.18\text{mm}=0.108\text{mm}$$

将已知和查表的数据代入公式得

$$d_p=(d_{min}+X\Delta)^{0}_{-\delta_p}=(8.5+0.5\times0.36)^{0}_{-0.022}\text{mm}=8.68^{0}_{-0.022}\text{mm}$$
$$d_d=(d_p+Z_{min})^{+\delta_d}_{0}=(8.68+0.48)^{+0.022}_{0}\text{mm}=9.16^{+0.022}_{0}\text{mm}$$

故冲孔凸模和凹模最终刃口尺寸为：$d_p=8.68^{0}_{-0.072}$mm，$d_d=9.16^{+0.108}_{0}$mm。

孔心距为 46 ± 0.31mm，因为两个孔同时冲出，所以凹模型孔中心距为

$$L'_d=L\pm\Delta/8=(46\pm0.62/8)\text{mm}=(46\pm0.078)\text{mm}$$

2）排样计算

分析零件形状，零件可能的排样方式有如图 3.74 所示两种。比较方案（a）和方案（b），方案（a）是少废料排样，显然材料利用率高，但因条料本身的剪板公差以及条料的定位误差影响，工件精度不易保证，且模具寿命低，操作不便，排样不适合连续模，所以选择方案（b）。同时，考虑凹模刃口强度，其中间还需留一空工位。现选用规格为 $3\text{mm}\times 1000\text{mm}\times 1500\text{mm}$ 的钢板，则需计算采用不同的裁剪方式时，每张板料能裁剪出的零件总个数。

经查得零件之间的搭边值 $a_1=3.2$mm，零件与条料侧边之间的搭边值 $a=3.5$mm，条料与导料板之间的间隙值 $C=0.5$mm，则条料宽度为

$$B=(D_{max}+2a+C)^{0}_{-\Delta}=(64+2\times3.5+0.5)^{0}_{-0.8}\text{mm}=71.5^{0}_{-0.8}\text{mm}$$

步距为

$$S=D+a_1=18+3.2=21.2\text{mm}$$

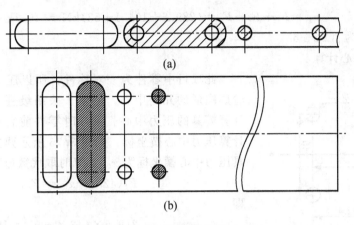

图 3.74 排样方式

由于弯曲件裁板时应考虑纤维方向,所以只能采用横裁,即裁成宽 71.5mm、长 1000mm 的条料,则一张板材能出的零件总个数为

$$n=\left[\frac{1500}{71.5}\right]\times\left[\frac{1000-3.2}{21.2}\right]=20\times 47=940 \text{ 个}$$

计算每个零件的面积 $S=\frac{\pi}{4}\times 18^2+46\times 18-2\times \frac{\pi}{4}\times 8.5^2=968.9 \text{ mm}^2$,则材料利用率为 $\eta=\frac{n\times S}{L_b\times B_b}\times 100\%=\frac{940\times 968.9}{1500\times 1000}\times 100\%=60.7\%$。排样图如图 3.75 所示。

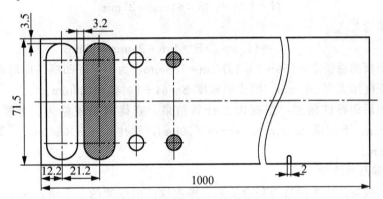

图 3.75 排样图

3)冲裁力计算

此项目中零件的落料周长为 148.52mm,冲孔周长为 26.69mm,材料厚度 3mm,45 钢的抗剪强度取 500MPa,冲裁力基本计算公式 $F=KLt\tau$。则冲裁该零件所需落料力

$$F_1=1.3\times 148.52\times 3\times 500\text{N}=289614\text{N}\approx 289.6\text{kN}$$

冲孔力为

$$F_2=2\times 1.3\times 26.69\times 3\times 500\text{N}=104091\text{N}\approx 104.1\text{kN}$$

模具结构采用刚性卸料和下出件方式,所以所需推件力 F_T 为

$$F_T=NK_T(F_1+F_2)=\frac{9}{3}\times 0.045\times (289.6+104.1)\text{kN}\approx 53\text{kN}$$

计算零件所需总冲压力为

$$F_总 = F_1 + F_2 + F_T = (289.6 + 104.1 + 53)\text{kN} = 446.7\text{kN}$$

初选设备为 JC23—63。

4）压力中心计算

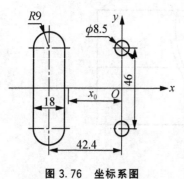

图 3.76 坐标系图

此项目中零件为一对称件，所以压力中心就是冲裁轮廓图形的几何中心，但由于采用级进模设计，因此需计算模具的压力中心。排样时零件前后对称，所以只需计算压力中心横坐标，如图 3.76 所示建立坐标系。设模具压力中心横坐标为 x_0（计算时取代数值），则有

$$F_1(42.4 - x_0) = F_2 x_0$$

即

$$289.6 \times (42.4 - x_0) = 104.1 x_0$$

解得 $x_0 = 31.2\text{mm}$。

所以模具压力中心坐标点为 $(-31.2, 0)$。

2. 冲孔落料级进模零部件设计

1）标准模架的选用

标准模架的选用依据为凹模的外形尺寸，所以应首先计算凹模周界的大小。根据凹模高度和壁厚的计算公式得

凹模高度为

$$H = Kb = 0.35 \times 64\text{mm} \approx 25\text{mm}$$

凹模壁厚为

$$C = (1.5 \sim 2)H = 1.8 \times 25\text{mm} \approx 46\text{mm}$$

所以，凹模的总长 $L = (56 + 2 \times 46)\text{mm} = 148\text{mm}$，为了保证凹模结构对称并有足够的强度，将其长度增大到 163mm。凹模的宽度 $B = 64 + 2 \times 46 = 156\text{mm}$。

模具采用后侧导柱模架，根据以上计算结果，查得模架规格为：上模座 200mm×200mm×45mm，下模座 200mm×200mm×50mm，导柱 32mm×160mm，导套 32mm×105mm×43mm。

2）其他零部件结构

凸模固定板与凸模采用过渡配合关系，厚度取凹模厚度的 0.8 倍，即 20mm，平面尺寸与凹模外形尺寸相同。

卸料板的厚度与卸料力大小、模具结构等因素有关，取其值为 14mm。

导料板高度查表取 12mm，挡料销高度取 4mm。

模具是否需要采用垫板，以承压面较小的凸模进行计算，冲孔凸模承压面的尺寸由凸模头部尺寸确定，其承受的压应力为

$$\sigma = \frac{F}{A} = \frac{(52+7)\text{kN}}{\frac{\pi}{4} \times 15^2 \text{mm}^2} = 334\text{MPa}$$

查得铸铁模板的 $[\sigma_p]$ 为 $90 \sim 140\text{MPa}$，故 $\sigma > [\sigma_p]$。因此需采用垫板，垫板厚度取 8mm。

模具采用压入式模柄,根据设备的模柄孔尺寸,应选用规格为 A50×105 的模柄。

3. 弯曲模零部件设计

1) 模座的设计

模具采用无导向模架,且为非标准件,只有下模座。初定其底板厚度为 45mm。底板上部铸有一体的左右挡块,以平衡弯曲时的侧向力。两挡块的厚度为 45mm,高度与弯曲凹模高度相等,为 58mm。

2) 模柄

模具采用槽形模柄与弯曲凸模之间相连组成上模,因模具选用的设备为 JH23-25,所以选用规格为 50×30 的槽形模柄。

3) 弹顶装置中弹性元件的计算

由于该零件在成型过程中需压料和顶件,所以模具采用弹性顶件装置,弹性元件选用橡胶,其尺寸计算如下。

(1) 确定橡胶垫的自由高度 H_0,为

$$H_0 = (3.5 \sim 4)H_工$$

认为自由状态时,顶件板与凹模平齐,所以

$$H_工 = r_d + h_0 + h = (8 + 5 + 25)\text{mm} = 38\text{mm}$$

由上两个公式取 $H_0 = 140\text{mm}$。

(2) 确定橡胶垫的横截面积 A,为

$$A = F_D / p$$

查得圆筒形橡胶垫在预压量为 10%~15% 时的单位压力为 0.5MPa,所以

$$A = \frac{5000}{0.5} = 10000 \text{ mm}^2$$

(3) 确定橡胶垫的平面尺寸。

根据零件的形状特点,橡胶垫应为圆筒形,中间开有圆孔以避让螺杆。结合零件的具体尺寸,橡胶垫中间的避让孔尺寸为 $\phi 17\text{mm}$,则其直径 D 为

$$D = \sqrt{A \times \frac{4}{\pi}} = \sqrt{10000 \times \frac{4}{\pi}} \approx 113\text{mm}$$

(4) 校核橡胶垫的自由高度 H_0,即

$$\frac{H_0}{D} = \frac{140}{113} = 1.2$$

橡胶垫的高径比在 0.5~1.5 之间,所以选用的橡胶垫规格合理。橡胶的装模高度约为 $0.85 \times 140\text{mm} = 120\text{mm}$。

4. 绘制冲孔落料级进模与弯曲模的装配图

绘图原则请参照项目 2 的任务 2.7。

1) 冲孔落料级进模

冲孔落料级进模如图 3.77 所示。

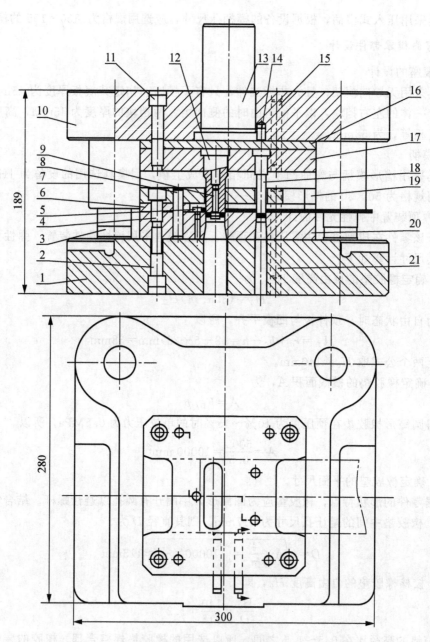

图 3.77 冲孔落料级进模

1—上模座；2、4、11—螺钉；3—导柱；5—凸模固定板；6—导料板；7—导套；
8、15、21—销钉；9—导正销；10—上模座；12—落料凸模；13—模柄；14—防转销；
16—垫板；17—凸模固定板；18—冲孔凸模；19—卸料板；20—凹模

2) 弯曲模

弯曲模如图 3.78 所示。

项目3 弯曲工艺与弯曲模设计

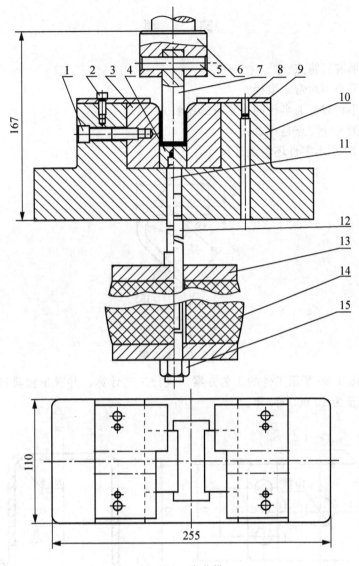

图 3.78 弯曲模

1、2—螺钉；3—凹模；4—顶件板；5、8—销钉；6—槽型模柄；7—弯曲凸模
9—定位板；10—下模座；11—螺钉；12—螺杆；13—上垫板；14—橡胶；15—下垫板

小　　结

本项目通过 U 形零件模具的设计，介绍了弯曲模设计的一般流程。其中主要介绍了弯曲变形特点、弯曲件的工艺性、弯曲件坯料展开尺寸计算、弯曲回弹、弯曲模结构和弯曲模工作零件的设计。

在进行弯曲工艺性分析时，要求掌握弯曲结构工艺性分析方法，掌握最小相对弯曲半径的概念和影响因素；在进行弯曲件坯料展开尺寸计算时，能够确定应变中性层的位置；在确定弯曲工艺方案时，会进行弯曲件弯曲工序安排；并能掌握典型的弯曲模结构类型。

171

习 题

1. 弯曲变形有何特点？
2. 什么是最小相对弯曲半径？
3. 影响最小相对弯曲半径的因素有哪些？
4. 弯曲模的设计要点是什么？
5. 求图 3.79 所示零件坯料展开尺寸。

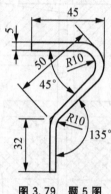

图 3.79 题 5 图

6. 试分析图 3.80 所示工件的工艺方案。进行工艺计算，并画出模具结构图。工件材料为 10 钢，批量为 15 000 件/年。

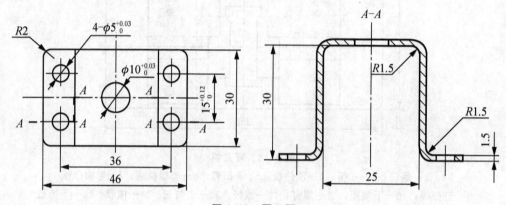

图 3.80 题 6 图

项目 4

拉深模设计

学习目标

最终目标	通过支座零件模具的设计,能正确设计拉深模
促成目标	(1) 能够分析壳类零件的工艺性; (2) 能够计算圆筒形拉深件、盒形件的毛坯尺寸; (3) 能够确定圆筒件的拉深次数及工序件尺寸以及使用的拉深力; (4) 能够确定拉深零件模具的总体结构; (5) 能够确定拉深零件模具的装配图

项目导读

拉深是利用拉深模将冲裁好的平板坯料制成各种开口空心零件的或其他形状空心件的一种加工方法。拉深模在实际中应用的较为普遍,在日常生活中很多零件是通过拉深工艺实现的,如图 4.1 所示水杯和餐具。

图 4.1　杯子和餐具

用拉深工艺可以成形圆筒形、阶梯形、球形、锥形、抛物线形等旋转体零件，也可以成形盒形零件等非旋转体零件，如图 4.2 和图 4.3 所示。若将拉深工艺与其他成形工艺（如胀形、翻边）复合，则可加工出形状非常复杂的零件，如汽车覆盖件等。因此拉深工艺的应用非常广泛，是冷冲压的基本成形工序之一。

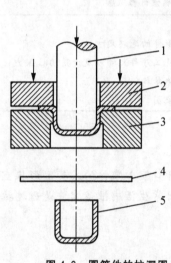

图 4.2　圆筒件的拉深图

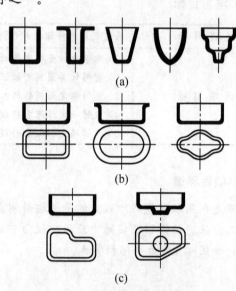

图 4.3　拉深零件示意图
(a)旋转体零件；(b)对称盒形件；(c)不对称复杂零件

项目描述

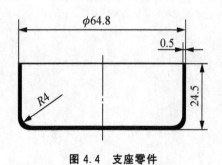

图 4.4　支座零件

载体零件：支座零件
生产批量：大批量
材料：10 钢
厚度：0.5mm
零件图如图 4.4 所示。

项目流程

项目设计流程如图 4.5 所示。

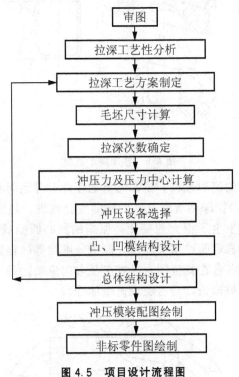

图 4.5 项目设计流程图

任务 4.1 分析拉深零件工艺性

4.1.1 工作任务

拉深零件的工艺性是指拉深零件采用拉深成形工艺的难易程度。良好的工艺性是指坯料消耗少、工序数目少、模具结构简单、加工容易、产品质量稳定、废品少和操作简单方便等。

本任务的要求是在了解零件拉深变形过程的基础上,学会对零件进行工艺性分析,并制定拉深工艺方案。

4.1.2 相关知识

1. 圆筒形零件的拉深变形性分析

圆形平板毛坯在拉深凸、凹模作用下,逐渐压成开口圆筒零件,其变形过程如图 4.6 所示。图 4.6(a)所示为一平板毛坯在凸模、凹模作用下,开始进行拉深。图 4.6(b)所示为随着凸模的下压,迫使材料拉入凹模,形成了筒底、凸模圆角、筒壁、凹模圆角及尚未拉入凹模的凸缘部分五个区域。图 4.6(c)是凸模继续下压,使全部凸缘的材料拉入凹模形成筒壁所得到的开口圆筒形零件。

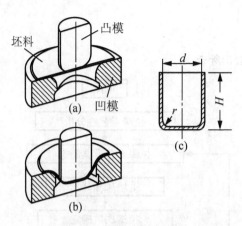

图 4.6 拉深变形过程

为了进一步说明金属的流动过程。拉深前将毛坯画上等距同心圆和分度相等的辐射线所组成的扇形网格(图 4.7)拉深后观察这些网格的变化发现：拉深零件底部的网格基本保持不变，而筒壁的网格则发生了很大的变化，原来的同心圆变成了筒壁上的水平圆筒线，而且其间距也增大了。越靠近筒壁增大越多，原来分度相等的辐射线变成等距的竖线，即每一扇形面积内的材料都各自在其范围内沿着半径方向流动。每一梯形块进行流动时，周围方向被压缩，半径方向被拉长，最后变成筒壁部分。

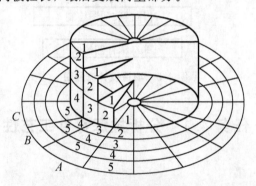

图 4.7 拉深零件的网格变化

如果从凸缘上取出一扇形单元体来分析(见图 4.8)，小单元体在切向受到压应力 σ_3 作用，而在径向受到拉应力 σ_1 的作用，扇形网格变成了矩形网格，从而使得各处的厚度变得不均匀，如图 4.9 所示，筒壁上部变厚，越靠筒口越厚，最厚增加达 25%（即增至 $1.25t$，t 为料厚），筒底稍许变薄，在凸模圆角处最薄，最薄处约为原来厚度的 87%，减薄了 13%，由于产生了较大的塑性变形，引起了冷作硬化，零件口部材料变形程度大，冷作硬化严重，硬度也高。由上向下越接近底部硬化越小，硬度越低，这也是危险断面靠近底部的原因。

2. 拉深零件的工艺性分析

在设计拉深零件时，应根据材料拉深时的变形特点和规律，提出满足工艺性的要求。

1) 对拉深材料要求

对拉深的材料应具有良好的塑性、低的屈强比、大的厚度方向性系数和小的板平面方向性。

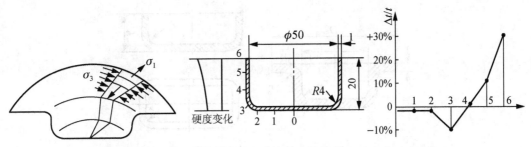

图 4.8 受压缩的凸缘变形　　图 4.9 拉深零件壁厚和硬度的变化

2) 对拉深零件形状和尺寸要求

(1) 设计拉深零件时应尽量减少其高度，使其尽可能用一次或两次拉深工序来完成。对于各种形状的拉深零件，用一次工序可制成的条件为：

① 圆筒件一次拉成的高度见表 4-1。

表 4-1　一次拉深的极限高度

材料名称	铝	硬铝	黄铜	软钢
相对拉深高度	0.73~0.75	0.60~0.65	0.75~0.80	0.68~0.72

② 对于盒形件一次拉成的条件为：当盒形件角部的圆角半径 $r=(0.05\sim0.20)B$（式中 B 为盒形件的短边宽度）时，拉深零件高度 $h<(0.3\sim0.8)B$。

③ 对于凸缘件一次拉成的条件为：零件的圆筒形部分直径与毛坯的比值 $d/D\geqslant0.4$。

(2) 尽量避免半敞开及非对称的空心件，应考虑设计成对称（组合）的拉深，然后剖开，如图 4.10 所示。

(3) 有凸缘的拉深零件，最好满足 $d_凸\geqslant d+12t$，在凸缘面上有下凹的拉深零件，如下凹的轴线与拉深一致，可以拉出，若下凹的轴线与拉深方向垂直，则只能在最后压出，如图 4.11 所示。

 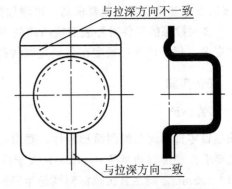

图 4.10　组合拉深后剖切　　图 4.11　凸缘面上有下凹的拉深零件

(4) 为使拉深顺利，应使凸缘圆角半径 $r_d\geqslant 2t$。当 $r_d<0.5$mm 时，应增加整形工序；底部圆角半径 $r_p\geqslant t$，不满足时，增加整形，每整一次，r_p 减少 1/2，盒形件的四壁间的圆角半径应满足 $r\geqslant 3t$，尽可能使 $r\geqslant h/5$，如图 4.12 所示。

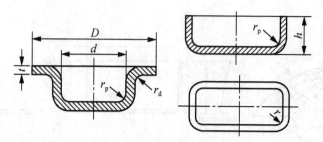

图 4.12 拉深零件的圆角半径

(5) 一般拉深零件允许壁厚变化范围为 0.6~1.2t，若不允许存在壁厚不均现象，请注明。

3) 对拉深零件精度的要求

(1) 在设计拉深零件时，应注明必须保证外形或内形尺寸，不能同时标注内外形尺寸，如图 4.13 所示；带台阶的拉深零件，其高度方向的尺寸标注一般应以底部为基准，如图 4.14 所示。

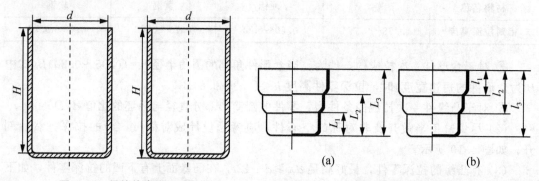

图 4.13 圆筒件高度尺寸标注　　图 4.14 带台阶拉深零件高度尺寸标注

(2) 一般情况下不要对拉深零件的尺寸公差要求过严。其断面尺寸公差等级一般都在 IT12 级以下。如果公差等级要求高，可增加整形工序。

(3) 多次拉深的零件对外表面或凸缘的表面，允许有拉深过程中所产生的印痕和口部的回弹变形，但必须保证精度在公差允许的范围内。

4.1.3 任务实施

1. 工艺分析

该项目零件为无凸缘圆筒形零件，要求外形尺寸，对厚度变化没有要求。零件满足拉深工艺要求。底部圆角半径 $r=4$mm，大于拉深凸模圆角半径 r_t，$r_t=(2\sim3)t=(2\sim3)\times0.5=1\sim1.5$mm，满足首次拉深对圆角半径的要求，尺寸 $\phi 64.8$ 按公差表查得为 IT13 级，满足拉深工序要求。

2. 工艺方案的分析

根据零件的工艺性分析，其基本工序有落料、拉深、切边三种，按其先后顺序组合，可得以下两种方案，见表 4-2。

表4-2 工艺方案

	方　　案	特　　点
1	落料-拉深-切边（可能要经过多次拉深，具体次数由工艺计算决定）	属于单工序冲压，由于零件生产批量比较大，而尺寸不大，因此生产效率比较低
2	落料、拉深复合-后续拉深-切边	改为落料、拉深复合模，减少了工序数量，提高了效率，同时零件的高度比较高，也满足落料、拉深复合工序本身的要求

通过比较，应选用方案2。

拓展阅读

1. 拉深过程的力学分析

在拉深过程中，毛坯各部分的应力、应变状态是不一样的，由于变形区内的应力、应变状态决定了筒形件成形的变形性质，因此应着重研究变形区的应力、应变状态。

设在拉深过程中某时刻毛坯已处于图4.15所示的状态。此时所形成的五个区域的应力、应变状态是不同的。

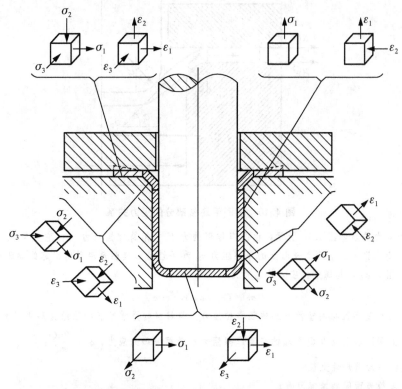

图4.15 拉深过程中毛坯的应力、应变状态

1) 凸缘变形区（主要变形区）

材料在径向拉应力 σ_1 和切向压应力 σ_3 的作用下，产生径向伸长和切向压缩变形。在厚度方向，压边圈对材料施加压应力 σ_2，其 σ_2 的值远小于 σ_1 和 σ_3，所以料厚稍有增加，如果不压料，料厚增加相对大一些。

2) 凸缘圆角部分（过渡区）

位于凹模圆角处的材料变形比较复杂，除有与平面凸缘部分相同的特点外，还由于承受凹模圆角的压力和弯曲作用而产生压应力 σ_2。

3）筒壁部分（传力区）

筒壁部分材料已经变形完毕，此时不再发生大的变形。再继续拉深时，凸模的拉深力经由筒壁传递到凸缘部分，故它承受单向拉应力 σ_1，发生少量的纵向伸长和变形。

4）底部圆角部分（过渡区）

底部圆角部分材料一直承受筒壁传来的拉应力，并且受到凸模的压力和弯曲作用。在拉、压应力综合作用下，使这部分材料严重变薄，最容易产生裂纹。故此处称为危险断面。

5）筒底部分

筒底部分材料基本上不变形，但由于作用于底部圆角部分的拉深力，使材料承受双向拉应力，厚度略有变薄。

综上所述，拉深时的应力、应变是复杂的，又是时刻在变化的，拉深零件的壁厚是不均匀的。拉深件凸缘区在切向压应力作用下将要引起"起皱"，筒壁传力区上则可能出现危险断面的"拉裂"，所以拉深中的主要破坏失稳形式是起皱和拉裂。

拉深过程受力关系如图 4.16 所示。

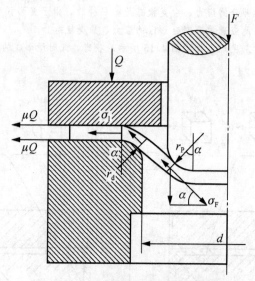

图 4.16 拉深毛坯各部分的受力关系

拉深过程受力关系如图 4.16 所示，由凸模作用的力 F 引起筒壁拉应力 σ_F，它应克服凸缘变形区的变形阻力 σ_1、变形区上、下两个表面上的摩擦阻力 σ_M 和毛坯沿凹模圆角滑动所引起的顽强变形抗力和摩擦损失的附件阻力 σ_W，其筒壁拉应力的总和为

$$\sigma_F = (\sigma_1 + \sigma_M) e^{\frac{u\pi}{2}} + \sigma_W \tag{4-1}$$

式中，σ_1——凸缘变形区材料塑性变形的径向拉应力，与材料的力学性能和拉深变形程度有关；

σ_M——变形区由于应力 Q 引起的表面摩擦阻力所必须增加的应力，$\sigma_M = \dfrac{2uQ}{\pi dt}$；

d——拉深后筒形件直径；

u——接触表面间的摩擦因数；

σ_W——毛坯沿凹模圆角滑动所引起的弯曲阻力所增加的应力，近似取 $\sigma_W = \dfrac{\sigma_b t}{2r_d + t}$；

r_d——凹模圆角半径；

σ_b——材料的抗拉强度；

$e^{\frac{u\pi}{2}}$——毛坯沿凹模圆角滑动时的摩擦阻力系数，近似取 $e^{\frac{u\pi}{2}} \approx 1 + \dfrac{u\pi}{2} = 1 + 1.6u$。

式(4-1)可写成

$$\sigma_F = (\sigma_1 + \sigma_M)(1+1.6u) + \sigma_W$$
$$= \left(\sigma_1 + \frac{2uQ}{\pi dt}\right)(1+1.6u) + \frac{\sigma_b t}{2r_d + t} \quad (4-2)$$

在整个拉深过程中，$\sigma_{1,\max}$ 最大时，筒壁的拉应力也最大 $\sigma_{F,\max}$，最大的拉深力 F 为

$$F = \pi d t \sigma_{F,\max}$$

当筒壁拉应力 σ_F 超过筒壁材料的抗拉强度时，筒壁就产生破裂。筒壁危险断面在凸模圆角与直壁相切处，该处的实际抗拉强度 σ_K 为

$$\sigma_K = 1.155\sigma_b - \frac{\sigma_b t}{2r_p + t} \quad (4-3)$$

式中，r_p 为凸模圆角半径。

当 $\sigma_F > \sigma_K$ 时，拉深零件就发生破裂。

2. 拉深成形的障碍及防止措施

影响圆筒形件拉深过程顺利进行的两个主要因素是凸缘起皱和筒壁的拉裂。

起皱主要是由于凸缘切向压应力超过了板材临界压应力所引起的，与压杆失稳类似（图 4.17），凸缘起皱不仅取决于切向压应力的大小，而且取决于凸缘的相对厚度。

拉深时产生破裂的原因是筒壁总拉应力增大，超过了筒壁最薄弱处（即筒壁的底部转角处）的材料强度，拉深零件产生破裂（图 4.18），所以此处承载能力的大小是决定拉深成形能否顺利进行的关键。

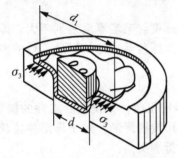

图 4.17 拉深时毛坯的起皱现象

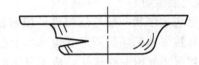

图 4.18 拉深时毛坯的破裂

由前面的应力、应变分析可知，圆筒件拉深变形的特点是毛坯变形区在拉应力作用下产生伸长变形，在切向压应力作用下产生压缩变形，而在变形区上绝对值最大的主应力是压应力，因此拉深变形属于压缩类变形。压缩类变形的破坏形式主要是传力区（筒壁）受拉失稳破裂和变形区（凸缘）受压失稳起皱。所以提高圆筒件拉深中的成形极限的措施如下：

(1) 防止失稳起皱。在拉深中采用压边装置是常用的防皱措施。设计具有较高抗失稳能力的中间半成品形状，以及采用厚向异性指数 $\bar{r}$ 大的材料等，都有利于提高圆筒件的成形极限。

(2) 防止传力区（筒壁）破裂。通常是在降低凸缘变形区变形抗力摩擦阻力时，同时提高传力区的承载能力，即使传力区承载能力和变形区变形抗力的比值得到提高。采用屈强比（σ_s/σ_b）低的材料，以实现"承载能力高，变形抗力低"，易于成形的目的。通过建立不同的温度条件而改变传力区和变形区的强度性能的拉深方法，也可提高拉深成形的极限变形程度。

任务 4.2 计算拉深件展开尺寸

4.2.1 工作任务

拉深零件（简称拉深件）毛坯形状的确定和尺寸计算是否正确，不仅直接影响到生产过程，而且对冲压件生产有很大的经济意义，因为在冲压零件的总成本中，材料费用一般占

到60%以上。

本任务要求对图4.19～图4.21所示的三种零件(直筒旋转体件、宽凸缘筒形件、盒形件)的毛坯进行展开计算。

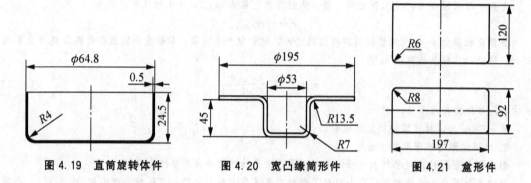

图4.19　直筒旋转体件　　　图4.20　宽凸缘筒形件　　　图4.21　盒形件

4.2.2　相关知识

1. 拉深件毛坯尺寸计算原则

1) 面积相等原则

由于拉深前后材料的体积不变，工件的平均厚度与毛坯厚度差别不大，厚度变化可以忽略不计，所以拉深件毛坯尺寸的确定可以按照拉深前毛坯与拉深后工件的表面积不变的原则计算。

2) 形状相似原则

拉深件毛坯的形状一般与拉深件的横截面形状相似。即拉深后工件的横截面是圆形、椭圆形时，其拉深前毛坯展开形状也基本上是圆形或椭圆形。对于异形件拉深，其毛坯的周边轮廓必须采用光滑曲线连接，应无急剧的转折和尖角。

在计算毛坯尺寸前，还应考虑到：由于板料具有方向性，材质的不均匀性和凸、凹模之间的间隙不均匀等原因，拉深后的工件顶端一般都不平齐，通常都要有修边工序，以切去不平齐部分。所以，在计算毛坯尺寸之前，需在拉深件边缘(无凸缘拉深件为高度方向，有凸缘拉深件为半径方向)上加一段修边余量 Δh。修边余量值，可参考表4-3和表4-4选取，或根据生产实践经验确定。

表4-3　无凸缘零件切边余量 Δh　　　　　　　　　　　　　　　　　　　　单位：mm

拉深件高度	拉深件相对高度 h/d 或 h/B				附　图
	>0.5～0.8	>0.8～1.6	>1.6～2.5	>2.5～4	
≤10	1.0	1.2	1.5	2	
>10～20	1.2	1.6	2	2.5	
>20～50	2	2.5	2.5	4	
>50～100	3	3.8	3.8	6	
>100～150	4	5	5	8	
>150～200	5	6.3	6.3	10	
>200～250	6	7.5	7.5	11	
>250	7	8.5	8.5	12	

表4-4 有凸缘零件切边余量 ΔR 单位：mm

凸缘直径 d_1 或 B_1	相对凸缘直径 d_t/d 或 B_t/B				附图
	<1.5	1.5~2	2~2.5	2.5~3	
<25	1.8	1.6	1.4	1.2	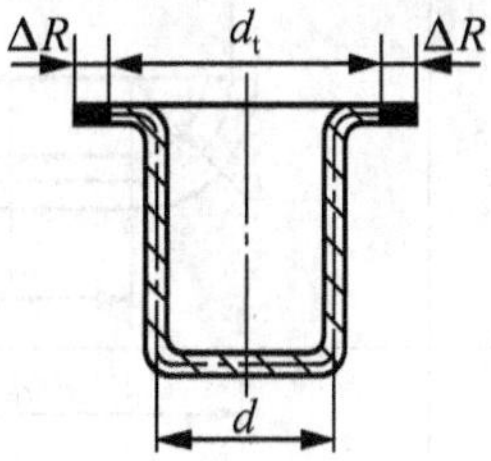
>25~50	2.5	2.0	1.8	1.6	
>50~10	3.5	3.0	2.5	2.2	
>100~150	4.3	3.6	3.0	2.5	
>150~200	5.0	4.2	3.5	2.7	
>200~250	5.5	4.6	3.8	2.8	
>250	6.0	5.0	4.0	3.0	

2. 简单旋转体拉深件毛坯尺寸的确定

首先将拉深件划分成若干个简单的几何形状（图4.22），以其中间层进行计算（注：厚度小于1mm的拉深件，可根据工件外壁尺寸计算）。

叠加各段中间层面积，求出零件中间层面积，即

$$S = S_1 + S_2 + S_3 = \sum S_i \quad (4-4)$$

毛坯表面积为 S_0，即

$$S_0 = \frac{\pi}{4} D^2 \quad (4-5)$$

根据毛坯表面积等于工件表面积，求得毛坯直径 D，其计算公式为

$$D = \sqrt{\frac{4}{\pi} \sum S_i} \quad (4-6)$$

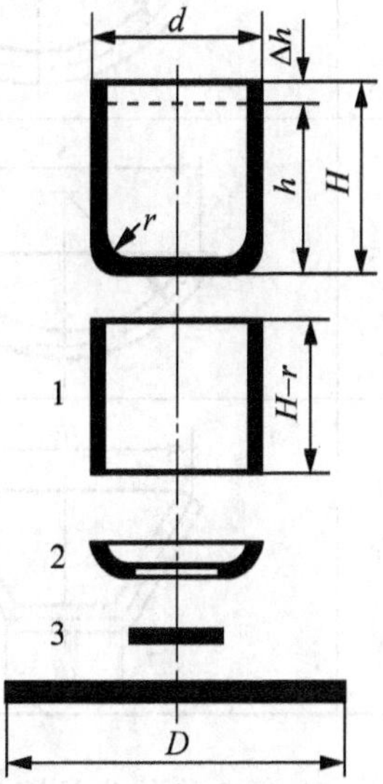

简单几何形状的旋转体拉深件的表面积计算公式如表4-5所示，常用旋转体拉深件坯料直径的计算公式见表4-6。

图4.22 简单旋转体拉深件

表4-5 简单几何形状的旋转体拉深件的表面积计算公式

序号	零件形状	坯料直径 D
1	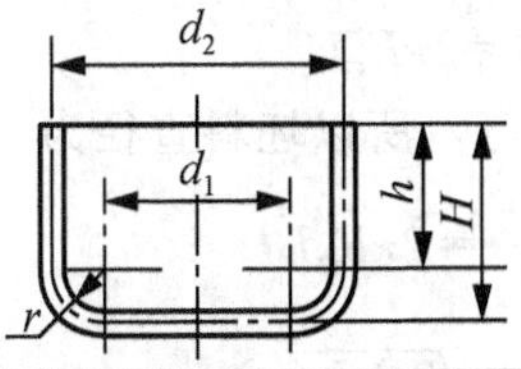	$\sqrt{d_1^2 + 4d_2h + 6.28rd_1 + 8r^2}$ 或 $\sqrt{d_2^2 + 2d_2H - 1.72rd_2 - 0.56r^2}$
2	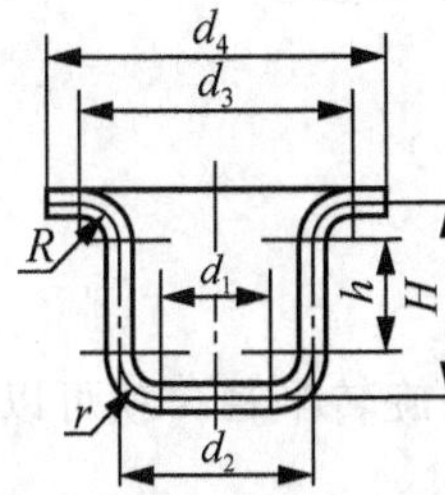	当 $r \neq R$ 时 $\sqrt{d_1^2 + 6.28rd_1 + 8r^2 + 4d_2h + 6.28Rd_2 + 4.56R^2 + d_4^2 - d_3^2}$ 当 $r = R$ 时 $\sqrt{d_4^2 + 4d_2H - 3.44rd_2}$

续表

序号	零件形状	坯料直径 D
3		$\sqrt{d_1^2+2r(r\pi d_1+4r)}$
4		$\sqrt{2d^2}=1.414d$
5		$\sqrt{8rh}$ 或 $\sqrt{s+4h}$
6		$\sqrt{d_1^2+2l(d_1+d_2)}$

3. 复杂旋转体拉深件毛坯尺寸的确定

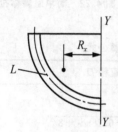

图 4.23 旋转体表面积计算图示

复杂旋转体拉深件的毛坯尺寸，可用久里金法则求出其表面积，其原理是：任何形状的母线绕轴旋转一周所得到的旋转体的表面积，等于该母线的长度与其重心绕该轴线旋转所得周长的乘积。如图 4.23 所示，该旋转体表面积为

$$S=2\pi R_x L \qquad (4-7)$$

由于拉深前后面积相等，所以坯料直径为

$$\frac{\pi D^2}{4}=2\pi R_x L \qquad (4-8)$$

$$D=\sqrt{8R_x L} \qquad (4-9)$$

式中，S——旋转体表面积；

R_x——旋转体母线重心到旋转轴线的距离（称旋转半径）；

L——旋转体母线长度；

D——坯料直径。

由式(4-9)可知，只要知道旋转体母线长度及其重心的旋转半径，就可以求出坯料的直径。

4. 盒形件毛坯计算

盒形件属于非轴对称零件，它包括方形盒件、矩形盒件和椭圆形盒件等，根据矩形盒几何形状的特点，可以将其侧壁分为长度是 $B-2r$ 与 $b-2r$ 的直边加上四个半径为 r 的 1/4 圆筒部分，以下是盒形件的拉深变形特点。

从几何形状特点看，矩形盒状零件可划分成两个长度为 $(B-2r)$ 和两个长度为 $(b-2r)$ 的直边加上四个半径为 r 的 1/4 圆筒部分（见图 4.24）。若将圆角部分和直边部分分开考虑，则圆角部分的变形相当于直径为 $2r$、高为 h 的圆筒件的拉深，直边部分的变形相当于弯曲。但实际上圆角部分和直边部分是联系在一起的整体，因此盒形件的拉深又不完全等同于简单的弯曲和拉深，有其特有的变形特点。

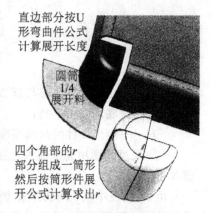

图 4.24 盒形件的角部与边部

盒形件拉深时首先遭到破坏的地方是圆角处。又因圆角部分材料在拉深时允许直边流动，所以盒形件与相应的圆筒件比较，危险断面处受力小，拉深时可采用小的拉深系数，这样就不容易起皱。

盒形件拉深时，由于直边部分和圆角部分实际上是联系在一起的整体，因此两部分的变形相互影响，影响的结果是：直边部分除了产生弯曲变形外，还产生了径向伸长、切向压缩的拉深变形。两部分相互影响的程度随盒形件形状的不同而不同，也就是说随相对圆角半径 r/b 和相对高度 h/b 的不同而不同。r/b 越小，圆角部分的材料向直边部分流得越多，直边部分对圆角部分的影响越大，使得圆角部分的变形与相应圆筒件的差别就大。当 $r/b=0.5$ 时，直边不复存在，盒形件成为圆筒件，盒形件的变形与圆筒件一样。

1) 低矩形盒件毛坯（$H \leqslant 0.3B$）

H 为矩形盒件的拉深高度；B 为矩形盒件的短边长度。

所谓低盒形件是指可一次拉深成形，或虽两次拉深，但第二次仅用来整形（胀形性质）的盒形件。低盒形件的变形时只有少量材料转移到直边相邻部位。拉深时直边部分可以认为是简单弯曲变形，按弯曲展开；圆角部分为拉深变形，按圆筒拉深展开；再用光滑曲线进行修正即得毛坯，该类零件常用如图 4.25 所示的作图法作图，计算步骤如下：

(1) 按弯曲计算直边部分的展开长度 l_0，即

$$l_0 = H + 0.57 r_p \quad (\text{无凸缘}) \qquad (4-10)$$

式中，$H = H_0 + \Delta H$（不修边时，不加 ΔH）；

l_0——直边部分的长度；

r_p——矩形盒件底部与直边间的圆角半径；

H_0——矩形盒件高度；

ΔH——修边余量（见表 4-6）。

表 4-6 矩形盒切边余量 ΔH

拉深次数	1	2	3	4
修边余量 ΔH	$0.03 \sim 0.05H$	$0.04 \sim 0.06H$	$0.05 \sim 0.08H$	$0.08 \sim 0.1H$

(2) 把圆角部分看成是直径为 $d=2r$，高为 H 的圆筒件，则展开的毛坯半径为

$$R=\sqrt{r^2+2rH-0.86r_p(r+0.16r_p)}\text{（无凸缘）} \quad (4-11)$$

当 $r=r_p$ 时，有

$$R=\sqrt{2rH} \quad (4-12)$$

式中，R——坯料圆角半径；
r_p——矩形盒件底部与直边间的圆角半径；
r——底部圆角半径；
H——矩形盒件的拉深高度。

(3) 通过作图用光滑曲线连接直边和圆角部分，即得毛坯的形状和尺寸，具体作图步骤如下。

由 ab 线段中点 c 向圆弧 R 做切线，再以 R 为半径做圆弧与直线及切线相切，相切后毛坯补充的面积 $+f$ 与切除的面积 $-f$ 近似相等。

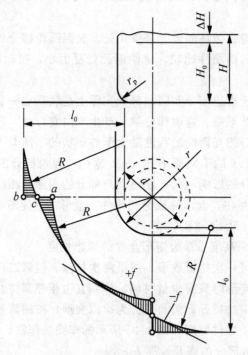

图 4.25 低矩形盒件毛坯作图法

2) 高矩形盒件毛坯

高矩形盒件的变形特点是在多次拉深过程中，直边与圆角的变形相互渗透，其圆角部分将有大量材料转移到直边部分。其毛坯仍根据工件表面积与毛坯表面积相等的原则计算。

(1) 当零件为方盒形且高度比较大（图 4.26），需要多道工序时，可采用圆形毛坯，其直径为

$$D=1.13\sqrt{B^2+4B(H-0.43r_p)-1.72(H+0.5r)-4r_p(0.11r_p-0.18r)} \quad (4-13)$$

(2) 高度和圆角半径较大的盒形件（$H/B \geqslant 0.7 \sim 0.8$），毛坯的形状可做成长圆形或椭圆形。如图 4.27 所示，将尺寸看成是由两个宽度为 B 的半方形盒和中间为 $A-B$ 的直边部分连接而成，毛坯的形状就是两个半圆弧和中间两平行边所组成的长圆形。

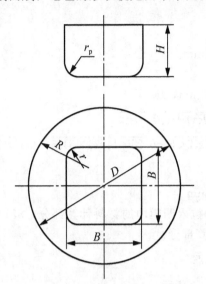
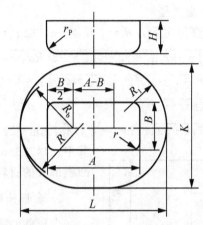

图 4.26　方盒件毛坯的形状与尺寸　　图 4.27　高矩形盒件的毛坯形状与尺寸

① 长圆形圆弧半径为

$$R_b = \frac{D}{2} \tag{4-14}$$

式中，D 为尺寸为 $B \times B$ 的方盒坯料直径。

② 长度为

$$L = 2R_b + (A-B) = D + (A-B) \tag{4-15}$$

③ 宽度为

$$K = \frac{D(B-2r) + [B + 2(H - 0.43r_p)](A-B)}{A-2r} \tag{4-16}$$

然后用 $R=K/2$ 过毛坯长度两端做弧，既与 R_b 弧相切，又与两长边的展开直线相切，则毛坯的外形为一长圆形。

4.2.3　任务实施

1. 直壁筒形件

1) 确定修边余量 Δh

该项目零件 $h=24.5$mm，$d=64.8$mm，所示 $\Delta h = h/d = 0.378$。

因为 $\Delta h <$ 料厚，故该件在拉深时不需要修边余量。

在生产批量较大，冲压件精度又要求较高的情况下，必须采用有导向装置的冲模结构。

2) 计算毛坯直径

因为板料厚度小于 1mm，故可直接用零件图所注尺寸，不必用中线尺寸计算，即

$$D = \sqrt{d^2 + 4dh - 1.72rd - 0.56r^2}$$
$$= \sqrt{64.3^2 + 4 \times 64.3 \times 24.25 - 1.72 \times 4 \times 64.3 - 0.56 \times 4^2} \text{mm} = 99.60 \text{mm}$$

2. 宽凸缘筒形件

1) 确定修边余量

根据 $d_t/d = 195/54.5 = 3.58$ 查得 $\Delta R = 2.7$ mm。

2) 凸缘直径

凸缘直径实际为 $d_t = 200.4$ mm，取 $d_t = 200$ mm，则

$$D = \sqrt{(d_1^2 + 2\pi r_1 d_1 + 8r_1^2 + 4d_2 h + 2\pi R d_2 + 4.56R^2) + (d_4^2 - d_3^2)}$$
$$= \sqrt{(40^2 + 6.28 \times 7.25 \times 40 + 8 \times 7.25^2 + 4 \times 54.5 \times 23.5 + 6.28 \times 14.25 \times 54.5 + 4.56 \times 14.25^2)}$$
$$\sqrt{+ (200^2 - 83^2)}$$
$$= \sqrt{14776 + 33111} \text{mm} = \sqrt{47887} \text{mm} \approx 218.5 \text{mm}$$

其中：14776mm 为拉入凹模内的材料计算部分，33111mm 为凸模部分的材料计算部分。

3. 盒形件的拉深

盒形件如图 4.28 所示。

根据 $r/B = 8/92 = 0.087$，$H/B = 120/92 = 1.3$，可知该零件属高矩形件，毛坯外形为长圆形，其计算顺序如下。

(1) 检查圆角半径：$r = 8$ mm $= 5.3t$ 小于 $6t$，一般情况应加一道整形工序，考虑这里仅差 $0.7t$ 暂不加整形工序，等生产调整后最后确定。

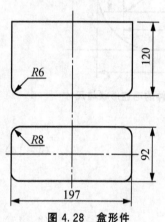

图 4.28 盒形件

(2) 矩形件的高度计算：按 $H' = 1.05H = 1.05 \times 120$ mm $= 126$ mm 确定。

(3) 毛坯直径计算：

$$D = 1.13\sqrt{B^2 + 4B(H - 0.43r_p) - 1.72(H + 0.5r) - 4r_p(0.11r_p - 0.18r)}$$
$$= 1.13\sqrt{92^2 + 4 \times 92(126 - 0.43 \times 6) - 1.72(126 + 0.5 \times 8) - 4 \times 6(0.11 \times 6 - 0.18 \times 8)} \text{mm}$$
$$= 1.13 \times 250 \text{mm} = 282.5 \text{mm}$$

毛坯半径 $R_b = \dfrac{D}{2} = \dfrac{282.5}{2}$ mm $= 141.25$ mm

(4) 毛坯长度计算：

$$L = D + (A - B) = 282.5 \text{mm} + (197 - 92) \text{mm} = 387.5 \text{mm}$$

(5) 毛坯宽度计算：

$$K = \frac{D(B - 2r) + [B + 2(H - 0.43r_p)](A - B)}{A - 2r}$$
$$= \frac{282.5(92 - 2 \times 8) + [92 + 2(126 - 0.43 \times 6)](197 - 92)}{197 - 2 \times 8} \text{mm}$$
$$= 315 \text{mm}$$

(6) 毛坯半径 R 计算：

$$R = 0.5K = 0.5 \times 315 \text{mm} = 157.5 \text{mm}$$

拓展阅读

盒形件拉深变形特点

从几何形状的特点，矩形盒件可以划分为两个长度为 $A-2r$ 和两个长度为 $B-2r$ 的边，加四个半径为 r 的 1/4 圆筒部分组成（图 4.29）。若将圆角部分和直边部分分开考虑，则圆角部分的变形相当于直径为 $2r$、高为 h 的圆筒件的拉深，直边部分的变形相当于弯曲。但实际上圆角边部分和直边部分是联系在一起的整体，因此盒形件的拉深又不完全等同于简单的弯曲和拉深复合，有其特有的变形特点，这可通过网格试验进行验证。

拉深前，在毛坯的直边部分画出相互垂直的等距平行线网格，在毛坯的圆角部分，画出等角度的径向放射线与等距离的同心圆弧组成的网格。变形前直边处的横向尺寸是等距的，即 $\Delta L_1 = \Delta L_2 = \Delta L_3$，纵向尺寸也是等距的，拉深后零件表面的网格发生了明显的变化（图 4.29）。这些变化主要表现在：

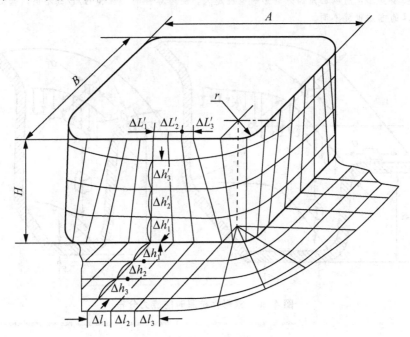

图 4.29　盒形件拉深变形特点

1. 直边部位的变形

直边部位的横向尺寸 ΔL_1、ΔL_2、ΔL_3，变形后成为 $\Delta L'_1$、$\Delta L'_2$、$\Delta L'_3$，间距逐渐缩小，越靠直边中间部位，缩小越少，即 $\Delta L_1 > \Delta L'_1 > \Delta L'_2 > \Delta L'_3$。纵向尺寸 Δh_1、Δh_2、Δh_3，变形后成为 $\Delta h'_1$、$\Delta h'_2$、$\Delta h'_3$，间距逐渐增大，越靠近盒形件口部增大越多，即 $\Delta h_1 < \Delta h'_1 < \Delta h'_2 < \Delta h'_3$。可见，此处的变形不同于纯粹的弯曲。

2. 圆角部位的变形

拉深后径向放射线变成上部距离宽、下部距离窄的斜线，而并非与底面垂直的等距平行线。同心圆弧的间距不再相等，而是变大，越向口部越大，且同心圆弧不位于同一水平面内。因此该处的变形不同于纯粹的拉深。

从以上可知，由于有直边的存在，拉深时圆角部分的材料可以向直边流动，这就减轻了圆角部分的变形，使其变形程度与半径同为 r、高度同为 h 的圆筒件比较起来要小。同时表明圆角部分的变形也是不均匀的，即圆角中心大，相邻直边处小。从塑性变形力学观点看，由于减轻了圆角部分材料的变形程度，需要克服的变形抗力也相应减小，危险断面破裂的可能性也减小。

盒形件的拉深特点如下：

(1) 凸缘变形区内，径向拉应力 σ_1 的分布不均匀（图4.30），圆角部分最大，直边部分最小。即使在角部，平均拉应力 σ_{1m} 也远小于相应圆筒件的拉应力。因此，就危险断面处的载荷来说，盒形件拉深要小得多。所以，对于相同材料，盒形件拉深的最大成形相对高度要大于相同半径的圆筒件。切向压应力 σ_3 的分布也不均匀，圆角最大，直边最小，因此拉深变形时材料的稳定性较好，凸缘不易起皱。

(2) 由于直边和圆角变形区内材料的受力情况不同，直边处材料向凹模流动的阻力要远小于圆角处。并且直边处材料的径向伸长变形小，而圆角处材料的径向伸长变形大，从而使变形区内两处材料的位移量不同。

(3) 直边部分和圆角部分相互影响的程度，随盒形件形状不同而异。

相对圆角半径 r/B 越小，也就是直边部分所占的比例越大，则直边部分对圆角部分的影响越显著。当 $r/B=0$ 时，盒形件实际已成为圆形件，上述变形差别也就不再存在了。

相对高度 H/B 越大，在相同的 r 下，圆角部分的拉深变形大，转移到直边部分的材料越多，则直边部分也必定会多变形，所以圆角部分的影响也就越大。随着零件的 r/B 和 H/B 的不同，盒形件毛坯的计算和工序计算的方法也就不同。

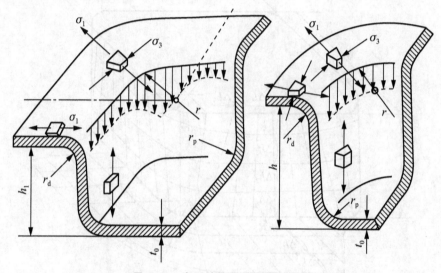

图4.30 盒形件拉深时的应力分布

任务4.3 确定无凸缘拉深件工序尺寸

4.3.1 工作任务

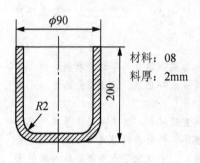

图4.31 拉深件

在拉深工艺设计中，必须知道工件是否可以用一道拉深工序拉成。这个问题关系到拉深工作的经济性和拉深件的质量。因此在决定拉深工序次数时，既要使材料的应力不超过材料的强度极限，又要充分利用材料的塑性，使之达到最大可能的变形程度。

本任务目标是确定如图4.31所示拉深件的拉深次数及工件尺寸。

4.3.2 相关知识

1. 拉深系数的概念

拉深系数是指用于表示拉深变形程度的工艺指数。对筒形件而言,其值为拉深后工件直径与拉深前毛坯直径之比值,即 $m=d/D$。多次拉深时,则为拉深后筒部外径与拉深前筒部外径之比值,如图 4.32 所示。

首次拉深

$$m_1 = d_1/D$$

以后各次拉深

$$\begin{aligned}m_2 &= d_2/d_1\\ &\cdots\\ m_n &= d_n/d_{n-1}\\ m_总 &= d/D = m_1 m_2 m_3 \cdots m_n\end{aligned} \quad (4-17)$$

式中,m——拉深系数;

d——拉深后工件直径;

D——拉深前毛坯直径;

$m_1,m_2,m_3,\cdots,m_n$——各次的拉深系数;

$d_1,d_2,d_3,\cdots,d_{n-1},d_n$——各次拉深工件的直径;

$m_总$——需多次拉深成形工件的总拉深系数。

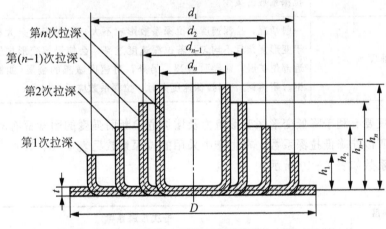

图 4.32 拉深工序示意图

2. 拉深系数的影响因素

拉深系数是拉深工艺的重要参数,它表示拉深变形过程中坯料的变形程度,m 值越小,拉深时坯料的变形程度越大。在工艺计算中,只要知道每次拉深工序的拉深系数值,就可以计算出各次拉深工序的半成品件的尺寸,并确定出该拉深件工序次数。从降低生产成本出发,希望拉深次数越少越好,即采用较小的拉深系数。但根据前述力学分析可知,拉深系数的减少有一个限度,这个限度称为极限拉深系数,超过这一限度,会使变形区的危险断面产生破裂。因此,每次拉深选择拉深件不破裂的最小拉深系数,才能保证拉深工艺的顺利实现。

影响极限拉深系数的因素见表4-7。

表4-7 影响极限拉深系数的主要因素

序号	因 素	对拉深系数 m 的影响
1	材料内部组织及力学性能	一般来说，板料塑性好，组织均匀，晶粒大小适当，屈强比小，塑性应变比 r 值大时，板材拉深性能好，可以采用较小的 m 值
2	材料的相对厚度 $\frac{t}{D}$	材料相对厚度是 m 值的一个重要影响因素，t/D 大，m 可小，反之，m 要大，因越薄的材料拉深时，越易失去稳定而起皱
3	拉深道次	在拉深之后，材料将产生冷作硬化，塑性降低，故第一次拉深 m 值最小，以后各道依次增加，只有当工序向增加了退火工序，才可再取较小的拉伸系数
4	拉深方式（用或不用压边圈）	有压边圈时，因不易起皱，m 可取得小些；不用压边圈时，m 可取得大些
5	凹模和凸模圆角半径（r_d 和 r_p）	凹模圆角半径较大，则 m 可小，因拉深时，圆角处弯曲力小，且金属容易流动，摩擦阻力小，但 r_d 太大时，毛坯在压边圈下的压边面积减少，容易起皱。凸模圆角半径较大，则 m 可小，而 r_p 过小，易使危险断面变薄严重，导致破裂
6	润滑条件及模具情况	模具表面光滑，间隙正常，润滑良好，均可改善金属流动条件，有助于拉深系数的减少
7	拉深速度 v	一般情况，拉深速度对拉深系数影响不大，但对于复杂大型拉深件，由于变形复杂且不均匀，若拉深速度过高，会使局部变形加剧，不易向邻近部位扩展，而导致破裂。另外，对速度敏感的金属（如钛合金、不锈钢、耐热钢），当拉深速度大时，拉深系数应适当加大

总之，只要有利于降低变形区变形阻力及增加危险断面强度的因素都有利于变形区的塑性变形，所以能降低拉深系数。在生产中采用的拉深系数见表4-8、表4-9，其他金属材料的拉深系数如表4-10所示。

表4-8 圆筒件用压边圈拉深时的拉深系数

材料相对厚度 $\frac{t}{D} \times 100$	各次拉深系数			
	m_1	m_2	m_3	m_4
2.0~1.5	0.46~0.50	0.70~0.72	0.72~0.74	0.74~0.76
<1.5~1.0	>0.50~0.53	>0.72~0.74	>0.74~0.76	>0.76~0.78
<1.0~0.5	>0.50~0.53	>0.50~0.53	>0.50~0.53	>0.50~0.53
<0.5~0.2	>0.56~0.58	>0.76~0.78	>0.78~0.80	>0.80~0.82
<0.2~0.06	>0.58~0.60	>0.78~0.80	>0.80~0.82	>0.82~0.84

注：此表适用于08、10号钢及15Mn等材料。

表 4-9　圆筒件不用压边圈拉深时的拉深系数

材料相对厚度 $\frac{t}{D}\times 100$	各次拉深系数					
	m_1	m_2	m_3	m_4	m_5	m_6
0.4	0.90	0.92	—	—	—	—
0.6	0.85	0.90	—	—	—	—
0.8	0.80	0.88	—	—	—	—
1.0	0.75	0.85	0.90	—	—	—
1.5	0.65	0.80	0.84	0.87	0.90	—
2.0	0.60	0.75	0.80	0.84	0.87	0.90
2.5	0.55	0.75	0.80	0.84	0.87	0.90
3.0	0.53	0.75	0.80	0.84	0.87	0.90
3 以上	0.50	0.70	0.75	0.75	0.78	0.85

注：此表适用于 08、10 钢及 15Mn 等材料。

表 4-10　其他金属材料的拉深系数

材料名称	牌　号	第 1 次拉深 m_1	以后各次拉深 m_n
铝和铝合金	8A06—O、1035—O、3A21—O	0.52～0.55	0.70～0.75
硬铝	2A12—O、2A11—O	0.56～0.58	0.75～0.80
黄铜	H62	0.52～0.54	0.70～0.72
	H68	0.50～0.52	0.68～0.72
纯铜	T2、T3、T4	0.50～0.55	0.72～0.80
无氧铜		0.50～0.58	0.75～0.82
镍、镁镍、硅镍		0.48～0.53	0.70～0.75
康铜（铜镍合金）		0.50～0.56	0.74～0.84
白铁皮		0.58～0.65	0.80～0.85
酸洗铜板		0.54～0.58	0.75～0.78
不锈钢	Cr13	0.52～0.56	0.75～0.78
	Cr18Ni	0.50～0.52	0.70～0.75
	1Cr18Ni9Ti	0.52～0.55	0.78～0.81
	0Cr18Ni11Nb、0Cr23Ni13	0.52～0.55	0.78～0.80
镍铬合金	Cr20Ni80Ti	0.54～0.59	0.78～0.84
合金结构钢	30CrMnSiA	0.62～0.70	0.80～0.84
可伐合金		0.65～0.67	0.85～0.90
钼铱合金		0.72～0.82	0.91～0.97
钽		0.65～0.67	0.84～0.87
铌		0.65～0.67	0.84～0.87
钛及钛合金	TA2、TA3	0.58～0.60	0.80～0.85
	TA5	0.60～0.65	0.80～0.85
锌		0.65～0.70	0.85～0.90

注：1. 凹模圆角半径 $r_d<6t$ 时拉深系数取大值；凹模圆角半径 $r_d\geqslant(7\sim 8)t$ 时拉深系数取小值。

2. 材料相对厚度 $\frac{t}{D}\times 100\geqslant 0.62$ 时拉深系数取小值；材料相对厚度 $\frac{t}{D}\times 100<0.62$ 时拉深系数取大值；

3. 材料为退火状态。

3. 无凸缘筒形件拉深次数和工件尺寸的计算

1) 拉深次数的确定

拉深次数通常只能概括地进行估计，最后仍需通过工艺计算来确定。初步确定圆筒件拉深次数的方法有以下几种。

（1）计算法。拉深次数由所采用的拉深系数按下式计算，即

$$n = 1 + \frac{\lg d_n - \lg(m_1 D)}{\lg m_n} \quad (4-18)$$

式中，n——拉深次数；
  d_n——工件直径(mm)；
  D——毛坯直径(mm)；
  m_1——第1次拉深系数；
  m_n——第2次以后各次的平均拉深系数。

由式(4-15)计算所得的拉深次数 n，通常不会是整数，此时须注意不得按照四舍五入法，而应取较大整数值。采用较大整数值的结果，使实际选用的各次拉深系数 m_1、m_2、m_3 等比初步估计的数值略大些，这样符合安全而不破裂的要求。在校正拉深系数时，应遵照：变形程度应逐渐减小，也即后续拉深的拉深系数应逐渐取大些。

（2）查表法。根据拉深件的相对高度 $\frac{h}{d}$ 的和毛坯相对厚度 $\frac{t}{D} \times 100$，由表4-11直接查出拉深次数。

表4-11 无凸缘圆筒形拉深件的最大相对高度 h/d

拉深次数 n	毛坯相对厚度 $\frac{t}{D} \times 100$					
	2~1.5	<1.5~1	<1~0.6	<0.6~0.3	<0.3~0.15	<0.15~0.08
1	0.94~0.77	0.84~0.65	0.70~0.57	0.62~0.5	0.52~0.45	0.46~0.38
2	1.88~1.54	1.60~1.32	1.36~1.1	1.13~0.94	0.96~0.83	0.9~0.7
3	3.5~2.7	2.8~2.2	2.3~1.8	1.9~1.5	1.6~1.3	1.3~1.1
4	5.6~4.3	4.3~3.5	3.6~2.9	2.9~2.4	2.4~2.0	2.0~1.5
5	8.9~6.6	6.6~5.1	5.2~4.1	4.1~3.3	3.3~2.7	2.7~2.0

注：1. h 为拉深件的高度，d 为拉深件的直径。
  2. 大的 $\frac{h}{d}$ 比值适用于在第一道工序内大的凹模圆角半径（由 $\frac{t}{D} \times 100 = 2 \sim 1.5$ 时的 $r_d = 8t$ 到 $\frac{t}{D} \times 100 = 0.15 \sim 0.08$ 时的 $r_d = 15t$）；小的比值适用于小的凹模圆角半径 $r_d = (4 \sim 8)t$。
  3. 表中拉深次数适用于08及10号钢的拉深件。

（3）推算法。筒形件的拉深次数，也可根据 t/D 值查出 m_1，m_2，m_3，…，然后从第一道工序开始依次求半成品直径，即

$$d_1 = m_1 D$$
$$d_2 = m_2 d_1$$
$$\cdots$$
$$d_n = m_n D_{n-1}$$

直到计算得出的直径不大于工件要求的直径为止。这样不仅可以求出拉深次数，还可知道中间工序的尺寸。

(4)查图法。为确定拉深次数及各次半成品尺寸也可由查图法求得(见图 4.33)。

先在图 4.32 中横坐标上找到相当于毛坯直径 D 的点,从此点作一垂线。再从纵坐标上找到相当于工件直径 d 的点,并由此点作水平线,与垂线相交。根据交点,便可决定拉深次数,如交点位于两斜线之间,应取较大的次数。

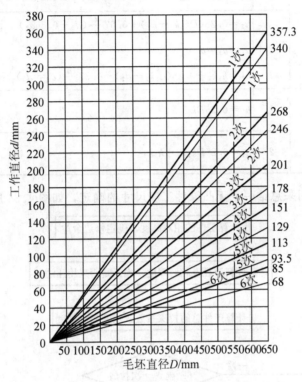

图 4.33 确定拉深次数及半成品尺寸线图

2)圆筒拉深件的拉深高度计算

工序次数和各道工序半成品直径确定后,便应确定底部圆角半径(即拉深凸模圆角半径),最后可根据筒形件不同的底部形状,按表 4-12 所列公式计算出各道拉深工序的拉深高度。

表 4-12 圆筒形拉深件的拉深高度计算公式

工件形状		拉深工序	计算公式	注
平底筒形件		1	$h_1 = 0.25(Dk_1 - d_1)$	D——毛坯直径(mm); d_1, d_2——第1、2工序拉深的工件直径(mm); k_1, k_2——第1、2工序拉深的拉深比($k_1 = 1/m_1$, $k_2 = 1/m_2$);
平底筒形件		2	$h_2 = h_2 k_2 + 0.25(d_1 k_1 - d_2)$	
圆角底筒形件		1	$h_1 = 0.25(Dk_1 - d_1) + 0.43 \dfrac{r_1}{d_1}(d_1 + 0.32 r_1)$	
圆角底筒形件		2	$h_2 = h_2 k_2 + 0.25(d_1 k_1 - d_2)$ $h_2 = 0.25(Dk_1 k_2 - d_2) + 0.43 \dfrac{r_2}{d_2}(d_2 + 0.32 r_2)$ $h_2 = h_1 k_2 + 0.25(d_1 - d_2) - 0.43 \dfrac{r}{d_2}(d_2 + 0.32 r_2)$	

续表

工件形状	拉深工序	计算公式	注
圆锥底筒形件	1	$h_1=0.25(Dk_1-d_1)+0.57\dfrac{a_1}{d_1}(d_1+0.86a_1)$	m_1，m_2——第1、2工序拉深的拉深系数；
	2	$a_1=a_2=a$ $h_2=h_1k_1+0.25(d_1k_2-d_2)-0.57\dfrac{a}{d_2}(d_2\neq d_2)$	r_1，r_2——第1、2工序拉深件底部拉深半径(mm)；
球面底筒形件	1	$h_1=0.25Dk_1$	h_1，h_2——第1、2工序拉深的拉深高度(mm)
	2	$h_1=0.25Dk_1k_2=h_1k_2$	

可用一张流程图来总结一下无凸缘件工序尺寸的确定，如图4.34所示。

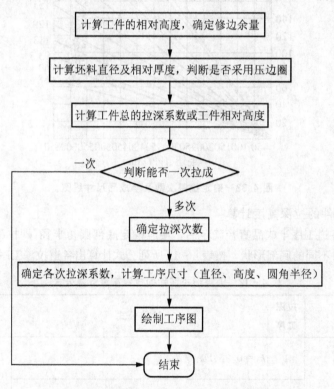

图4.34 确定无凸缘件工序尺寸的流程图

4.3.3 任务实施

1. 确定修边余量 Δh

根据 $h=200$mm，$h/d=200/88=2.28$，查表4-3，取 $\Delta h=7$mm。

2. 按公式计算毛坯直径

本项目零件毛坯直径为

$$D=\sqrt{d_2^2+2d_2h-1.72rd_2-0.56r^2}\approx 283\text{mm}$$

3. 确定拉深次数

(1) 判断能否一次拉出：判断零件能否一次拉出，仅需比较实际所需的总拉深系数 $m_总$ 和第一次允许的极限拉深系数 m_1 的大小即可。若 $m_总 > m_1$，说明该拉深件的实际变形程度比第一次允许的极限变形程度要小，可以一次拉成；若 $m_总 < m_1$，则需要多次拉深才能够成形零件。对于图 4.34 所示的零件，由毛坯的相对厚度 $t/D\times 100=0.7$，从表 4-8 中查出各次的拉深系数：$m_1=0.54$，$m_2=0.77$，$m_3=0.80$，$m_4=0.82$。而该零件的总拉深系数 $m_总=d/D=88/283=0.31$，即 $m_总 < m_1$，故该零件需经多次拉深才能够达到所需尺寸。

(2) 计算拉深次数：计算拉深次数 n 的方法有多种，生产上经常用推算法辅以查表法进行计算。就是把毛坯直径或中间工序毛坯尺寸依次乘以查出的极限拉深系数 m_1、m_2、m_3、…、m_n 得各次半成品的直径。直到计算出的直径 d_n 小于或等于工件直径 d 为止，则直径 d_n 的下角标 n，即表示拉深次数。例如由：

$$d_1=m_1D=0.54\times 283\text{mm}=153\text{mm}$$
$$d_2=m_2d_1=0.77\times 153\text{mm}=117.8\text{mm}$$
$$d_3=m_3d_2=0.80\times 117.8\text{mm}=94.2\text{mm}$$
$$d_4=m_4d_3=0.82\times 94.2\text{mm}=77.2\text{mm}$$

可知该零件要拉深 4 次才行；计算结果是否正确可用表 4-11 校核一下。零件的相对高度 $H/d=207/88=2.36$，相对厚度为 0.7，从表中可知拉深次数在 3～4 之间，和推算法得出的结果相符，这样零件的拉深次数就确定为 4 次。

4. 半成品尺寸的确定

半成品尺寸包括半成品的直径 d_n、筒底圆角半径 r_n 和筒壁高度 h_n。

(1) 半成品的直径 d_n：拉深次数确定后，再根据计算直径 d_n 应等于工件直径 d 的原则，对各次拉深系数进行调整，使实际采用的拉深系数大于推算拉深次数时所用的极限拉深系数。

设实际采用的拉深系数为 m_1'，m_2'，m_3'，…，m_n'，应使各次拉深系数依次增加，即

$$m_1' < m_2' < m_3' < \cdots < m_n'$$

且 $m_1-m_1'\approx m_2-m_2'\approx m_3-m_3'\approx \cdots \approx m_n-m_n'$。据此，本项目零件实际所用拉深系数应调整为 $m_1=0.57$，$m_2=0.79$，$m_3=0.82$，$m_4=0.85$。调整好拉深系数后，重新计算各次拉深的筒直径即得半成品直径。本项目零件的各次半成品尺寸为：

第 1 次　　$d_1=160\text{mm}$　　$m_1'=160/283\approx 0.57$
第 2 次　　$d_2=126\text{mm}$　　$m_2'=126/160\approx 0.79$
第 3 次　　$d_3=104\text{mm}$　　$m_3'=104/126\approx 0.82$
第 4 次　　$d_4=83\text{mm}$　　$m_4'=88/104\approx 0.85$

(2) 半成品高度的确定：各次拉深直径确定后，紧接着是计算各次拉深后零件的高度。计算高度前，应先定出各次半成品底部的圆角半径，现取 $r_1=12$，$r_2=8$，$r_3=5$。计算各次半成品的高度可由求毛坯直径的公式推出，即

第 1 次　　$h_1=(D^2-d_{10}^2-2\pi d_{10}-8r_1^2)/4d_1$
第 2 次　　$h_2=(D^2-d_{20}^2-2\pi d_{20}-8r_2^2)/4d_2$　　(4-19)
第 3 次　　$h_3=(D^2-d_{30}^2-2\pi d_{30}-8r_3^2)/4d_3$

式中，d_1，d_2，d_3——各次拉深的直径（中线值）；
r_1，r_2，r_3——各次半成品底部的圆角半径（中线值）；
d_{10}，d_{20}，d_{30}——各次半成品底部平板部分的直径；
h_1，h_2，h_3——各次半成品底部圆角半径圆心以上的筒壁高度；
D——毛坯直径。

将各项具体数值代入式（4-19），即求出各次高度为：

$$h_1 = \frac{283^2 - 136^2 - 2\pi \times 12 \times 136 - 8 \times 12^2}{4 \times 160}\text{mm} = 18\text{mm}$$

$$h_2 = \frac{283^2 - 110^2 - 2\pi \times 8 \times 110 - 8 \times 8^2}{4 \times 126}\text{mm} = 123\text{mm}$$

$$h_3 = \frac{283^2 - 94^2 - 2\pi \times 5 \times 94 - 8 \times 5^2}{4 \times 104}\text{mm} = 164\text{mm}$$

各次半成品的总高度为：

$$H_1 = h_1 + r_1 + \frac{t}{2} = (78 + 12 + 1)\text{mm} = 91\text{mm}$$

$$H_2 = h_2 + r_2 + \frac{t}{2} = (123 + 8 + 1)\text{mm} = 132\text{mm}$$

$$H_3 = h_3 + r_3 + \frac{t}{2} = (164 + 5 + 1)\text{mm} = 170\text{mm}$$

拉深后得到的各次半成品如图4.35所示。第4次拉深即为零件的实际尺寸，不必计算。

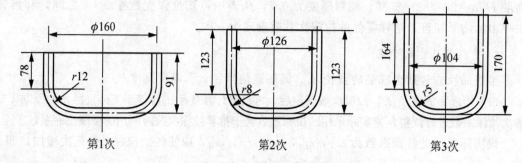

图4.35 各次拉深的半成品尺寸

拓展训练

试确定图4.36和图4.37所示的零件（材料均为10钢）的拉深次数和各拉深工序尺寸。

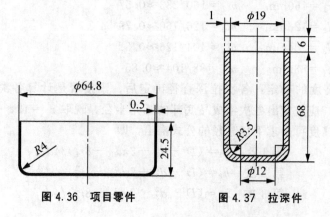

图4.36 项目零件　　图4.37 拉深件

任务4.4 计算宽凸缘筒形件工序尺寸

4.4.1 工作任务

试计算图4.38所示的拉深件(材料:08钢、料厚 $t=2$ mm)的工序尺寸。

4.4.2 相关知识

有凸缘筒形件的拉深变形原理与一般筒形件是相同的,但由于带有凸缘,其拉深方法跟计算方法与一般筒形件有一定的差别。

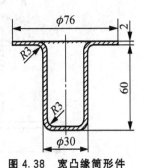

图4.38 宽凸缘筒形件

1. 有凸缘筒形件一次成形拉深极限

有凸缘筒形件的拉深过程和无凸缘筒形件相比,其区别仅在于前者将毛坯拉深至某一时刻,达到了零件所要求的凸缘直径 d_t 时拉深结束;而不是将凸缘变形区的材料全部拉入凹模内,如图4.39所示。所以,从变形区的应力和应变状态看两者是相同的。

在拉深有凸缘筒形件时,在同样大小的首次拉深系数 $m_1=d/D$ 的情况下,采用相同的毛坯直径 D 和相同的零件直径 d 时,可以拉深出不同凸缘直径 d_{t1}、d_{t2} 和不同高度 h_1、h_2 的工件(见图4.40)。因此,$m_1=d/D$ 并不能表达在拉深有凸缘零件时的各种不同的 d_t 和 h 的实际变形程度。从图4.40所示中可知,d_t 值越小,h 值越高,拉深变形程度也越大。

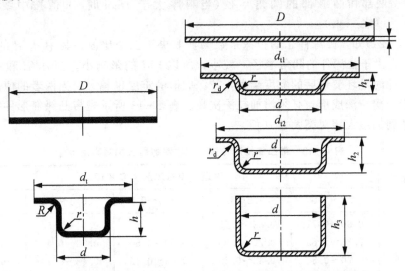

图4.39 有凸缘圆形件与坯料图　　图4.40 拉深时凸缘尺寸的变化

根据凸缘的相对直径 d_t/d 比值的不同,带有凸缘筒形件可分为窄凸缘筒形件($d_t/d=1.1\sim1.4$)和宽凸缘筒形件($d_t/d>1.4$)。窄凸缘件拉深时的工艺计算完全按一般圆筒形零件的计算方法,若 h/d 大于一次拉深的许用值时,只在倒数第二道才拉出凸缘或者拉成锥形凸缘,最后校正成水平凸缘,如图4.41所示。若 h/d 较小,则第一次可拉成锥形凸缘,后校正成水平凸缘。

下面着重对宽凸缘件的拉深进行分析,主要介绍其与直壁筒形件的不同点。

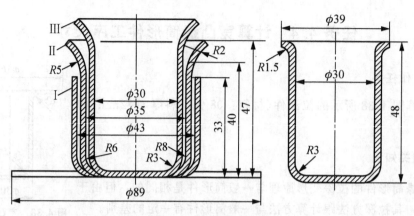

图 4.41 窄凸缘件拉深

当 $R=r$ 时（见图 4.39），宽凸缘件毛坯直径的计算公式为（见表 4-5）

$$D=\sqrt{d_t^2+4dh-3.44dr} \tag{4-20}$$

根据拉深系数的定义，宽凸缘件总的拉深系数仍可表示为

$$m=\frac{d}{D}=\frac{1}{\sqrt{(d_t/d)^2+4h/d-3.44r/d}} \tag{4-21}$$

式中，D——毛坯直径（mm）；

d_t——凸缘直径（包括修边余量，单位：mm）；

d——筒部直径（中径，单位：mm）；

r——底部和凸缘部的圆角半径（当料厚大于 1mm 时，r 值按中线尺寸计算，单位：mm）。

从式（4-21）知，凸缘件总的拉深系数 m，取决于三个比值。其中 d_t/d 的影响最大，其次是 h/d，由于拉深件的圆角半径 r 较小，所以 r/d 的影响小。当 d_t/d 和 h/d 的值越大，表示拉深时毛坯变形区的宽度越大，拉深成形的难度也越大。当两者的值超过一定值时，便不能一次拉深成形，必须增加拉深次数。表 4-13 所示是带凸缘筒形件第一次拉深成形可能达到的最大相对高度 h/d 值。

表 4-13 带凸缘筒形件第一次拉深的最大相对高度 h/d

凸缘相对直径 d_t/d	毛坯的相对厚度 $t/D\times100$				
	≤2～1.5	<1.5～1.0	<1.0～0.6	<0.6～0.3	<0.3～0.15
≤1.1	0.90～0.75	0.82～0.65	0.70～0.57	0.61～0.50	0.52～0.45
>1.1～1.3	0.80～0.65	0.72～0.56	0.60～0.50	0.53～0.45	0.47～0.40
>1.3～1.5	0.70～0.58	0.63～0.50	0.53～0.45	0.48～0.40	0.42～0.35
>1.5～1.8	0.58～0.48	0.53～0.42	0.44～0.37	0.39～0.34	0.35～0.29
>1.8～2.0	0.51～0.42	0.46～0.36	0.38～0.32	0.34～0.29	0.30～0.25
>2.0～2.2	0.45～0.35	0.40～0.31	0.33～0.27	0.29～0.25	0.26～0.22
>2.2～2.5	0.35～0.28	0.32～0.25	0.27～0.22	0.23～0.20	0.21～0.17
>2.5～2.8	0.27～0.22	0.24～0.19	0.21～0.17	0.18～0.15	0.16～0.13
2.8～3.0	0.22～0.18	0.20～0.16	0.17～0.14	0.15～0.12	0.13～0.10

注：1. 表中数值适用于 10 钢，对于比 10 钢塑性好的金属，取较大的数值，塑性差的金属，取较小的数值。

2. 表中大的数值适用于底部及凸缘大的圆角半径，小的数值适用于小的圆角半径。

带凸缘筒形件首次拉深的极限拉深系数，可查表 4-14。后续拉探变形与圆筒形件的拉深类同，所以从第二次拉深开始可参照表 4-8 确定极限拉深系数。

表 4-14 带凸缘筒形件第一次拉深的极限拉深系数 m_1（适用于 08、10 铜）

凸缘相对直径 d_t/d	毛坯的相对厚度 $t/D \times 100$				
	≤2~1.5	<1.5~1.0	<1.0~0.6	<0.6~0.3	<0.3~0.15
≤1.1	0.51	0.53	0.55	0.57	0.59
>1.1~1.3	0.49	0.51	0.53	0.54	0.55
>1.3~1.5	0.47	0.49	0.50	0.51	0.52
>1.5~1.8	0.45	0.46	0.47	0.48	0.48
>1.8~2.0	0.42	0.43	0.44	0.45	0.45
>2.0~2.2	0.40	0.40	0.42	0.42	0.42
>2.2~2.5	0.37	0.38	0.38	0.38	0.38
>2.5~2.8	0.34	0.35	0.35	0.35	0.35
>2.8~3.0	0.32	0.33	0.33	0.33	0.33

在拉深宽凸缘筒形件时，由于凸缘材料并没有被全部拉入凹模，因此同无凸缘筒形件相比，宽凸缘筒形件拉深具有自己的特点：

(1) 宽凸缘筒形件的拉深变形程度不能仅用拉深系数的大小来衡量。

(2) 宽凸缘筒形件的首次极限拉深系数比一般圆筒件要小。

(3) 宽凸缘筒形件的首次极限拉深系数值与零件的相对凸缘直径 d_t/d 有关。

2. 宽凸缘筒形件的工艺设计要点

(1) 毛坯尺寸的计算：毛坯尺寸的计算仍按等面积原理进行，参考无凸缘筒形件毛坯的计算方法计算。毛坯直径的计算公式如表 4-5 所示，其中 d_t 要考虑修边余量 ΔR，其值可查表 4-4。

(2) 判别工件能否一次拉成：只需比较工件实际所需的总拉深系数和 h/d 与凸缘筒形件第一次拉深的极限拉深系数和极限拉深相对高度即可。当 $m_总 > m_1$，$h/d \leq h_1/d_1$ 时，可一次拉成，工序计算到此结束。否则应进行多次拉深。

凸缘件多次拉深成形的原则如下：

按表 4-13 和表 4-14 确定第一次拉深的极限拉深高度和极限拉深系数，第一次就把毛坯凸缘直径拉到工件所要求的直径 d_t（包括修边量），并在以后的各次拉深中保持 d_t 不变，仅使已拉成的中间毛坯直筒部分参加变形，直至拉成所需零件为止。

凸缘件在多次拉深成形过程中特别需要注意的是：d_t 一经形成，在后续的拉深中就不能变动。因为后续拉深时，d_t 的微量缩小也会使中间圆筒部分的拉应力过大而使危险断面破裂。为此，必须正确计算拉深高度，严格控制凸模进入凹模的深度。为保证后续拉深凸缘直径不减少，在设计模具时，通常把第一次拉深时拉入凹模的材料表面积比实际所需的面积多拉进 3%~10%（拉深工序多取上限，少取下限），即筒形部的深度比实际的要大些。这部分多拉进凹模的材料从以后的各次拉深中逐步分次返回到凸缘上来（每次 1.5%~3%）。这样做既可以防止筒部被拉破，也能补偿计算上的误差和板材在拉深中的厚度变化，还能方便试模时的调整。返回到凸缘的材料会使筒口处的凸缘变厚或形成微小的波纹，但能保持 d_t 不变，产生的缺陷可通过校正工序得到校正。

3. 带凸缘筒形件的工序计算

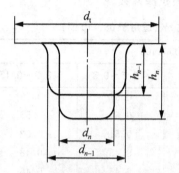

图 4.42　带凸缘筒形件的各次拉深

带凸缘筒形件的各次拉深示意图如图 4.42 所示。
带凸缘筒形件一般可分为两种类型：
第 1 种：窄凸缘 $d_t/d=1.1\sim1.4$；
第 2 种：宽凸缘 $d_t/d>1.4$。
计算带凸缘筒形拉深件的工序尺寸有以下两个原则。

1) 原则 1

对于窄凸缘筒形拉深件，可在前几次拉深中不留凸缘，先拉成圆筒件，而在以后的拉深中形成锥形的凸缘（由于在锥形的压边圈下拉紧的结果），最后将其校正成平面[图 4.43(a)]，或在缩小直径的过程中留下连接凸缘的圆角部分(r_d)，在整形的前一工序先把凸缘压成圆锥形，在整形工序时再压成平整的凸缘[图 4.43(b)]。

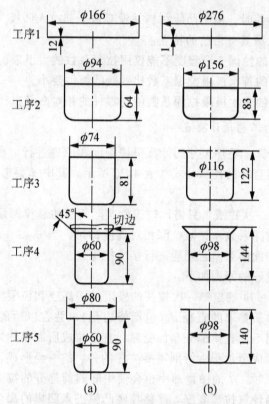

图 4.43　窄凸缘筒形件的拉深程序

对于宽凸缘筒形件，则应在第一次拉深时，就拉成零件所要求的凸缘直径，而在以后各次拉深时，凸缘直径保持不变。

根据实际生产经验，对于宽凸缘筒形件的拉深工序安排，在保持凸缘直径不变的情况下，常用下述两种方法。

(1) 圆角半径基本不变或逐次减小，同时缩小筒形直径来达到增大高度的方法[图 4.44(a)]，它适用于材料较薄，拉深深度比直径大的中小型零件。

(2) 高度基本不变，而仅减小圆角半径，逐渐减小筒形直径的方法[图 4.44(b)]，它适用于材料较厚，直径和深度相近的大中型零件。

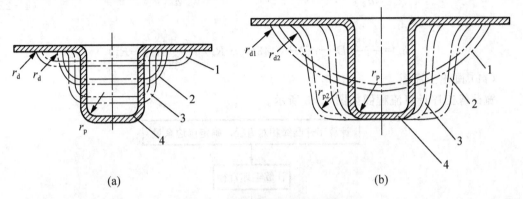

图 4.44　宽凸缘筒形件的拉深方法

2) 原则 2

为了保证以后拉深时凸缘不参加变形，宽凸缘拉深件首次拉入凹模的材料应比零件最后拉伸部分实际所需材料多 3%～10%（按面积计算，拉深次数多时取上限值，拉深次数少时取下限值），这些多余材料在以后各次拉深中，逐次将 1.5%～3% 的材料挤回到凸缘部分，使凸缘增厚，从而避免拉裂，这对料厚小于 0.5mm 的拉深件效果更为显著。

这一原则实际上是通过正确计算各次拉深高度和严格控制凸模进入凹模的深度来实现的。

带凸缘筒形件拉深工序计算步骤如下：

(1) 选定修边余量（查表 4-4）。

(2) 预算毛坯直径 D。

(3) 算出 $t/D \times 100$ 和 d_p/d，从表 4-13 查出第一次拉深允许的最大相对高度 h_1/d_1 值，然后与零件的相对高度 h/d 相比，看能否一次拉成。若 $h/d \leqslant h_1/d_1$ 时，则可以一次拉出来，这种情况的工序尺寸计算到此结束。若 $h/d > h_1/d_1$ 时，则一次拉不出来，需多次拉深。这时应计算工序间的各尺寸。

(4) 从表 4-14 查出第一次拉深系数 m_1，从表 4-8 查出以后各工序拉深系数 m_2，m_3，m_4，…，并预算各工序的拉深直径：$d_1 = m_1 D$，$d_2 = m_2 d_1$，$d_3 = m_3 d_2$，…，通过计算，即可知道所需的拉伸次数。

(5) 确定拉深次数以后，调整各工序的拉深系数，使各工序变形程度的分配更合理些。

(6) 根据调整后的各工序的拉深系数，再计算各工序的拉深直径：$d_1 = m_1 D$，$d_2 = m_2 d_1$，$d_3 = m_3 d_2$，…。

(7) 根据上述计算工序尺寸的原则 2，重新计算毛坯直径。

(8) 选定各工序的圆角半径。

(9) 计算第一次拉深高度，并校核第一次拉深的相对高度，检查是否安全。

(10) 计算以后各次的拉深高度。

带凸缘拉深高度计算公式为

$$h_1 = \frac{0.25}{d_1}(D^2 - d_p^2) + 0.43(r_1 + R_1) + \frac{0.14}{d_1}(r_1^2 - R_1^2)$$

$$h_2 = \frac{0.25}{d_2}(D^2 - d_p^2) + 0.43(r_2 + R_2) + \frac{0.14}{d_2}(r_2^2 - R_2^2)$$

$$\vdots$$

$$h_n = \frac{0.25}{d_n}(D^2 - d_p^2) + 0.43(r_n + R_n) + \frac{0.14}{d_n}(r_n^2 - R_n^2)$$

(4-22)

(11) 画出工序图。

宽凸缘工序计算流程图如图 4.45 所示。

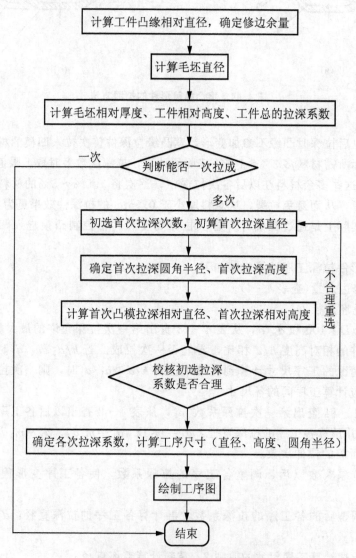

图 4.45 宽凸缘工序计算流程图

4.4.3 任务实施

计算图 4.46 所示拉深件(材料：08 钢、料厚 $t=2$mm)的工序尺寸。

解：各步均按料厚中心线计算。

(1) 选取修边余量 Δh。

查表 4-4，当 $d_p/d=76/28=2.7$ 时，取修边余量 Δh 为 2.2mm。

故实际外径为 $d_p=(76+4.4)$mm≈ 80mm。

图 4.46 宽凸缘筒形件

由于 $d_p/d=80/28=2.84>1.4$，该工件属于宽凸缘筒形件。

(2) 按表 4-5 序号 2 所列公式，初算毛坯直径，即

$$D=\sqrt{d_1^2+6.28+8r^2+4d_2h_1+6.28r_1d_2+4.56r_1^2+d_4^2-d_3^2}$$
$$=\sqrt{(20^2+6.28\times 4\times 20+8\times 4^2+4\times 28\times 52+6.28\times 4\times 28+4.56\times 4^2)+(80^2-36^2)}\text{mm}$$
$$=\sqrt{7630+5104}\text{mm}\approx 113\text{mm}$$

其中 $7630\times\pi/4$mm² 为该零件除去凸缘部分的表面积，即零件最后拉伸部分实际所需材料。

(3) 确定一次能否拉出：

$$h/d=60/28=2.14$$
$$d_p/d=80/28=2.86$$
$$t/D\times 100=2/113\times 100=1.77$$

查表 4-13 得 $h_1/d_1=0.22$，远远小于零件的 $h/d=2.14$，故零件一次拉不出来。

(4) 计算拉深次数及各次拉深直径。

由表 4-14 查出第一次拉深系数 $d_p/D=80/113=0.71$ 和 $t/D\times 100=1.77$ 时，$m_1=0.51$。

再从表 4-8 查出以后各次的拉深系数，当 $t/D\times 100=1.77$ 时，$m_2=0.70\sim 0.72$，$m_3=0.72\sim 0.74$，$m_4=0.74\sim 0.76$。

预算各次的拉深直径：

$$d_1=m_1D=0.51\times 113\text{mm}=58\text{mm}$$
$$d_2=m_2d_1=0.70\times 58\text{mm}=40\text{mm}$$
$$d_3=m_3d_2=0.72\times 40\text{mm}=29\text{mm}$$
$$d_4=m_4d_3=0.74\times 29\text{mm}=21.5\text{mm}$$

由于零件直径为 28mm，大于 $d_4=21.5$mm，故该零件所需拉伸次数 $n=4$。

(5) 调整各次拉深系数，使其各次拉深变形程度的分配更合理，最终确定的各次拉深系数填入表 4-15。

表 4-15 各次拉深系数

各次极限拉深系数 $[m_n]$	各次实际拉深系数 m_n	拉深系数差值 $\Delta m=m_n-[m_n]$	各次拉深直径
$[m_1]$	$m_1=0.54$	+0.03	$d_1=m_1D=0.54\times 113$mm$=61$mm
$[m_2]$	$m_2=0.74$	+0.04	$d_2=m_2d_1=0.70\times 61$mm$=45$mm
$[m_3]$	$m_3=0.77$	+0.05	$d_3=m_3d_2=0.77\times 45$mm$=35$mm
$[m_4]$	$m_4=0.80$	+0.06	$d_4=m_4d_3=0.80\times 35$mm$=28$mm

(6) 重算各工序拉深直径列于表 4-15。

(7) 根据上述计算工序尺寸的原则 2，重新计算毛坯直径 D。拟于第一次拉入凹模的材料比零件最后拉伸部分实际所需的材料多 5%（按面积计算），则

$$D=\sqrt{7630\times 1.05+5104}\,\text{mm}=\sqrt{8012+5104}\,\text{mm}=115\,\text{mm}$$

这样，毛坯直径修正为 $D=115\,\text{mm}$。

(8) 确定各次拉深凸、凹模圆角半径。

当 $D-d_1=(115-61)\,\text{mm}=54\,\text{mm}$，$t=2\,\text{mm}$ 时，取 $r_{d1}=9\,\text{mm}$。

在根据 $r_{dn}=(0.6\sim 0.9)r_{d(n-1)}$ 及 $r_{pn}=r_{dn}$ 的关系确定各次拉深凸、凹模圆角半径如下：

$$r_{d1}=9\,\text{mm},\ r_{p1}=9\,\text{mm}$$
$$r_{d2}=6\,\text{mm},\ r_{p2}=6\,\text{mm}$$
$$r_{d3}=5\,\text{mm},\ r_{p3}=5\,\text{mm}$$
$$r_{d4}=3\,\text{mm},\ r_{p4}=3\,\text{mm}$$

(9) 根据修正后的毛坯直径，计算第一次拉深高度，并校核第一次拉深的相对高度。

由式 (4-22)，第一次拉深高度

$$\begin{aligned}h_1&=\frac{0.25}{d_1}(D^2-d_p^2)+0.43(r_1+R_1)+\frac{0.14}{d_1}(r_1^2-R_1^2)\\ &=\left[\frac{0.25}{61}(115^2-80^2)+0.43(10+10)+\frac{0.14}{61}(10^2-10^2)\right]\text{mm}\\ &=37\,\text{mm}\end{aligned}$$

查表 4-13，当 $d_p/D=80/115=0.70$，$t/D\times 100=2/115\times 100=1.74$ 时，许可最大相对高度 $[h_1/d_1]=0.64>h_1/d_1=37/61=0.61$，故安全。

(10) 计算以后各次拉深高度。

设第二次拉深时多拉入 3% 的材料（其余 2% 的材料返回到凸缘上）。为了计算方便，先求出假想的毛坯直径，即

$$D=\sqrt{7630\times 1.03+5104}\,\text{mm}=\sqrt{7859+5104}\,\text{mm}=114\,\text{mm}$$

由式 (4-22)，得

$$\begin{aligned}h_2&=\frac{0.25}{d_2}(D_2^2-d_p^2)+0.43(r_2+R_2)+\frac{0.14}{d_2}(r_2^2-R_2^2)\\ &=\left[\frac{0.25}{45}(114^2-80^2)+0.43(7+7)+\frac{0.14}{45}(7^2-7^2)\right]\text{mm}\\ &=43\,\text{mm}\end{aligned}$$

第三次拉深多拉入 1.5% 的材料（另 1.5% 的材料返回到凸缘上），则假想毛坯直径为

$$D_3=\sqrt{7630\times 1.015+5104}\,\text{mm}=\sqrt{7744+5104}\,\text{mm}=113.5\,\text{mm}$$

故

$$\begin{aligned}h_3&=\frac{0.25}{d_3}(D_3^2-d_p^2)+0.43(r_3+R_3)+\frac{0.14}{d_3}(r_3^2-R_3^2)\\ &=\left[\frac{0.25}{35}(113.5^2-80^2)+0.43(6+6)+\frac{0.14}{45}(6^2-6^2)\right]\text{mm}\\ &=52\,\text{mm}\end{aligned}$$

$$h_4=60\,\text{mm}$$

(11) 画出工序图(略)。

拓展阅读

1. 阶梯圆筒形件的拉深

阶梯圆筒形件(简称"阶梯形件")的拉深变形特点与筒形件的拉深基本相同。但由于这类零件比较复杂，还不能用统一的方法来确定工序次数和工艺程序。下面介绍几种阶梯形件的拉深方法。

(1) 求出工件的高度与最小直径之比 h/d_n(见图4.47)，若该比值小于筒形件一次拉深成形的最大相对高度(查表4-6)，则工序次数为1，即该阶梯形件可一次拉出。

对于大、小直径差值小，高度又不大，阶梯只有2～3个的阶梯形件，一般可以一次拉成。高度较大，阶梯较多，能否一次拉成，可用下列经验公式来校验，即

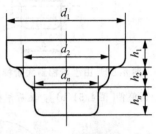

图4.47 阶梯形件

$$m_y = \dfrac{\dfrac{h_1}{h_2} \cdot \dfrac{d_1}{D} + \dfrac{h_2}{h_3} \cdot \dfrac{d_2}{D} + \cdots + \dfrac{h_{n-1}}{h_n} \cdot \dfrac{d_{n-1}}{D} + \dfrac{d_n}{D}}{\dfrac{h_1}{h_2} + \dfrac{h_2}{h_3} + \cdots + \dfrac{h_{n-1}}{h_n} + 1} \tag{4-23}$$

式中， D——毛坯直径；

$h_1, h_2, \cdots, h_n$——各阶梯高度；

m_y——阶梯形件的假象拉深系数。

m_y 与筒形件的第一次拉深系数极限值比较，如果 $m_y > m_1$，可以一次拉出，否则，要采用两次或多次拉深。

应用实例 4-1

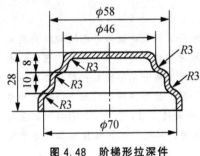

图4.48 阶梯形拉深件

试确定图4.48所示阶梯形件的拉深次数，材料为08钢，料厚 $t=1.5\text{mm}$，毛坯直径 $D=103\text{mm}$。

解：按式(4-23)计算假想拉深系数，即

$$m_y = \dfrac{\dfrac{h_1}{h_2} \cdot \dfrac{d_1}{D} + \dfrac{h_2}{h_3} \cdot \dfrac{d_2}{D} + \dfrac{d_3}{D}}{\dfrac{h_1}{h_2} + \dfrac{h_2}{h_3} + 1}$$

$$= \dfrac{\dfrac{10}{10} \times \dfrac{71.5}{103} + \dfrac{10}{8} \times \dfrac{56.5}{103} + \dfrac{44.5}{103}}{\dfrac{10}{10} + \dfrac{10}{8} + 1} = 0.554$$

由表4-8查出极限拉深系数，当 $\dfrac{t}{D} \times 100 = \dfrac{1.5}{103} \times 100 = 1.46$ 时，$m_1 = 0.50 \sim 0.53$，因 $m_y > m_1$，故可一次拉成。

(2) 当每相邻阶梯的直径比 $\dfrac{d_2}{d_1}, \dfrac{d_3}{d_2}, \cdots, \dfrac{d_n}{d_{n-1}}$ 均大于相应的筒形件的极限拉深系数时，则可以在每次拉深工序里形成一个阶梯，由大阶梯到小阶梯依次拉出(图4.49)，这时拉深工序数目等于零件阶梯数目(最大阶梯直径形成前所需的工序除外)。

(3) 当某相邻的两阶梯直径比值小于相应筒形件的极限

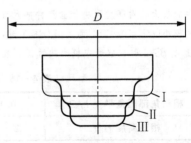

图4.49 由大阶梯到小阶梯的拉深程序

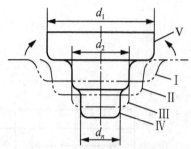

图 4.50 由小阶梯到大阶梯的拉深程序

拉深系数时,在这个阶梯成形时应按有凸缘零件的拉深办法。其拉深顺序由小阶梯到大阶梯依次拉深。如图 4.50 所示的零件,因 $\frac{d_2}{d_1}$ 小于相应的筒形件的极限拉深系数,故在 d_2 先拉出以后,再用工序 V 拉出 d_1。

当最小的阶梯直径 d_n 过小,也就是比值 $\frac{d_n}{d_{n-1}}$ 过小,但最小阶梯的高度 h_n 不大时,则最小阶梯可以用胀形法得到。

(4) 对于阶梯较浅但阶梯直径差别大的工件,不能一次拉出时,成功的经验是:首次先拉成球面形状[图 4.51(a)]或大圆筒件[图 4.51(b)],然后用校形工序得到零件的形状和尺寸。

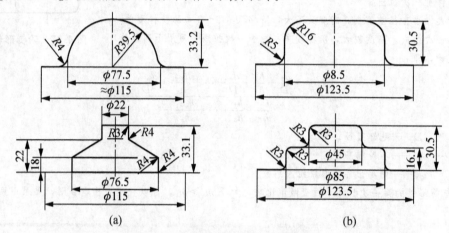

图 4.51 浅阶梯形拉深件的成形方法

(a)$D=128$mm,$t=0.8$mm,08 钢;(b)$t=1.5$mm 低碳钢

2. 盒形件多次拉深的工艺计算

1) 盒形件初次拉深的成形极限

在盒形件的初次拉深时,圆角部分侧壁内的拉应力大于直边部分。因此,盒形件初次拉深的极限变形程度受到圆角部分侧壁传力区强度的限制,这一点和筒形件拉深的情况是十分相似的。但是,由于直边部分对圆角部分拉深变形的减轻作用和带动作用,都可以使圆角部分危险断面的拉应力有不同程度的降低。因此,盒形件初次拉深可能成形的极限高度大于筒形件。盒形件的相对圆角半径 r/B 越小(图 4.28),直边部分对圆角部分的影响越强,极限变形程度的提高越显著;反之,r/B 越大,直边部分对圆角部分的影响越小,而且 $r/B=0.5$ 时,盒形件变成筒形件,其极限变形程度也必然等于筒形件。

盒形件初次拉深的极限变形程度,可以用盒形件的相对高度 H/r 来表示。由平板毛坯一次拉深成盒形件的最大相对高度取决于盒形件的尺寸 r/B、t/B 和板材的性能,其值可查表 4-16。当盒形件的相对厚度较小($t/B<0.01$),而且 $A/B\approx1$ 时,取表中较小的数值;当盒形件的相对厚度较大即 $t/B>0.015$,而且 $A/B\geqslant2$ 时,取表中较大的数值。表 4-16 中数据适用于拉深用软钢板。

表 4-16 盒形件初次拉深的最大相对高度

相对角部圆角半径 r/B	0.4	0.3	0.2	0.1	0.05
相对高度 H/r	2~3	2.8~4	4~6	8~12	10~15

若盒形件的相对高度 H/r 不超过表 4-16 中所列的极限值,则盒形件可以用一道拉深工序冲压成

形，否则必须采用多道工序拉深的方法进行加工。

2) 方形盒拉深工序形状和尺寸确定

如图4.52所示，采用直径为D_0的圆形毛坯，中间工序都拉深成圆筒形的半成品，在最后一道工序才拉深成方形盒的形状和尺寸。由于最后一道工序是从圆形拉深为方形，材料的变形程度大而不均匀，特别是在方形圆角处，必然受到该处材料成形极限的限制。计算时，应从$n-1$道工序，即倒数第二次拉深开始，确定拉深半成品件的工序直径，即

$$D_{n-1} = 1.41B - 0.82r + 2\delta \tag{4-24}$$

式中，D_{n-1}——$n-1$道拉深工序所得圆筒形件半成品的直径(mm);

B——方形盒内表面宽度(mm);

r——方形盒角部的内圆角半径(mm);

δ——方形盒角部壁间距离(mm)，该值是直接影响毛坯变形区拉深变形程度是否均匀的最重要参数，一般取$\delta = (0.2 \sim 0.25)r$。

由于其他各道工序为圆筒形，所以可参照筒形件的工艺计算方法，来确定其他各道工序尺寸，计算时由内向外反向计算，即

$$D_{n-2} = \frac{D_{n-1}}{m_{n-1}}$$

依次类推，直到算出的直径$D \geqslant D_0$时为止，式中的拉深系数m_{n-1}由表4-7确定。

3) 长方形盒拉深工序形状和尺寸的确定

长方形盒的拉深方法与正方形盒相似，中间过渡工序可拉深成椭圆形或长圆形，在最后一次拉深工序中被拉深成所要求的形状和尺寸，如图4.53所示。其计算与作图同样由$n-1$道(倒数第二次拉深)工序开始，由内向外计算。计算时可把矩形盒的两个边视为四个方形盒的边长，在保证同一角部壁间距离δ时，可采用由四段圆弧构成的椭圆形筒，作为最后一道工序拉深前的半成品毛坯(是$n-1$道拉深所得的半成品)，其长轴与短轴处的曲率半径分别用$R_{a(n-1)}$和$R_{b(n-1)}$表示，并计算：

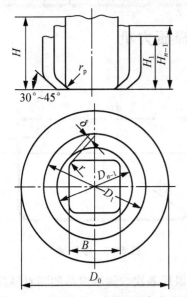
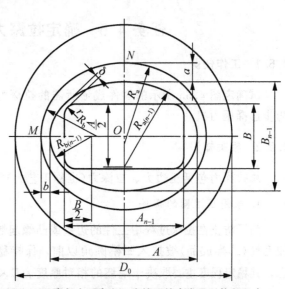

图4.52 方形盒多工序拉深的半成品形状和尺寸　　图4.53 高长方形盒多工序拉深的半成品形状和尺寸

(1) $n-1$道拉深工序的半成品是椭圆形，其曲率半径为

$$R_{a(n-1)} = 0.707A - 0.41r + \delta \tag{4-25}$$

$$R_{b(n-1)} = 0.707B - 0.41r + \delta \tag{4-26}$$

圆弧$R_{a(n-1)}$和$R_{b(n-1)}$的圆心，由图4.53中的尺寸关系确定，分别为$A/2$和$B/2$。

(2) $n-1$ 道工序椭圆形半成品件的长、短边与高度尺寸为

$$A_{n-1}=2R_{b(n-1)}+(A-B) \quad (4-27)$$
$$B_{n-1}=2R_{a(n-1)}+(A-B) \quad (4-28)$$
$$H_{n-1}\approx 0.88H \quad (4-29)$$

式中，H 为含修边余量在内的盒形件高度。

(3) $n-2$ 道工序仍然是椭圆形半成品，其形状和尺寸的确定方法如下：

① 计算壁间距 a 和 b 是为了控制从 $n-2$ 道工序拉深至 $n-1$ 道工序的变形程度，即

$$\frac{R_{a(n-1)}}{R_{a(n-1)}+a}=\frac{R_{b(n-1)}}{R_{b(n-1)}+b}=0.75\sim 0.85 \quad (4-30)$$

即
$$a=(0.18\sim 0.33)R_{a(n-1)} \quad (4-31)$$
$$b=(0.18\sim 0.33)R_{b(n-1)} \quad (4-32)$$

② 由 a、b 找出图上的 M 及 N 点。

③ 选定半径 R_a 和 R_b 使其圆弧通过 M 及 N 点，并且又能圆滑相接（其圆心靠近盒形件中心）。

④ $n-2$ 道工序半成品高度概算为

$$H_{n-2}\approx 0.86H_{n-1} \quad (4-33)$$

⑤ 演算 $n-2$ 道工序是否可以由平板毛坯拉深成形（即首次拉深）。如果不能，应按 $n-2$ 道工序的计算方法再确定 $n-3$ 道工序的有关尺寸，直到满足验算的要求。

(4) $n-1$ 次（倒数第二次）拉深凸模端面形状。

为了有利于最后一次拉深成盒形件的金属流动，$n-1$ 次拉深凸模底部应具有与拉深零件相似的矩形，然后用 45°斜角向壁部过渡，如图 4.54 所示，且

$$Y=B-1.11r_p \quad (4-34)$$

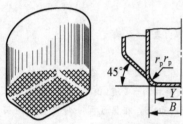

图 4.54　$n-1$ 道工序凸模形状

任务4.5　确定拉深力与选择压力机

4.5.1　工作任务

试确定图 4.55 所示的零件成形所需的拉深力，并初步选择压力机。

4.5.2　相关知识

总拉深力包括压边力、拉深力（也称工艺力）等。

1. 采用压边圈的条件

为了防止在拉深过程中工件的边壁或凸缘起皱，应使毛坯（或半成品）被拉入凹模圆角以前，保持稳定状态，其稳定程度主要取决于毛坯的相对厚度 $t/D\times 100$，或以后各次拉深半成品的相对厚度 $t/d_{n-1}\times 100$，拉深时可采用压边圈。使用压边圈的条件，如表 4-17 所示。

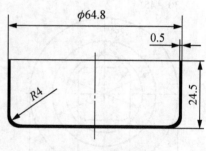

图 4.55　零件图

为了做出更准确的估计，还应考虑拉深系数 m 的大小，在实际生产中可以用下述公式估算。

(1) 锥形凹模拉深时，材料不起皱的条件是：

首次拉深　　　　$t/D\geqslant 0.03(1-m)$

以后各次拉深　　　$t/D \geqslant 0.03(1/m-1)$

（2）普通平端面凹模拉深时，毛坯不起皱的条件是：

首次拉深　　　　$t/D \geqslant 0.045(1-m)$

以后各次拉深　　　$t/D \geqslant 0.045(1/m-1)$

如果不能满足上述公式要求，则在拉深模设计时应考虑采用压边圈装置。

表 4-17　采用或不用压边圈的条件

拉深方法	第一次拉深		以后各次拉深	
	$t/D \times 100$	拉深系数 m_1	$t/d_{n-1} \times 100$	拉深系数 m_n
用压边圈	<1.5	<0.6	<1	<0.8
可用可不用	1.5~2.0	0.6	1~1.5	0.8
不用压边圈	>2.0	>0.6	>1.5	>0.8

2. 压边力的计算

施加压边力是为了防止毛坯在拉深变形过程中的起皱，压边力的大小对拉深工作的影响很大，如图 4.56 所示压边力 F_Q 的数值应适当，太小时防皱效果不好，太大时则会增加危险断面处的拉应力，引起拉裂破坏或严重变薄超过公差（简称超差）。理论上，压边力 F_Q 的大小最好按照图 4.57 所示规律变化，即拉深过程中，当毛坯外径减小至 $R_t = 0.85R_0$ 时，是起皱最严重的时刻，这时的压边力应最大，随之压边力逐渐减小，但实际很难做到。

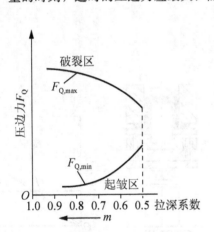

图 4.56　压边力对拉深工作的影响

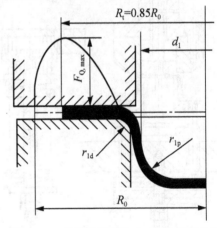

图 4.57　首次拉深压边力 F_Q 的理论曲线

生产中通常使压边力 F_Q 稍大于防皱作用的最低值，并按表 4-18 中公式计算。

表 4-18　压边力公式

拉深情况	公　　式
拉深任何形状的工件	$F_Q = A \cdot q$
筒形件第一次拉深（用平毛坯）	$F_Q = \pi/4 [D^2 - (d_1 + 2r_d)^2] q$
筒形件后续拉深（用筒形毛坯）	$F_Q = \pi/4 [d_{n-1}^2 - (d_n + 2r_d)^2] q$

注：式中 q 为单位压边力（MPa）；A 为压边面积。

单位压边力的数值可通过查表 4-19 得到。

表 4-19 单位压边力 q

材料名称	单位压边力/MPa		材料名称	单位压边力/MPa	
钼	0.8~1.2		软钢	$t<0.5$mm	2.0~2.5
紫铜、硬铝(已退火)	1.2~1.8		镀锡钢板	2.5~3.0	
黄铜	1.5~2.0		高合金钢、高锰钢、不锈钢	3.0~4.5	
软钢	$t<0.5$mm	2.5~3.0	高温合金	2.8~3.5	

3. 常用的压边装置

目前在生产实际中常用的压边装置有弹性压边装置和刚性压边装置两大类。

(1) 弹性压边装置多用于普通冲床,通常有三种:橡皮压边装置[图 4.58(a)]、弹簧压边装置[图 4.58(b)]、气垫式压边装置[图 4.58(c)]。这三种压边装置压边力的变化曲线如图 4.58(d)所示。另外氮气弹簧技术也逐渐在模具中使用。

随着拉深深度的增加,需要压边的凸缘部分不断减少,故需要的压边力也就逐渐减小。从图 4.58(d)可以看出橡皮及弹簧压边装置的压边力恰好与需要的相反,随拉深深度的增加而增加,因此橡皮及弹簧结构只用于浅拉深。

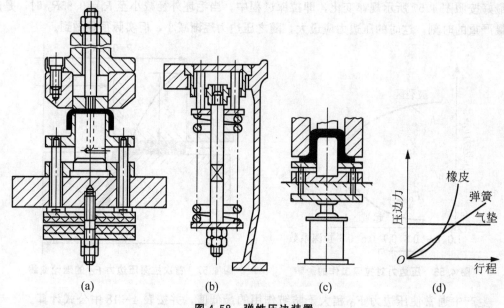

图 4.58 弹性压边装置

气垫式压边装置效果较好,但它结构复杂,制造、使用及维修都比较困难。弹簧与橡胶压边装置虽有缺点,但结构简单,对单动的中小型压力机来说还是很方便的。根据生产经验,只要正确地选择弹簧规格及橡皮的牌号和尺寸,就能尽量减少它们的不利方面。

当拉深行程较大时,应选择总压缩最大、压边力随压缩量缓慢增加的弹簧。橡皮应选用软橡皮(冲裁卸料是用硬橡皮)。橡皮的压边力随压缩量增加很快,因此橡皮的总厚度应选大些,以保证相对压缩量不致过大。建议所选取的橡皮总厚度不小于拉深行程的 5 倍。

在拉深宽凸缘件时,为了克服弹簧和橡皮的缺点,可采用图 4.59 所示的限位装置(定位销、柱销或螺栓),使压边圈和凹模间始终保持一定的距离。

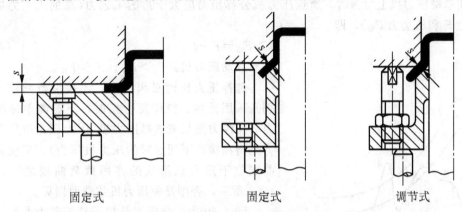

图 4.59 有限位装置的压边结构

(2) 刚性压边装置的特点是压边力不随行程变化,拉深效果较好,且模具结构简单。这种结构用于双动压力机,凸模装在压力机的内滑块上,压边装置装在外滑块上。

4. 拉深力的计算

在确定拉深件所需的压力机吨位时,拉深力确定的依据为:危险断面处的拉应力必须小于该断面的破坏力,由于影响因素比较复杂,在实际生产中,常采用经验公式进行确定。

(1) 当模具采用压边圈时,筒形件拉深力的计算为

首次拉深

$$F = \pi d_1 t \sigma_b k_1 \qquad (4-35)$$

后续各次拉深

$$F_n = \pi d_n t \sigma_b k_2 \qquad (4-36)$$

(2) 当模具不采用压边圈时,筒形件拉深力的计算为

首次拉深

$$F = 1.25\pi(D - d_1) t \sigma_b \qquad (4-37)$$

后续各次拉深

$$F_n = 1.3\pi(d_{n-1} - d_n) t \sigma_b \qquad (4-38)$$

式中,d_1,…,d_n——后续各次拉深后的直径(mm);

t——板料厚度;

D——毛坯直径;

σ_b——材料强度极限;

k_1、k_2——修正系数,如表 4-20 所示。

表 4-20 修正系数 k 值

拉深系数 m_1	0.55	0.57	0.60	0.62	0.65	0.67	0.70	0.72	0.75	0.77	0.80
修正系数 k_1	1.00	0.93	0.86	0.79	0.72	0.66	0.60	0.55	0.50	0.45	040
拉深系数 m_1,…,m_n	0.70	0.72	0.75	0.77	0.80	0.85	0.90	0.95			
修正系数 k_2	1.00	0.95	0.90	0.85	0.80	0.70	0.60	0.50			

5. 压力机吨位的选择

在单动压力机上拉深时，所选压力机公称压力应大于总的工艺力（总的工艺力应包括拉深力 F 和压边力 F_Q），即

$$F_0 > F_总 = F + F_Q \qquad (4-39)$$

双动压力机：$F_1 > F_拉$，$F_2 > F_压$。

选择压力机时必须注意：当拉深行程较大，特别是采用落料、拉深复合模时，不能简单地将落料力与拉深力叠加来选择压力机（因为压力机的公称压力是指在接近下死点时的压力机压力），应使总压力曲线位于压力机滑块的许用载荷曲线之下，如图 4.60 所示，否则易使压力机超载而损坏。

图 4.60 中，曲线 3 是拉深总工艺力曲线，如选用公称压力为 P_1 的压力机，虽然公称压力大于最大拉深力，但在全部行程中不是都大于拉深总工艺力。为此必须选用公称压力为 P_2 的压力机。如果模具是落料拉深复合模，曲线 4 是落料力曲线，那么选用公称压力为 P_2 的压力机也不行，还需选择更大吨位的压力机。

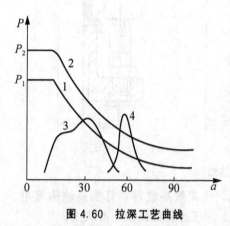

图 4.60 拉深工艺曲线

实际生产中可按下式估算压力机的公称压力 F_0：

浅拉深时

$$\sum F \leqslant (0.7 \sim 0.8) F_0$$

深拉深时

$$\sum F \leqslant (0.5 \sim 0.6) F_0$$

$\sum F$ 为拉深力和压边力的总和，在用复合冲压时，还包括其他力；F_0 为压力机的公称压力。

4.5.3 任务实施

1. 判断是否使用压边圈

由前一任务可知，工件总的拉深系数为

$$m_总 = d/D = 64.8/100.5 = 0.645$$

毛坯相对厚度为

$$t/D = 0.5/100.5 \times 100\% = 0.4989\%$$

查表 4-9 知：首次拉深的极限拉深系数为

$$m_1 = 0.58$$

因为 $m_总 = 0.645 > 0.58$，故工件可以一次拉深。

该零件毛坯相对厚度为 $\dfrac{t}{D} \times 100 = 0.4989$，$m_1 = 0.58$，所以可查相关表得该零件拉深需要使用压边圈。

2. 拉深力的计算

拉深所需的压力为

$$F_{总}=F+F_Q$$
$$F_Q=AP=\pi(100.5^2-64.8^2)\text{kN}\times 3/4=14\text{kN}$$
$$F=\pi dt\sigma_b K=\pi\times 64.8\times 0.5\times 432\times 0.75\text{kN}=33\text{kN}$$
$$F_{总}=F+F_Q=(14+33)\text{kN}=47$$

3. 初选压力机

压力机的公称压力为

$$F_0\geqslant(1.6\sim 1.8)F_{总}$$
$$取\ F_0=1.8\times 47\text{kN}=84.6\text{kN}$$

故初选压力机的公称压力为 84.6kN。

拓展阅读

拉深成形过程的辅助工序

拉深工艺中的辅助工序较多，可分为：拉深工序前的辅助工序，如毛坯的软化退火、清洗、喷漆、润滑等；拉深工序间的辅助工序，如半成品的软化退火、清洗、修边和润滑等；拉深后的辅助工序，如切边、消除应力退火、清洗、去毛刺、表面处理、检验等。

现将主要的辅助工序简介如下。

1. 润滑

润滑在拉深工艺中，主要是改善变形毛坯与模具相对运动时的摩擦阻力，同时也有一定的冷却作用。润滑的目的是降低拉深力、提高拉深毛坯的变形程度、提高产品的表面质量和延长模具寿命等。拉深中，必须根据不同的要求选择润滑剂的配方并选择正确的润滑方法。如润滑剂（油），一般涂在凹模的工作面积和压边圈表面，也可以涂抹在拉深毛坯与凹模接触的平面上，而在凸模表面或与凸模接触的毛坯面切忌涂润滑剂（油）等。常用的润滑剂见有关冲压设计资料。还须注意，当拉深应力较大且接近材料的强度极限 σ_b 时，应采用含量不少于20%的粉状填料的润滑剂，以防止润滑液在拉深中被高压挤掉而失去润滑效果。也可以采用磷酸盐表面处理后再涂润滑剂。

2. 热处理

拉深工艺中热处理是指落料毛坯的软化处理、拉深工序间半成品的退火及拉深后零件的消除应力的热处理。毛坯材料的软化处理是为了降低硬度，提高塑性，提高拉深变形程度，使拉深系数 m 减小，提高板料的冲压成形性能。拉深工序间半成品的热处理退火，是为了消除拉深变形的加工硬化，恢复加工后材料的塑性，以保证后续拉深工序的顺利实现。对某金属材料（如不锈钢、高温合金及黄铜等）拉深成形的零件，拉深后在规定时间内的热处理，目的是消除变形后的残余应力，防止零件在存放（或工作）中的变形和蚀裂等现象。中间工序的热处理方法主要有两种：低温退火和高温退火（参见有材料的热处理规范手册）。

拉深工序间的热处理，一般应用于高硬化金属（如不锈钢、高温合金），是在拉深第一、二次工序后，必须进行中间退火工序，否则后续拉深无法进行。不进行中间退火工序能连续完成拉深次数的材料见表4-21。

表 4-21 不进行中间退火工序能连续完成拉深次数的材料

材　料	次　数	材　料	次　数
08、10、15 钢	3～4	不锈钢	1～2
铝	4～5	镁合金	1
黄铜 H68	2～4	钛合金	1

任务 4.6　设计拉深模总体结构

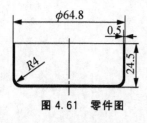

图 4.61　零件图

4.6.1　工作任务

如图 4.61 所示，通常根据确定的冲压工艺方案和零件的形状特点、要求等因素确定拉深模的类型及结构形式。能够计算该零件模具的凸、凹模的圆角半径、间隙、工作部分的尺寸等工艺参数；掌握有/无压料、首次/再次拉深模的凸模和凹模结构。

4.6.2　相关知识

1. 模具结构形式的选择

拉深模按其工序顺序可分为首次拉深模和后续各工序拉深模，它们之间的本质区别是压边圈的结构和定位方式的差异。

按拉深模使用的冲压设备不同可分为单动压力机用拉深模、双动压力机用拉深模及三动压力机用拉深模，它们的本质区别在于压边装置的不同(弹性压边装置和刚性压边装置)。

按工序的组合来分，又可分为单工序拉深模、复合模和级进式拉深模。

按有无压边装置分为无压边装置拉深模和有压边装置拉深模等。

1) 首次拉深模

(1) 无压边装置的简单拉深模。如图 4.62 所示，毛坯放在定位板内，凸模工作部分较长，使口部位于刮料环以下，回程时，刮料环在拉簧作用下，将拉深后的零件从模板孔中卸掉。

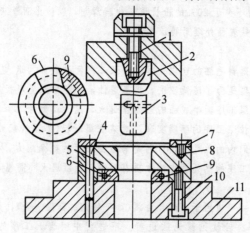

图 4.62　无压边装置的简单拉深模(一)

1、8、10—螺钉；2—模柄；3—凸模；4—销钉；5—凹模；
6—刮料环；7—定位板；9—拉簧；11—下模座

当毛坯料厚大于2mm时，可取下刮料环，利用拉深件口部较大以及凹模脱料颈台阶进行卸料。拉深凸模要深入到凹模下面，所以该模具只适合于浅拉深(图4.63)。

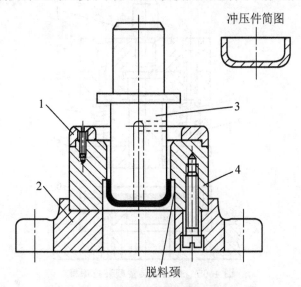

图 4.63 无压边装置的简单拉深模(二)
1—定位板；2—下模座；3—凸模；4—凹模

（2）有压边装置的简单拉深模，可分为以下两种。

① 倒装拉深模：锥形凹模 4 为上模，故称为倒装拉深模，锥形压边圈先将坯料压成锥形，然后再压成锥形件，凹模内的拉深件靠推件板 3 推出(图4.64)，这种结构有利于拉深变形，m 可降低。

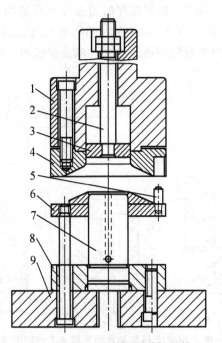

图 4.64 有压边装置倒装拉深模
1—上模座；2—打杆；3—推件块；4—凹模；5—挡料销；
6—压边圈；7—凸模；8—凸模固定板；9—下模座

② 有压边装置顺装拉深模，如图 4.65 所示。

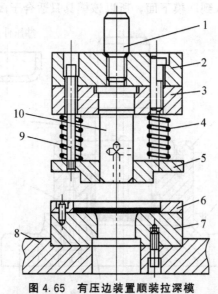

图 4.65　有压边装置顺装拉深模

1—模柄；2—上模座；3—凸模固定板；4—弹簧；
5—压边圈；6—定位板；7—凹模；8—下模座

2) 后续工序拉深模

对于后续各工序的拉深，毛坯已不是平板，而是壳体的半成品。因此拉深模具必须考虑坯件的正确定位，同时还便于操作。

(1) 无压边装置的后续各工序拉深模(图 4.66)。本模具采用锥形模口的凹模结构，凹模 6 的锥面角度一般为 30°～45°，起到拉深时增强变形稳定的作用，拉深毛坯用定位板 5 的内孔定位(定位板的孔和坯件有 0.1mm 左右的间隙)。此拉深模因无压边圈，故不能进行严格的多次拉深，只能用于直径缩小较少的拉深或整形等，要求侧壁料厚一致或要求尺寸精度高时采用该模具。

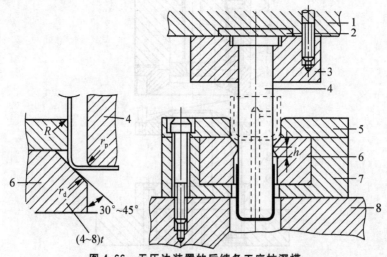

图 4.66　无压边装置的后续各工序拉深模

1—上模座；2—垫板；3—凸模固定板；4—凸模；
5—定位板；6—凹模；7—凹模固定板；8—下模座

（2）带压料装置的后续各工序拉深模。图4.67所示结构是广泛采用带压料装置的后续各工序拉深模形式。压边圈兼作毛坯的定位圈。由于再次拉深零件一般较深，为了防止弹性压边力随行程的增加而不断增长，所以在压边圈上安装限位销来控制压边力的增长。

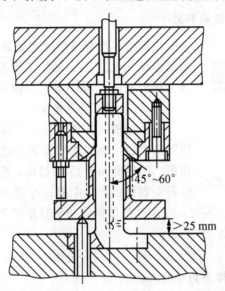

图4.67　带压料装置的后续各工序拉深模

3）落料首次拉深复合模

图4.68所示为通用压力机上使用的落料首次拉深复合模。它一般采用条料为坯料，

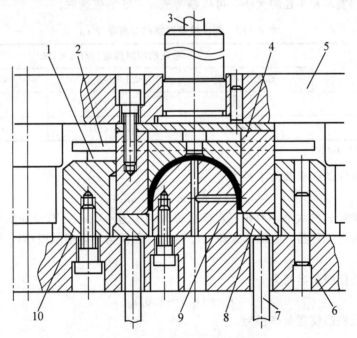

图4.68　落料首次拉深复合模

1—导料板；2—卸料板；3—打料板；4—凸凹模；5—上模座；
6—下模座；7—顶杆；8—压边圈；9—拉深凸模；10—落料凹模

故需设置导料板与卸料板。拉深凸模 9 的顶面稍低于落料凹模 10 刃面约一个料厚,使落料完毕后才进行拉深。拉深时由压力机气垫通过顶杆 7 和压边圈 8 进行压边。拉深完毕后靠顶杆 7 顶件,卸料则由刚性卸料板 2 承担。

2. 拉深模工作零件的结构和尺寸

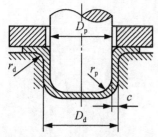

图 4.69 拉深模工作部分的尺寸

拉深模工作部分尺寸主要是指凹模圆角半径 r_d、凸模圆角半径 r_p 以及凸、凹模工作部分的间隙 c 和凸模与凹模的工作尺寸(D_p、D_d)等,如图 4.69 所示。

1) 凸、凹模的圆角半径

凸、凹模的圆角半径对拉深工作影响很大,尤其是凹模圆角半径,毛坯经凹模圆角进入凹模时,受弯曲和摩擦作用,凹模圆角半径 r_d 过小,因径向拉力较大,易使拉深件表面划伤或产生断裂;r_d 过大,由于悬空面积增大,使压边面积减小,易起内皱。因此,合理选择凹模圆角半径是极为重要的。

首次拉深凹模圆角半径为

$$r_{d1} = 0.8\sqrt{(D-d)t} \tag{4-40}$$

式中,r_{d1}——首次拉深凹模圆角半径(mm);
D——毛坯直径(mm);
d——凹模内径(mm);
t——工件料厚(mm)。

首次拉深凹模圆角半径的大小,可以参考表 4-22 的值选取。

表 4-22 首次拉深凹模的圆角半径 r_{d1}

拉深方式	毛坯的相对厚度 $(t/D) \times 100$		
	≤2.0~1.0	<1.0~3.0	<0.3~0.1
无凸缘	$(4\sim6)t$	$(6\sim8)t$	$(8\sim12)t$
无凸缘	$(6\sim12)t$	$(10\sim15)t$	$(15\sim20)t$

注:材料性能好且润滑好时取小值。

以后各次拉深的凹模圆角半径为

$$r_{dn} = (0.6\sim0.8)r_{d(n-1)} \geqslant 2t \tag{4-41}$$

凸模圆角半径 r_p 的大小,对拉深影响也很大。r_p 过小,r_p 处弯曲变形程度大,"危险断面"受拉力大,工件易产生局部变薄;r_p 过大,凸模与毛坯接触面小,易产生底部变薄和内皱。

首次拉深凸模圆角半径为

$$r_{p1} = (0.7\sim1.0)r_{d1} \tag{4-42}$$

以后各次拉深凸模圆角半径为

$$r_{p(n-1)} = \frac{d_{n-1} - d_n - 2t}{2} \tag{4-43}$$

式中,d_{n-1},d_n——各工序的外径(mm)。

对于中间各次拉深工序、凹模和凸模的圆角半径可结合生产实际作适当调整。如拉深系数大时,圆角半径可取小些,一般情况下可取 $r_p = r_d$。

2) 拉深模间隙

拉深模的凸、凹模之间间隙对拉深力、零件质量、模具寿命等都有影响。间隙小,拉深力大、模具磨损大,过小的间隙会使零件严重变薄甚至拉裂;但间隙小,零件回弹小,精度高。间隙过大,容易起皱,零件锥度大,精度差。因此,生产中应根据板料厚度及公差、拉深过程板料的增厚情况、拉深次数、零件的形状及精度要求等,正确确定拉深模间隙。

(1) 无压料圈的拉深模,其间隙为

$$c = (1 \sim 1.1)t_{max} \tag{4-44}$$

式中,c——拉深模单边间隙;

t_{max}——板料厚度的最大极限尺寸。

对于系数 $1 \sim 1.1$,小值用于末次拉深或精密零件的拉深;大值用于首次和中间各次拉深或普通零件的拉深。

(2) 有压边圈的拉深模,其间隙可按表 4-23 确定。

对于精度要求高的零件,为了减小拉深后的回弹,常采用负间隙拉深模。其单边间隙值为

$$c = (0.9 \sim 0.95)t \tag{4-45}$$

表 4-23 有压边圈拉深时单边间隙值   mm

完成拉深工作的总次数											
1	2		3			4			5		
拉深次数											
1	1	2	1	2	3	1,2	3	4	1,2,3	4	5
凸模与凹模的单边间隙 c											
$1 \sim 1.1t$	$1.1t$	$1 \sim 1.05t$	$1.2t$	$1.1t$	$1 \sim 1.05t$	$1.2t$	$1.1t$	$1 \sim 1.05t$	$1.2t$	$1.1t$	$1 \sim 1.05t$

3) 凸、凹模工作部分尺寸及公差

在对凸、凹模工作部分尺寸及公差进行设计时,应考虑到拉深件的回弹、壁厚的不均匀和模具的磨损规律。零件的回弹使口部尺寸增大;筒壁上下厚度的差异使零件精度不高;模具磨损最严重的是凹模,而凸模磨损最小,所以计算尺寸的原则如下。

(1) 对于多次拉深时的中间过渡拉深工序,其半成品尺寸要求不高。这时,模具的尺寸只要取半成品的过渡尺寸即可,基准选择凹模或凸模没有强制规定。

(2) 对于最后一道工序的拉深模,其凸、凹模工作部分尺寸及公差应按零件的要求来确定。

当零件尺寸标注在外形时,以凹模为基准,如图 4.70(a)所示,工作部分尺寸为

$$D_d = (D_{max} - 0.75\Delta)^{+\delta_d}_{0} \tag{4-46}$$

$$D_p = (D_{max} - 0.75\Delta - 2c)^{0}_{-\delta_p} \tag{4-47}$$

当零件尺寸标注在内形时,以凸模为基准,如图 4.70(b)所示,工作部分尺寸为

$$D_p = (D_{min} + 0.4\Delta)^{0}_{-\delta_p} \tag{4-48}$$

$$D_d = (D_{min} + 0.4\Delta + 2c)^{+\delta_d}_{0}$$

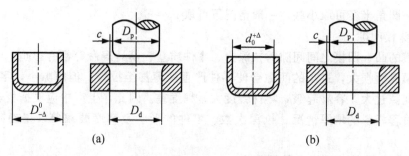

图 4.70 拉深零件尺寸与模具尺寸

对于多次拉深，零件工序尺寸无须严格要求，所以中间各工序的凹、凸模尺寸为

$$D_d = D^{+\delta_d}_{\ 0} \tag{4-49}$$

$$D_p = (D_d - 2c)^{\ 0}_{-\delta_d} \tag{4-50}$$

式中，D——各工序件的基本尺寸。

模具制造公差 δ_d、δ_p 可按表 4-24 选择，凸模工作表面粗糙度一般要求为 $Ra = 0.8\mu m$，圆角和端面加工为 $Ra = 1.6\mu m$；凹模工作表面与模腔表面要求加工为 $Ra = 0.8\mu m$，圆角表面一般要求为 $Ra = 0.4\mu m$。

表 4-24 圆形拉深模凸、凹模的制造公差

材料厚度	制件直径的基本尺寸							
	≤10		>10~50		>50~200		>200~500	
	δ_d	δ_p	δ_d	δ_p	δ_d	δ_p	δ_d	δ_p
0.25	0.015	0.010	0.02	0.010	0.03	0.015	0.03	0.015
0.35	0.020	0.010	0.03	0.020	0.04	0.020	0.04	0.025
0.50	0.030	0.015	0.04	0.030	0.05	0.030	0.05	0.035
0.80	0.040	0.025	0.06	0.035	0.06	0.040	0.06	0.040
1.00	0.045	0.030	0.07	0.040	0.08	0.050	0.08	0.060
1.20	0.055	0.040	0.08	0.050	0.09	0.060	0.10	0.070
1.50	0.065	0.050	0.09	0.060	0.010	0.070	0.12	0.080
2.00	0.080	0.055	0.11	0.070	0.12	0.080	0.014	0.090
2.50	0.095	0.060	0.13	0.085	0.15	0.100	0.17	0.120
3.50	—	—	0.15	0.100	0.18	0.120	0.20	0.140

注：1. 表列数值用于未精压的薄钢板；
2. 如用有色金属，则凸模及凹模的制造公差，等于系列数值的 50%。

4.6.3 任务实施

1. 凸、凹模间隙的计算

拉深间隙是指单边间隙，即 $c = (d_d - d_p)/2$，确定间隙的原则是，既要考虑板料厚度的公差，又要考虑筒形件口部的增厚现象，根据拉深时是否采用压边圈和凸、凹模之间的尺寸精度、表面粗糙度要求合理确定。

此拉深模采用压边装置，经工艺计算一次就能拉深成形，故间隙为

$$c = 0.95t = 0.95 \times 0.5mm = 0.475mm$$

2. 凸、凹模圆角半径计算

1) 凹模的圆角半径 r_d

一般来说，大的 r_d 可以降低拉深系数，还可以提高拉深件的质量，所以 r_d 应尽可能取大些。但 r_d 过大，拉深时板料将过早的失去压边，有可能出现拉深后期起皱。故凹模圆角半径 r_d 的合理值应当不小于 $4t$（t 为板料厚度）。

拉深凹模圆角半径取 $r_d = 3 \text{mm}$。

2) 凸模圆角半径 r_p

设计制作可一次拉成的拉深模或多次拉深的末次拉深模，r_p 应取与零件底部圆角相等数值，此件需一次拉深成形，所以 r_p 值取与零件底部圆角相同的 R 值，即

$$r_p = 4 \text{mm}, \quad r_p > (2 \sim 3)t$$

特别提示

● 在实际设计工作中，拉深凸模圆角半径和凹模圆角半径应选取比计算值略小的数值，这样便于在试模调整时逐渐加大，直到拉出合理的零件为止。

3. 凸、凹模工作部分尺寸设计

对于一次拉成的拉深模及末次拉深模，其凸模和凹模的尺寸及公差应按零件的要求确定。本项目零件要求的是外形尺寸，设计凸、凹模时，应以凹模尺寸为基准进行计算，即

$$D_d = (D_{max} - 0.75\Delta)_0^{+\delta_d} = (64.8 - 0.75 \times 0.5)_0^{+0.12} \text{mm} = 64.425_0^{+0.12} \text{mm}$$

间隙取在凸模上，则凹模尺寸可标注凹模公称尺寸，不标注公差，但在技术要求中要注明按单面拉深间隙配作。

特别提示

● 拉深凸、凹模采用分开加工时，要严格控制凸、凹模的制造公差，保证拉深间隙在允许的范围内。

4. 确定采用的结构形式

通常根据确定的冲压工艺方案和零件的形状特点、要求等因素确定冲模的类型及结构形式。只有拉深件高度比较高时才能采用落料、拉深复合模具。这是因为浅拉深件若采用复合模，则落料凸模（兼拉深凹模）的壁厚会太薄，造成模具强度不足。

本项目中凸凹模的壁厚的最小值为

$$b_{min} = \frac{100.5 - 64.8}{2} \text{mm} = 17.85 \text{mm}$$

能够保证足够的强度，故可以采用复合模。并且采用带压边圈的倒装式复合模，采用这种结构的优势在于可以采用通用的弹顶装置（弹性压边装置）。

5. 拉深模结构简图的画法

如图 4.71 所示，拉伸模结构简图只是将模具工作部分画出，不需按比例画，其目的是分析所确定的结构是否合理。根据凹模周界 $D = 64.425 \text{mm}$，根据指导书中可选取典型组合结构 $125 \text{mm} \times 160 \sim 190 \text{mm}$，考虑本模具纵向送料，零件精度不高，可选用滑动导向

的圆形模架。

6. 模具结构特点及工作过程

本模具结构简单，制作容易。使用时毛坯放入压边圈上的定位销内，上模下降压住毛坯，拉深完毕后件由顶件块推出。

7. 压边圈及压边装置的设计和选用

1) 压边圈的设计

压边圈外形尺寸与凹模外形尺寸相同，压边圈材料与凸、凹模一致，热处理硬度越低于凸凹模硬度。

2) 压边装置的设计

该模具在单动压力机上进行拉深加工，采用通用弹性压边装置，这样可避免设计专用的弹性压边装置。模具只需配备压边圈和顶杆，并采用倒装结构。压边装置如图4.72所示。

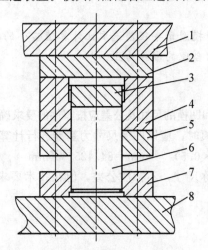

图4.71 拉深模结构简图

1—上模座；2—凹模固定板；3—推件板；4—凹模；
5—压边圈；6—凸模；7—凸模固定板；8—下模座

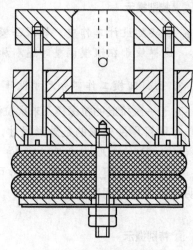

图4.72 压边装置

8. 拉深模闭合高度的计算

拉深模的闭合高度(H)是指滑块在下止点位置时，上模座上平面与下模座下平面之间的距离，即

$$H = H_s + H_{ag} + H_a + H_y + H_{tg} + H_x + s + t$$
$$= [40 + 25 + 65.5 + 30 + 30 + 45 + (20 \sim 25) + 0.5] \text{mm}$$
$$= 257 \sim 261 \text{mm}$$

式中，H_s——上模座厚度(mm)；

H_x——下模座厚度(mm)；

H_{ag}——凹模固定板厚度(mm)；

H_a——凹模厚度(mm)；

H_y——压边圈厚度(mm)；

H_{tg}——凸模固定板厚度(mm)；

s——安全距离(mm),一般取 20~25mm;
t——拉深件厚度(mm),一般取 0.5mm。

9. 压力机的选择

已知初选压力机公称压力值 160kN,其最大闭合高度为 220mm,不符合设计要求,应选压力机型号为 J23—25,其最大闭合高度为 279mm,满足设计要求。

软模拉深

用橡胶、液体、气体等弹性材料的变形压力来代替钢制凸模或凹模,可以大大简化拉深模的结构,缩短生产周期,降低成本。但是,软模拉深的生产效率较低,加之所能承受的压强一般小于 40MPa,且寿命不高,所以一般用于软金属材料拉深的小批生产和新产品开发。

1. 软凸模拉深

用液体(或黏性介质)代替凸模进行拉深,其变形过程如图 4.73 所示。在液压力作用下,平板毛坯的中部产生胀形,随着压力的继续加大,使毛坯凸缘产生拉深变形逐渐进入凹模,形成筒壁。毛坯凸缘产生变形所需的拉深液压力为

$$\pi d^2 p_0/4 = \pi dtp$$
$$p_0 = 4tp/d$$

式中,p_0——开始拉深时所需的液体压应力(MPa);

p——板料拉深所需的拉应力(MPa)。

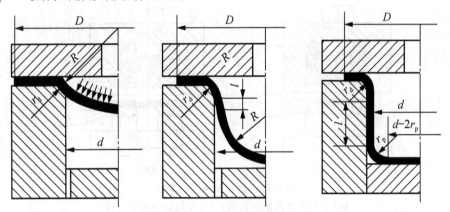

图 4.73 液体凸模拉深的变形过程

用液体代替凸模进行拉深时,液体与毛坯之间几乎无摩擦力,容易拉偏,且底部会产生胀形变薄,所以该工艺方法的应用受到一定的限制。但此工艺模具简单,甚至不需冲压设备(如爆炸成形),故常用于大型零件及锥形、球面形和抛物面形零件的小批生产中。

此外,还可以采用橡皮、聚氨酯橡胶和塑料凸模进行浅拉深。

2. 软凹模拉深

软凹模拉深是用橡胶或高压液体代替钢质凹模。拉深时,软凹模将毛坯压紧在凸模表面从而防止了毛坯的局部变薄和提高筒壁传力区的承载能力。同时也减小了毛坯与凹模之间的滑动摩擦,使径向拉应力 σ_1 减小,使危险断面破裂的可能性减小,所以极限拉深系数可以降低,一般 $m=0.4$~0.5。同时,拉深零件的质量也高,壁厚均匀、尺寸精度高且表面光洁。

1) 液压凹模拉深

其工作原理如图 4.74 所示,这种方法是在凹模洞口装有密封圈,凸模加压排出的液体只能从外接的

溢流阀向外溢出。本工艺可以调节凹模容腔内的液体压力。在拉深过程中，毛坯在液体压力的作用下会形成向上凸起的形状，称为"凸坎"。凸坎的形成既可避免变形毛坯与凹模圆角的接触摩擦，又可使危险断面尽量上移，且有利于防止坯料起皱。

采用本工艺的拉深零件，必须有较宽的凸缘，以保证在拉深结束时也能封住液体。因此，对于无凸缘或小凸缘零件，必须加大毛坯的工艺余量，待拉深成形后一再切边。

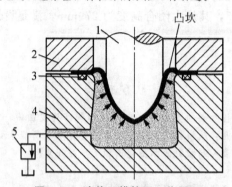

图 4.74 液体凹模拉深工作原理
1—凸模；2—压边圈；3—密封圈；4—凹模；5—溢流阀

2) 聚氨酯橡胶凹模拉深

如图 4.75 所示聚氨酯橡胶凹模拉深，可分为带压边圈和不带压边圈拉深。不带压边圈拉深[图 4.75(a)]，由于毛坯易起皱，能够拉深的极限高度一般只有板厚的 15 倍。如采用压边圈拉深[图 4.75(b)]，则能够拉深的极限深度为钢模拉深的 1~2 倍。

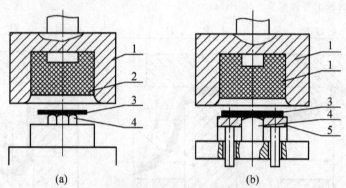

图 4.75 聚氨酯橡胶拉深模
(a)不带压边圈的拉深模；(b)带压边圈的拉深模
1—容框；2—聚氨酯橡胶；3—毛坯；4—凸模；5—压边圈

任务 4.7 绘制拉深模装配图和零件图

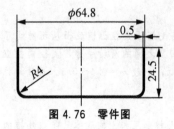

图 4.76 零件图

4.7.1 工作任务

会选择模架，会画拉深模装配图视图、零件图（图 4.76）和尺寸标注。

4.7.2 相关知识及任务实施

1. 拉深模装配视图的画法

模具视图主要表达模具的主要结构形状、工作原理及装配关系。视图一般有主视图和俯视图两个，必要时可以加绘俯视图，视图以剖视图为主。主视图应画模具闭合时的工作状态，不能将上下模分开画，俯视图一般是将模具上半部分拿掉，只反映模具下模俯视可见部分。

拉深模装配视图如图 4.77 所示。

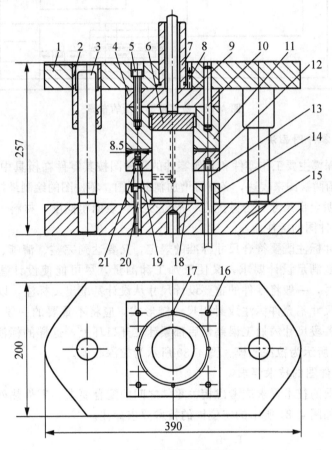

图 4.77 拉深模装配视图

1—上模座；2—导套；3—导柱；4—凹模垫板；5—螺钉；6—推件板；7—模柄；8—防转销；
9—推杆；10—销钉；11—拉深凹模；12—压边圈；13—卸料螺钉；14—凸模固定板；
15—下模座；16—限位柱；17—定位销；18—拉深凸模；19—弹簧；20—销钉；21—螺塞

2. 拉深模零件图的布局

图纸图幅按国家规定选用，并画出图框，最小图幅为 A4，右下角是标题栏，主视图放正中偏左，俯视图放图纸左下方，标题栏上方写技术条件，左视图等放技术要求上方，如图 4.78 所示。

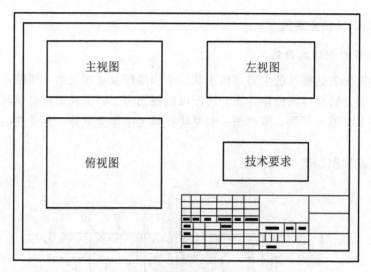

图 4.78 拉深模零件图的布局

3. 拉深模具零件图画法

一般规定拉深模主要工作零件和其他零件的零件图按其零件在模具中工作的位置来画，尽可能采用主、俯两视图来表达，必要可增加辅助视图。零件图的绘制最好采用 1∶1 比例。俯视图应注明全部尺寸、公差配合、形位公差、表面粗糙度、材料、热处理要求等。

1) 拉深模零件图的标注

零件图的尺寸标注既要符合尺寸标准的规定，又要达到完整、清晰、合理的要求，所以标注的尺寸既能满足设计要求，又便于加工和测量，尽可能使设计基准和工艺基准一致。若不能一致时，一般将零件的重要设计尺寸从设计基准出发标注，以便加工和测量。

零件图上的尺寸不允许标注成封闭尺寸链形式，应将不重要的一段尺寸空出不标注，形成开口环，使各段尺寸的加工误差最后都累计在开口环上，这样的标注能保证零件的设计要求。图 4.79 所示为拉深凹模，图 4.80 所示为拉深凸模。

2) 拉深模零件图的技术要求

拉深模零件图的技术要求应考虑相关零件之间的配合要求、零件热处理要求以及零件表面处理要求。如图 4.81 所示的定位销的技术要求标注。

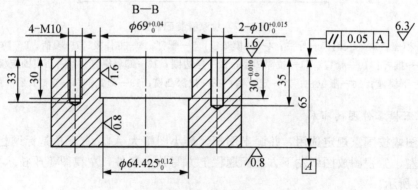

图 4.79 拉深凹模

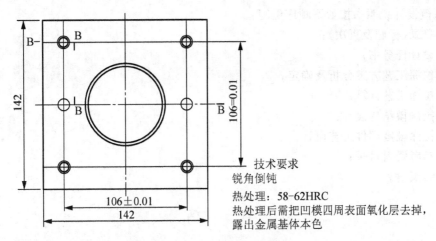

图 4.79 拉深凹模(续)

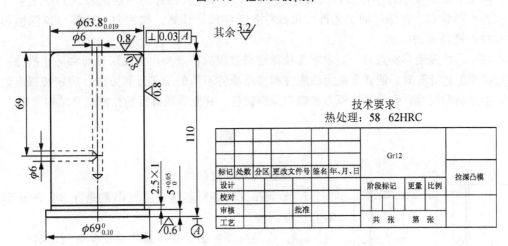

图 4.80 拉深凸模

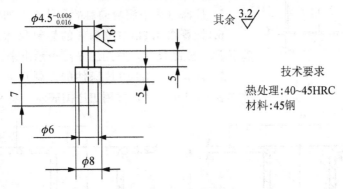

图 4.81 定位销零件图

4. 编写、整理技术文件

拉深模设计说明书的主要内容有：拉深件工艺分析、毛坯展开尺寸计算、排样方式及经济性分析、工艺构成的确定、半成品尺寸计算、工艺方案确定、公差配合和技术要求的说明，凸、凹模工作部分尺寸计算、拉深力、压边力计算等。

拉深模设计说明书按如下顺序编写：
(1) 目录（标题及页次）；
(2) 设计任务书；
(3) 拉深工艺方案分析及确定；
(4) 拉深工艺计算；
(5) 拉深模结构设计；
(6) 拉深模零部件工艺设计；
(7) 参考资料目录；
(8) 结束语。

小　　结

本项目通过筒形件零件模具的设计，介绍了拉深模具设计的一般流程。其中主要介绍了拉深变形特点、拉深件的工艺性、拉深件各工序尺寸计算、拉深力的计算、拉深模结构和拉深模具图的绘制。

在学习拉深变形特点时，要求掌握拉深变形过程的特点及拉深成形障碍和防止措施；在进行拉深工艺计算时，能够掌握无凸缘件和宽凸缘件不同的工艺计算方法，确定拉深次数和计算半成品的尺寸；会计算拉深力和确定拉深设备；并能掌握典型的拉深模结构类型。

习　　题

1. 简述拉深变形的特点。
2. 影响拉深时坯料起皱的主要因素是什么？防止起皱的方法有哪些？
3. 什么是拉深系数？拉深系数对拉深有何影响？
4. 采用压边圈的条件是什么？
5. 拉深过程中润滑的目的是什么？如何合理润滑？
6. 计算图 4.82 中拉深件的坯料尺寸、拉深次数及各次拉深半成品尺寸，并用工序图表示出来。材料为 08F。
7. 计算图 4.83 中拉深件的坯料尺寸、拉深次数及各次拉深半成品尺寸，并用工序图表示。材料为 H62。

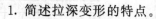

图 4.82　题 6 图

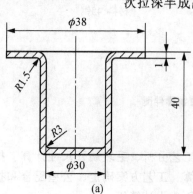

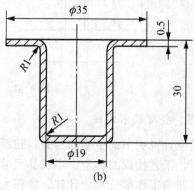

图 4.83　题 7 图

项目 5

成形模设计

学习目标

最终目标	掌握常见胀形模、翻边模和缩口模的工作过程,能够根据模具设计手册,进行胀形模、翻边模和缩口模的设计
促成目标	掌握胀形、翻边、缩口、整形的概念、成形特点及分类; 掌握胀形模、翻边模、缩口模的结构及工作原理

项目导读

除了冲裁、弯曲、拉深之外,凡使毛坯或工件产生局部变形来改变其形状的冲压工艺统称为成形工艺。成形工艺应用广泛,既可与冲裁、弯曲、拉深等配合或组合,来制造强度高、刚性好、形状复杂的工件,又可单独采用,制造形状特异的工件。如图5.1(a)所示的胀形卡箍式平接头就是采用成形工艺冲压而成的,其主要工序是切管、胀形。图5.1(b)所示的飞机工艺品的组件弹壳成形用到的就是缩口工序。

图 5.1 成形工艺实物图
(a)胀形卡箍式平接头；(b)飞机工艺品

成形工艺根据变形特点分为以下几类。

(1) 拉深成形。变形区主要受拉应力产生而塑性变形，拉应力和拉应变为其主应力和主应变，若材料破坏，则表现为破裂。拉深成形包括圆孔翻边、内凹外缘翻边、起伏、胀形、扩口等。

(2) 压缩成形。变形区主要受压应力和压应变而产生塑性变形，若材料破坏，则表现为失稳起皱。压缩成形包括外凸外缘翻边、缩口等。

(3) 拉压成形。变形区在拉应力和压应力共同作用下产生塑性变形，若材料破坏，则表现形式与实际变形条件有关，可能破裂也可能失稳起皱。拉压成形包括变薄翻边、旋压等。

在冲压生产实际中，应根据各种成形的变形机理和工艺特点，针对具体情况仔细地分析研究，合理地、灵活地应用这些成形工艺解决问题。

项目描述

本项目通过不同的几个任务来分别介绍各类成形模的设计，所用到的载体有固定套、罩盖以及灯罩，如图 5.2 所示。

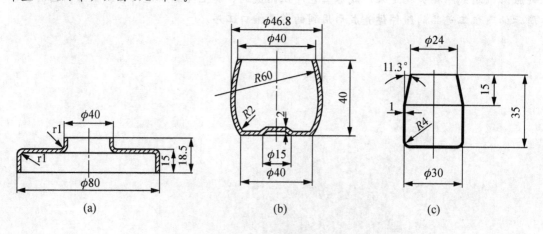

图 5.2 零件图
(a)固定套；(b)罩盖；(c)灯罩

任务 5.1　设计胀形模

5.1.1　工作任务

对罩盖零件进行工艺分析和工艺计算，并绘制其装配图。
零件名称：罩盖；
生产批量：中批量；
材料：08F；
料厚：0.6mm；
零件图：如图 5.3 所示。

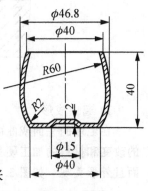

图 5.3　罩盖

5.1.2　相关知识

在毛坯的平面或曲面上使之凸起或凹进的成形称为胀形。胀形能制出筋、棱、包以及它们所构成的图案，对工件进行装饰和增加刚性；还能使圆形空心毛坯局部凸起，制成形状复杂的零件，如图 5.4 所示。

图 5.4　胀形成形件

胀形有多种工序形式如起伏、圆管胀形、扩口等，它们在变形方面的共同之处如下。

（1）胀形时，毛坯的塑性变形局限于变形区范围内，变形区外的材料不向变形区内转移。

（2）变形区内的材料一般处于两向或单向拉应力应变状态，厚度方向处于收缩的应变状态。整个变形属于拉深变形。

（3）变形区内材料不会失稳起皱，胀成的表面质量较好，厚度上的切向拉应力分布较均匀不易发生形状回弹。

由于胀形所用的毛坯和所要变形部分的形状、范围等不同，各种胀形工序也有许多不同。

1. 胀形的变形特点及分类

图 5.5 所示是胀形时毛坯的变形情况，图中涂黑部分表示毛坯的变形区。当毛坯的外径与成形直径的比值 $D/d_0 > 3$ 时，d_0 与 D 之间环形部分金属发生切向收缩所必需的径向拉应力很大，成为相对于中心部分的强区，以至于环形部分金属根本不可能向凹模内流动。其成形完全依赖于直径为 d_0 的圆周以内金属厚度的变薄及表面积的增大。很显然，胀形变形区内金属处于两向受拉的应力状态，其成形极限将受到拉裂的限制。

在一般情况下，胀形变形区内金属不会产生失稳起皱，表面光滑。由于拉应力在毛坯的内外表面分布较均匀，因此弹复较小，工件形状容易冻结，尺寸精度容易保证。

胀形根据不同的毛坯形状可以分为有起伏成形、空心毛坯的胀形及平板毛坯的拉胀成形等。

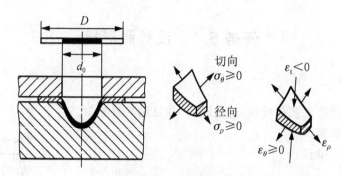

图 5.5　胀形时毛坯的变形情况

1) 起伏成形

在毛坯的平面或曲面上局部凸起或凹进的胀形称为起伏。经起伏的工件，由于惯性矩的改变和材料的加工硬化作用，有效地提高了工件的强度和刚度，如压加强筋、凸包等，而且外形美观。如图 5.6 所示是起伏成形的一些例子。

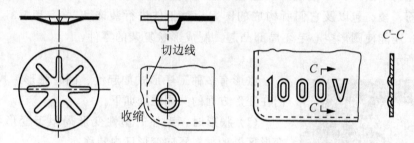

图 5.6　起伏成形

2) 空心毛坯的胀形

利用模具使空心毛坯在径向上局部扩张的成形称为空心胀形。空心毛坯的胀形也可以在压力机、液压机上采用其他的装置完成。胀形一般在空心毛坯的圆筒部实施，通过直径不同程度地扩大，使其局部向外曲面凸起或口端部扩大（扩口）等，制成各种用途的零件，如图 5.7 所示。

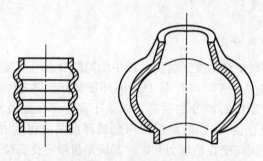

图 5.7　圆柱空心毛坯的胀形

空心毛坯胀形通常通过传力介质传至工件的内壁产生较大的切向变形，使直径尺寸增大。按传力介质不同，空心毛坯胀形可分为刚性模具胀形、软模胀形、液体胀形等。

图 5.8 所示为刚性模具胀形。利用锥形心块 4 将凸模分块 2 顶开，将包在凸模外的毛坯 5 胀开到所要求的形状。凸模分块数目越多，工件的精度越好。这种胀形方法难以得到

精度较高的旋转体工件。此外，由于模具制造困难，不易加工形状复杂的工件。

图 5.9 所示为软模胀形，用橡胶等软弹性体作为凸模，施加压力后，凸模变形压迫毛坯，使毛坯胀开贴合凹模，从而得到所需要的形状。凹模则采用刚性材料，为便于取出工件，凹模常由两块或多块组合而成。凸模材料广泛采用聚氨酯橡胶，这种橡胶强度高，弹性和耐油性好。由于软模胀形可使工件的变形比较均匀，容易保证零件的正确几何形状，便于加工形状复杂的空心件，故生产中应用较广。

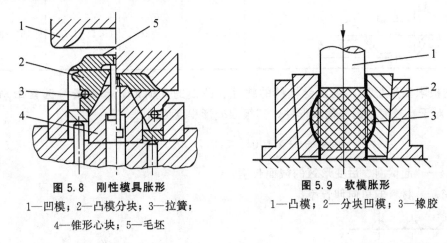

图 5.8　刚性模具胀形
1—凹模；2—凸模分块；3—拉簧；
4—锥形心块；5—毛坯

图 5.9　软模胀形
1—凸模；2—分块凹模；3—橡胶

图 5.10 所示为液压胀形。先将液体灌进坯料之内，然后在密封的条件下使液体产生高压，使毛坯与刚性凹模贴合，得到所需要的形状。此法在操作上不方便、生产率低。

图 5.11 所示是采用轴向压缩和高压液体联合作用的胀形方法。首先将管料 4 置于凹模 3 之内，然后将其压紧，再使两端的轴头 2 压紧管料端部，继而由轴头内孔引进高压液体，在轴向和径向压力的共同作用下，管坯向凹模处胀形，得到工件 5。用这种方法可较大程度地增加胀形量，加工效果好，能制出形状复杂的零件。此外，变形区厚度变薄较轻，有利于进行后续切削，常用于高压管接头等零件的制造。

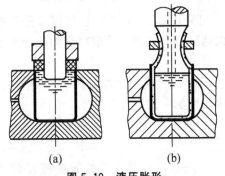 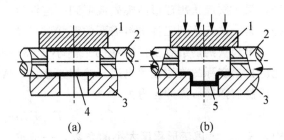

图 5.10　液压胀形
(a)倾注液体法；(b)充液橡胶囊法

图 5.11　轴向压缩的高压液体胀形
(a)胀形前；(b)胀形中
1—上模；2—轴头；3—凹模；4—管料；5—工件

2. 胀形工艺参数与胀形模设计

1) 压加强筋

常见的加强筋所能得到的形式和尺寸见表 5-1。

表 5-1 压加强筋的形状和尺寸

名称	简图	R	h	D 或 B	r	α
压筋		$(3\sim4)t$	$(2\sim3)t$	$(7\sim10)t$	$(1\sim2)t$	—
压凸		—	$(1.5\sim2)t$	$\geqslant3h$	$(0.5\sim1.5)t$	$15°\sim30°$

起伏的极限变形程度，主要受材料的塑性、凸模的几何形状和润滑等因素影响（见图 5.12）。对于比较简单的起伏成形件，其极限变形程度为

$$\varepsilon_{极}=\frac{l-l_0}{l_0}\times100\%<(0.7\sim0.75)\delta \tag{5-1}$$

式中，l_0、l——起伏前、后变形区的截面长度；
δ——材料的单向伸长率。

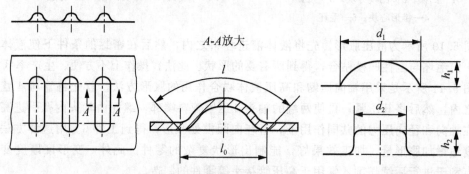

图 5.12 起伏成形变形区变形前后截面的长度　　图 5.13 两次胀形示意图

当工件要求的加强筋超出了极限变形允许值时，可采用如图 5.13 所示的两次胀形的方法，第一次起伏用球形凸模先成形到一定深度，以达到较大范围的内聚料和均化变形的目的；第二次起伏到工件聚料需要的形状和尺寸。

如果起伏的筋边到工件边缘的距离小于 $(3\sim3.5)t$ 时，起伏中边缘处的材料要收缩。因此应根据实际的收缩预留出适当的切边余量，成形后增加一道切边工序。

压制加强筋所需冲压力为

$$F=KLt\sigma_b \tag{5-2}$$

式中，K——考虑变形程度大小的系数，一般取 $K=0.7\sim1$，对窄而深的加强筋 K 取大值，宽而浅的加强筋 K 取小值；
L——起伏区周边长度（mm）；
t——材料厚度（mm）；
σ_b——材料的抗拉强度（MPa）。

若在曲轴压力机上压制厚度小于 1.5mm、成形面积小于 200mm² 的小工件的加强筋和压筋同时兼作校正工序时，所需冲压力为

$$F = K_1 S t^2 \qquad (5-3)$$

式中，K_1——系数，对于钢件为(200~300)MPa，对于铜、铝件为(150~200)MPa；

S——起伏成形的面积(mm)。

2) 压凸包

压凸包时，毛坯直径与凸模直径的比值应大于 4，此时凸缘部分不会向里收缩，属于胀形性质的起伏成形，否则即成为拉深。

表 5-2 给出了压凸包时凸包与凸包间、凸包与边缘间的极限尺寸及许用成形高度。如果工件凸包高度超出表中所列数值，则需采用多道工序的方法冲压凸包。

表 5-2 平板毛坯局部压凸包时的许用成形高度和尺寸

材料	许用凸包成形高度 h_P/mm
软钢	≤(0.15~0.2)d
铝	≤(0.1~0.15)d
黄铜	≤(0.15~0.22)d

D	L	l
6.5	10	6
8.5	13	7.5
10.5	15	9
13	18	11
15	22	13
18	26	16
24	34	20
31	44	26
36	51	30
43	60	35
48	68	40
55	78	45

3) 空心毛坯胀形的变形程度

圆形空心胀形是在内压力的作用下使材料发生切向拉深形成的，其极限变形程度受材料伸长率限制。不论空心毛坯胀形是何种应变状态，材料的破坏形式均为开裂。胀形变形程度用胀形系数 K 来表示，即

$$K = \frac{d_{\max}}{d_0} \qquad (5-4)$$

式中，d_0——胀形前毛坯的直径(mm)；

$d_{\max}$——胀形后零件的最大直径($d_{\max}$ 达到胀破时的极限值 $d'_{\max}$，mm)；

K——胀形系数；

K_p——极限胀形系数，如图 5.14 所示。

影响极限胀形系数的主要因素是材料的塑性，极限胀形系数 K_p 和材料切向伸长率 δ 其关系为

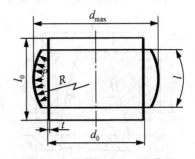

图 5.14 圆柱形空心毛坯胀形

$$\delta = \frac{d_{\max} - d_0}{d_0} = K_p - 1 \tag{5-5}$$

或 $K_p = 1 + \delta$ (5-6)

如果胀形零件的表面要求高,过大的塑性拉深变形会引起表面粗糙,这时 δ 值宜取板材拉深中的均匀变形阶段的伸长率。

不同材料的极限胀形系数和切向许用伸长率(实验值)见表 5-3。

表 5-3 极限胀形系数和切向许用伸长率

材 料		厚度/mm	极限胀形系数 K_p	切向许用伸长率 $\delta_{\theta p}$/%
铝合金 LF21-M		0.5	1.25	25
纯铝	L1、L2	1.0	1.28	25
	L3、L4	1.5	1.32	32
	L5、L6	2.0	1.32	32
黄铜	H62	0.5~1.0	1.35	35
	H68	1.5~2.0	1.40	40
低碳钢	08F	0.5	1.20	20
	10、20	1.0	1.24	24
不锈钢		0.5	1.26	26
1Cr18Ni9Ti		1.0	1.28	28

如果胀形的形状有利于均匀变形和补偿,材料厚度大、轴向施加压力、变形区局部施加压力、变形区局部加热等,就能不同程度地提高变形程度。而毛坯上的各种表面损伤、不良润滑等,均会降低变形程度。

4) 空心毛坯胀形毛坯的计算

如图 5.25 所示,毛坯的直径 d_0 为

$$d_0 = \frac{d_{\max}}{K_p} \tag{5-7}$$

空心毛坯胀形时,毛坯两端不固定,毛坯的长度 L_0 为

$$L_0 = l(1 + K_2 \delta) + \Delta h \tag{5-8}$$

式中,l——变形后母线展开长度(mm);

δ——工件切向的最大伸长率(见表 5-3);

K_2——因切向伸长而引起高度缩小所需要的留量系数,一般取 0.3~0.4;

Δh——修边余量,一般取 5~20mm。

5) 空心毛坯胀形力 F 的计算

(1) 如图 5.15 所示,刚性凸模胀形力为

$$F = 2\pi H t \sigma_b \cdot \frac{\mu + \tan \beta}{1 - \mu^2 - 2\mu \tan \beta} \tag{5-9}$$

式中,H——胀形的高度(mm);

t——材料的厚度(mm);

σ_b——材料的抗拉强度(MPa);

μ——摩擦因数,一般取 0.15~0.20;

β——心轴半锥角(°),一般为 8°~15°。

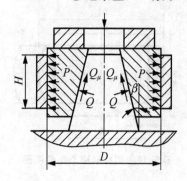

图 5.15 刚性凸模胀形力图示

(2) 软模胀形的单位压力。

毛坯两端固定,不产生轴向收缩时为

$$p=\left(\frac{1}{r}+\frac{1}{R}\right)t\sigma_b \qquad (5-10)$$

毛坯两端不固定,允许轴向自由收缩时为

$$p=\frac{t}{r}\sigma_b \qquad (5-11)$$

式中,r——胀形后的半径,$r=d_{max}/2(mm)$;

R——胀形后轴向截面的曲率半径(mm)。

液体压力胀形时为

$$p=1.15\sigma_b\frac{2t}{d} \qquad (5-12)$$

$$F=p\cdot S=1.15\sigma_b\frac{2t}{d}S \qquad (5-13)$$

式中,S——胀形面积,对圆柱空心体 $S=\pi DH(mm^2)$;

D——圆柱直径(mm);

H——胀形区高度(mm)。

3. 胀形的极限变形程度

胀形的成形极限是指工件在胀形时不产生破裂所能达到的最大变形。由于胀形方法、变形在毛坯变形区内的分布、模具结构、工件形状、润滑条件及材料性能的不同,各种胀形的成形极限表示方法也不相同。纯胀形时常用胀形深度表示;管状毛坯胀形时常用胀形系数表示;其他胀形方法成形时分别用断面变形程度(压筋)、许用凸包高度和极限胀形系数等表示成形极限。

影响胀形成形极限的因素主要是材料的伸长率和材料的硬化指数。材料的伸长率大,则材料的塑性大,所允许的变形程度大,其成形极限大,对胀形有利;材料的硬化指数大,则变形后材料硬化能力强,扩展了变形区,使胀形应力分布趋于均匀,使材料局部应变能力提高,因此成形极限大,有利于胀形变形。

工件的形状和尺寸会影响胀形时的应变分布,当用球头凸模胀形时,其应变分布均匀,各点应变量较大,能获得较大的胀形高度,其成形极限较大。

良好的润滑可使凸模与毛坯间摩擦力减小,从而分散变形,应变分布均匀,增加胀形高度;材料厚度增加,胀形成形极限有所增加。

5.1.3 任务实施

1. 工件的工艺性分析

由图5.3可知,其侧壁是由空心毛坯胀形而成,底部由起伏成形。实际为两种胀形同时成形。

2. 工艺计算

1) 底部起伏成形计算

计算工件起伏成形的许用高度,由表 5-2 查得
$$H=0.15d=2.25\text{mm}$$
此值大于工件底部起伏成形的实际高度,所以可一次起伏成形。

起伏成形力为
$$F=K_1St^2=250\times\frac{\pi}{4}\times15^2\times0.5^2\text{N}=11039\text{N}$$

2) 侧壁胀形计算

胀形系数为
$$K=\frac{d_{\max}}{d_0}=\frac{46.8}{39}=1.2$$

由表 5-3 查得极限胀形系数为 1.24。该工件的胀形系数小于极限胀形系数,因此该工件可一次胀形成形。

计算胀形前工件的原始长度 L_0。

其中,L 为 $R60$ 一段圆弧的长,$L=40.8\text{mm}$,但

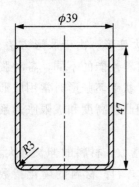

图 5.16 胀形前毛坯

$$\delta=\frac{d_{\max}-d_0}{d_0}=\frac{46.8-39}{39}=0.2$$

修边余量 Δh 取 3mm,则得
$$L_0=L(1+K_2\delta)+\Delta h=40.8(1+0.35\times0.2)\text{mm}+3\text{mm}$$
$$=45.66\text{mm}$$

L_0 取整为 47mm,则胀形前毛坯尺寸为外径 39mm,长(高)47mm,如图 5.16 所示。

侧壁胀形力计算:

由附录查得 $\sigma_b=430\text{MPa}$,则
$$p=\frac{t}{r}\sigma_b=\frac{2t}{d_{\max}}\sigma_b=\frac{2\times0.5}{46.8}\times430\text{MPa}=9.2\text{MPa}$$

胀形力为
$$F=p\cdot S=9.2\times3.14\times45.8\times40\text{N}=54078\text{N}$$

总成形力为
$$F=F_{起}+F_{胀}=(11039+54078)\text{N}=65.117\text{kN}$$

3. 模具结构设计

胀形模采用聚氨酯橡胶进行软模胀形,为便于工件成形后取出,将凹模分为上、下两部分,上、下模用止口定位,单边间隙取 0.05mm。

侧壁靠橡胶的胀开成形,底部靠压包凸、凹模成形,凹模上、下两部分在模具闭合时靠弹簧压紧。胀形模如图 5.17 所示。

模具闭合高度为 202mm,所需压力约 67kN,因此,选用设备时以模具尺寸为依据,选用 250kN 开式可倾压力机。

项目5 成形模设计

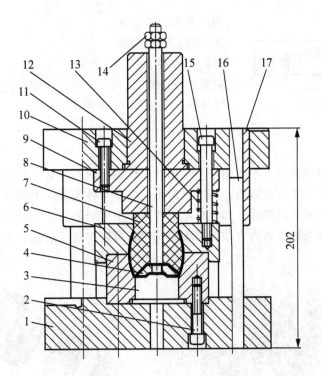

图 5.17 罩盖胀形模装配图

1—下模座；2、11—螺栓；3—压包凸模；4—压包凹模；5—胀形下模；
6—胀形上模；7—聚氨酯橡胶；8—拉杆；9—上固定板；10—上模板；
12—模柄；13—弹簧；14—螺母；15—拉杆螺母；16—导柱；17—导套

 拓展训练

图 5.18 所示零件为另一类型罩盖，生产批量为中批，材料为 10 钢，料厚为 0.5mm，设计该零件的模具。

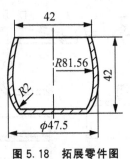

图 5.18 拓展零件图

任务 5.2 设计翻边模

5.2.1 工作任务

对固定套零件进行工艺分析和工艺计算，并绘制其装配图。

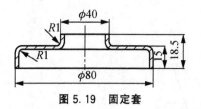

图 5.19 固定套

制件名称：固定套；
生产批量：中批量；
材料：10 钢；
料厚：1mm；
零件图：如图 5.19 所示。

5.2.2 相关知识

在板料的平面或曲面上沿封闭或不封闭的曲线边缘进行折弯，使之形成有一定角度的直壁或凸缘的成形工艺称为翻边。翻边能制出与其零部件装配用的结合部位和具有复杂特异形状、合理空间的立体零件，如机车车辆的客车中墙板翻边、摩托车油箱翻边、法兰翻边等。翻边可代替先拉后切的方法制取无底零件，可减少加工次数，节省材料，如图 5.20 所示。

图 5.20 翻边类零件

翻边的种类很多，如图 5.21 所示。根据工件边缘的形状和应力应变状态不同，翻边可分为内孔翻边和外缘翻边，也可分为伸长类翻边和压缩类翻边。若模具间隙能保证对材料的厚度无强制性的挤压，则为不变薄翻边，其材料厚度的变薄主要是补偿延伸变形的结果，反之为变薄翻边，其材料厚度的变薄主要是强制挤压的结果。

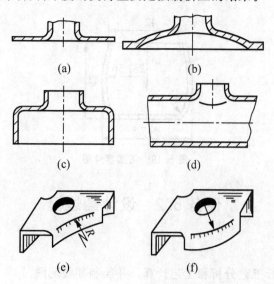

图 5.21 内孔与外圆翻边工件

1. 圆孔翻边

圆孔翻边是把预先加工在平面上的圆孔周边翻起扩大，成为具有一定高度的直壁孔部，是一种拉深类平面翻边。圆孔翻边能制出螺纹底孔，增加拉深件高度，用以代替先拉深后切底的工艺，还能压制成空心铆钉。

1) 圆孔翻边变形机理

如图 5.22 所示，在有圆孔的平面毛坯上画出与圆孔同心且圆周线距离相等的若干同心圆，并做出分度相等的若干辐射线形成坐标网格。再放入翻边模内进行翻边。从工件坐标网格的变化可以看出：坐标网格由扇形变为矩形，说明金属沿切向周围线伸长了，越靠近孔口处伸长量越大；各同心圆距离无明显变动，即金属在径向变形很小。厚度方向越靠近孔口处其减薄量越大。由此表明材料的变形区是 d 和 D_1 之间的环形部分。变形区受两向拉应力——切向拉应力 σ_3 和径向拉应力 σ_1 作用，其中切向拉应力是最大主应力。

2) 圆孔翻边系数

如果孔口处的拉深量超过了材料的允许范围，就会破裂，因而必须控制翻边的变形程度。

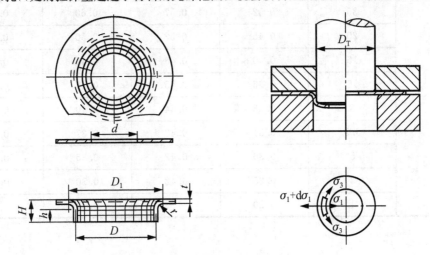

图 5.22 圆孔翻边时的应力与变形情况

圆孔翻边变形程度是用翻边系数 m 来表示的，为翻边前孔径 d 与翻边后孔径 D 之比，即

$$m=d/D \tag{5-14}$$

m 值越小，变形程度就越大，反之变形程度就越小。工艺上必须使实际的翻边系数大于或等于材料所允许的极限翻边系数。各种材料圆孔的极限翻边系数如表 5-4 和表 5-5 所示，方孔或其他非圆孔翻边时，其值可减少 10%～15%。

表 5-4 翻边系数 m、m_{min}

退火材料	m	m_{min}
白 铁 皮	0.70	0.65
碳 钢	0.74～0.87	0.65～0.71
合金结构钢	0.80～0.87	0.70～0.77
镍铬合金钢	0.65～0.69	0.57～0.61

续表

退火材料	m	m_{min}
软铝($t=0.5\sim5mm$)	0.71～0.83	0.63～0.74
硬　　铝	0.89	0.80
紫　　铜	0.72	0.63～0.69
黄铜H62($t=0.5\sim6mm$)	0.68	0.62

表5-5　低碳钢极限翻边系数 m_{min}

翻边方法		球形凸模		圆柱形凸模	
	制孔方法	钻孔去毛刺	冲　孔	钻孔去毛刺	冲　孔
相对直径 d/t	100	0.70	0.75	0.80	0.85
	50	0.60	0.65	0.70	0.75
	35	0.52	0.57	0.60	0.65
	20	0.45	0.52	0.50	0.60
	15	0.40	0.48	0.45	0.55
	10	0.36	0.45	0.42	0.52
	8	0.33	0.44	0.40	0.50
	6.5	0.31	0.43	0.37	0.50
	5	0.30	0.42	0.35	0.48
	3	0.25	0.42	0.30	0.47
	1	0.20		0.25	

特别提示

- 影响翻边系数大小的因素有以下几个：

  (1) 材料塑性。塑性好的材料，极限翻边系数小，所允许的变形程度大。

  (2) 预制孔的边缘状况。翻边前的孔边缘断面质量越好，就越有利于翻边成形。钻孔的极限翻边系数较冲孔的小，其原因是冲孔断面上有冷作硬化现象和微小裂纹，变形时极易应力集中而使之开裂。为了提高翻边的变形程度，常用钻孔或冲孔经整修加工翻边的圆孔。如果冲孔后翻边，应将冲孔后带有毛刺的一侧放在里层，以避免产生孔口裂纹；也可将孔口部退火，消除冷作硬化现象和恢复塑性，这样可得到与钻孔相近的翻边系数。

  (3) 材料的相对厚度 t/d。相对厚度越大，所允许的翻边系数就越小，这是因为较厚的材料对拉深变形的补充性较好，使材料断裂前的伸长值大些。

  (4) 凸模的形状。球形、锥形、抛物线形凸模比圆柱平底凸模对翻边有利，因为前者在翻边时，孔边是圆滑过渡逐步张开，有利于材料的变形，所以翻边系数值可小些。

3) 圆孔翻边工艺计算

(1) 圆孔翻边的工艺性。工件的尺寸如图 5.23 所示。直边与凸缘间的圆角半径 $r \geqslant (1.5t+1)$ mm；一般当 $t < 2$ mm 时，取 $r=(4\sim5)/t$；当 $t > 2$ mm 时，$r=(2\sim3)/t$。如果不能满足上述条件，应增加整形工序。

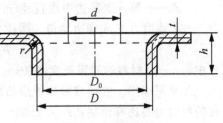

图 5.23　圆孔翻边

翻边后直边口部变薄严重，其厚度 t_1 近似计算为

$$t_1 = \sqrt{\frac{d}{D_0}} \tag{5-15}$$

翻边预制孔的断面质量也应符合一定的要求，否则孔边的毛刺裂纹易导致口部的破裂。

(2) 预制孔径 d_0。在进行翻边前，必须在毛坯上加工出待翻边的孔。根据变形机理，翻孔后的直壁和圆弧部分就相当于弯曲，因而孔径 d 按弯曲展开的原则求出，即

$$d = D - 2(h - 0.43r - 0.72t) \tag{5-16}$$

式中，D——翻边孔中线直径(mm)；

h——翻边高度(mm)；

r——翻边圆角半径(mm)。

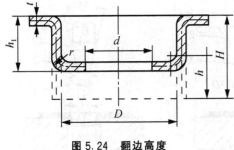

图 5.24　翻边高度

(3) 判断是否一次翻成，决定翻边方法。如果工件的 d/D 大于极限翻边系数，一般采用制孔后一次翻边的方法。如果 d/D 小于极限翻边系数，则不能一次翻成。对于大孔翻边或在带料上连续拉深时的翻边，可采用先拉深，再制底孔，最后翻边的工艺方法。

若采用多次翻边的工艺方法，则各翻边工序间均需进行退火，并且以后各次的翻边系数要比第一次的增大 15%～20%，因此较少应用。

(4) 翻边高度 h。一次翻成时，翻边高度 h 为

$$h = \frac{D-d}{2} + 0.43r + 0.72t \tag{5-17}$$

采用拉深制孔后翻边的工艺方法时，翻边高度 h（见图 5.24）为

$$h = \frac{D-d}{2} + 0.57r \tag{5-18}$$

预拉深高度 h_1 为

$$h_1 = H - \left(\frac{D-d}{2}\right) + 0.43r + 0.72t \tag{5-19}$$

式中，H——工件的高度(mm)。

若用多次翻边的工艺方法时，各次翻边高度为

$$h_n = H - \left(\frac{d_1-d}{2}\right) + 0.43r + 0.72t \tag{5-20}$$

式中，h_n——第 n 次翻边高度(mm)；n 为翻边次数。

d_n——第 n 次翻边中线直径(mm);

(5) 翻边力 F 和翻边功 Q。圆柱平底凸模翻边力为

$$F=1.1\pi t\sigma_s(D-d) \quad (5-21)$$

式中，σ_s——材料的屈服强度(MPa)。

如采用球形、锥形或抛物线形凸模时，式(5-21)翻边力可降低20%～30%。无预制孔的翻边力要比有预制孔的大1.33～1.75倍。翻边所需要的功 Q 为

$$Q=Fh \quad (5-22)$$

式中，h——凸模的有效行程(mm)。

翻边功率的计算与拉深相同。

4) 圆孔翻边模工作部分设计

圆孔翻边模的凹模圆角半径一般对其影响不大，可取该值等于零件的圆角半径。圆孔翻边模的凸模结构与一般拉深模相似，所不同的是翻边凸模圆角半径应尽量取大些，以利于变形。图5.25所示是几种常用的圆孔翻边凸模的形状和主要尺寸：图(a)为带有定位销而直径10mm以上的翻边凸模；图(b)为没有定位销而零件处于固定位置上的翻边凸模；图(c)为带有定位销而直径10mm以下的翻边凸模；图(d)为带有定位销而直径较大的翻边凸模；图(e)为无预制孔且不精确的翻边凸模。图中1为台肩，若采用压边圈时，此台肩可省略；2为翻边工作部分；3为倒圆，对平底凸模一般取 $r_p>4t$，4为导正部分。

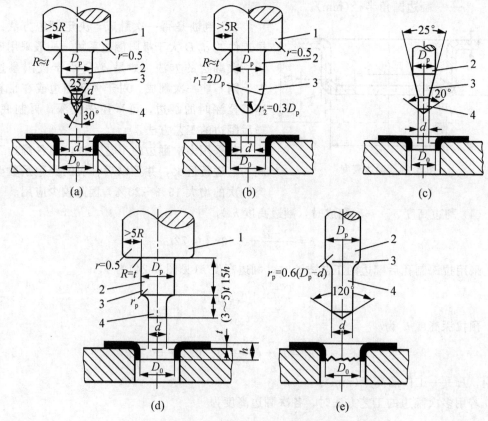

图5.25 几种常用的圆孔翻边凸模的形状和尺寸
1—台肩；2—翻边工作部分；3—倒圆；4—导正部分

由于翻边时壁部厚度有所变薄,因此翻边单边间隙 $Z/2$ 一般小于材料原有的厚度。翻边的单边间隙如表 5-6 所示。

表 5-6 翻边的单边间隙   mm

简 图	在平板上翻边	在拉深件上翻边
材料厚度 t	单边间隙值 $Z/2$	
0.3	0.25	
0.5	0.45	
0.7	0.60	
0.8	0.70	0.60
1.0	0.85	0.75
1.2	1.00	0.90
1.5	1.30	1.10
2.0	1.70	1.50
2.5	2.20	2.10

一般圆孔翻边的单边间隙 $Z/2=(0.75\sim0.85)t$,这样使直壁稍为变薄,以保证竖边直立,在平板件上可取较大些,而拉深件上则取较小些;对于具有小圆角半径的高直边翻边,如螺纹底孔或与轴配合的小孔直边,$Z/2=0.65t$ 左右,以便使模具对材料具有一定的挤压,从而保证直壁部分的尺寸精度。当 $Z/2$ 增大到 $(4\sim5)t$ 时,翻边力可明显降低 30%~35%,所翻出的工件圆角半径大,相对直边高度较小,尺寸精度低。适用于飞机、车辆、船舶的窗口、舱口和某些大中型件上的竖孔,这样可以减少工件的重量和提高结构的强度和刚度。

翻边圆孔的尺寸精度主要取决于凸模。翻边凸模和凹模的尺寸为

$$D_p=(D_0-\Delta)_{-\delta_p}^{0} \quad (5-23)$$

$$D_d=(D_p-Z)_{0}^{+\delta_d} \quad (5-24)$$

式中,D_p——翻边凸模直径(mm);
　　　D_d——翻边凹模直径(mm);
　　　δ_p——翻边凸模直径的公差(mm);
　　　δ_d——翻边凹模直径的公差(mm);
　　　D_0——翻边竖孔最小内径(mm);
　　　Δ——翻边竖孔内径的公差(mm)。

通常不对翻边竖孔的外形尺寸和形状提出较高的要求,其原因是在不变薄的翻边中,模具对变形区直壁外侧无强制挤压,加之直壁各处厚度变化不均匀,因而竖孔外径不易控制。如果对翻边竖孔的外径精度要求较高时,凸、凹模之间应取小的间隙,以便凹模对直

壁外侧产生挤压作用,从而控制其外形尺寸。

2. 非圆孔翻边

图 5.26 所示为沿非圆形的内缘翻边,称非圆孔翻边。具有直边的非圆形开孔多用于减轻工件的重量和增加结构的刚度,翻边高度一般不大,约$(4\sim 6)t$,同时精度要求也不高。翻边前预制孔的形状和尺寸根据孔形分段处理,按图 5.25 分为圆角区Ⅰ(属圆孔翻边变形)、直边区Ⅱ(属弯曲变形)、Ⅲ区(和拉深变形情况相似)。由于Ⅱ区和Ⅲ区两部分的变形性质可以减轻Ⅰ区部分的变形程度,因此非圆孔翻边系数 m_f(一般指小圆弧部分的翻边系数)可小于圆孔翻边系数 m 两者的关系大致是

$$m_f = (0.75 \sim 0.85)t \tag{5-25}$$

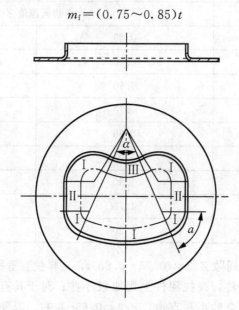

图 5.26 非圆孔翻边

非圆孔的极限翻边系数,可根据各圆弧的圆心角 α 大小查表 5-7。

表 5-7 低碳钢非圆孔的极限翻边系数 $m_{f,min}$

$\alpha/(°)$	比值 d/t						
	50	33	20	12~8.3	6.6	5	3.3
180~360	0.8	0.6	0.52	0.5	0.48	0.46	0.45
165	0.73	0.55	0.48	0.46	0.44	0.42	0.41
150	0.67	0.5	0.43	0.42	0.4	0.38	0.375
130	0.6	0.45	0.39	0.38	0.36	0.35	0.34
120	0.53	0.4	0.35	0.33	0.32	0.31	0.3
105	0.47	0.35	0.30	0.29	0.28	0.27	0.26
90	0.4	0.3	0.26	0.25	0.24	0.23	0.225
75	0.33	0.25	0.22	0.21	0.2	0.19	0.185
60	0.27	0.2	0.17	0.17	0.16	0.15	0.145
45	0.2	0.15	0.13	0.13	0.12	0.12	0.11

续表

$\alpha/(°)$	比值 d/t						
	50	33	20	12~8.3	6.6	5	3.3
30	0.14	0.1	0.09	0.08	0.08	0.08	0.08
15	0.07	0.05	0.04	0.04	0.04	0.04	0.04
0°	弯曲变形						

非圆孔翻边毛坯的预制孔形状和尺寸，可以按圆孔翻边弯曲和拉深各区分别展开，然后用作图法把各展开线交接处圆滑连接起来。

3. 翻孔翻边模结构

图 5.27 所示为内孔翻边模，其结构与拉深模基本相似。

图 5.28 所示为落料、拉深、冲孔、翻孔复合模。凸凹模 8 与落料凹模 4 均固定在固定板 7 上，以保证同轴度。冲孔凸模 2 压入凸凹模 1 内，并以垫片 10 调整它们的高度差，以此控制冲孔前的拉深高度，确保翻出合格的零件高度。该模的工作顺序是：上模下行，首先在凸凹模 1 和落料凹模 4 的作用下落料。上模继续下行，在凸凹模 1 和凸凹模 8 的相互作用下将毛坯拉深，冲床缓冲器的力通过顶杆 6 传递给顶件块 5 并对毛坯施加压料力。当拉深到一定深度后由冲孔凸模 2 和凸凹模 8 进行冲孔并翻孔。当上模回升时，在顶件块 5 和推件块 3 的作用下将工件顶出，条料由卸料板 9 卸下。

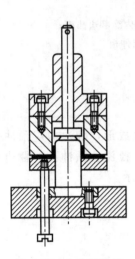

图 5.27 内孔翻边模

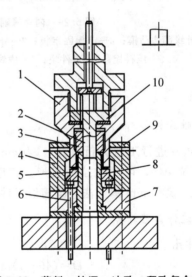

图 5.28 落料、拉深、冲孔、翻孔复合模
1、8—凸凹模；2—冲孔凸模；3—推件块；4—落料凹模；
5—顶件块；6—顶杆；7—固定板；9—卸料板；10—垫片

图 5.29 所示为内外缘翻边复合模，工件的内、外缘均需翻边。毛坯装在压料板 5 上，并套在内缘翻边凹模 7 上定位。为了保证内缘翻边凹模的位置准确，压料板需与外缘翻边凹模 3 按间隙配合 H_1/h_6 装配。压料板既起压料作用，又起整形作用，故压至下止点时，应与下模座刚性接触，最后还起顶件作用。内缘翻边后，在弹簧作用下，顶件块 6 将工件从内缘翻边凹模 7 中顶起。推件板 8 由于弹簧的作用，冲压时始终保持与毛坯接触，到下

止点时,与凸模固定板 2 刚性接触,因此推件板 8 也起整形作用,冲出的工件比较平整。

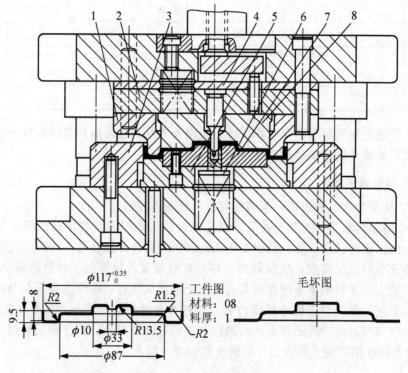

图 5.29 内外缘翻边复合模

1—外缘翻边凸模;2—凸模固定板;3—外缘翻边凹模;4—内缘翻边凸模;
5—压料板;6—顶件块;7—内缘翻边凹模;8—推件板

5.2.3 任务实施

1. 工件工艺性分析

对固定套翻边件进行工艺分析可知,$\phi 40$mm 处由内孔翻边成形,翻边前应预冲孔,$\phi 80$mm 是圆筒形拉深件,可一次拉深成形。工序安排为落料、拉深、预冲孔、翻边等。翻边前为 $\phi 80$mm、高 15mm 的无法兰圆筒形工件,如图 5.30 所示。

2. 固定套翻边件工艺计算

(1) 计算预冲孔:

$$D=(40-1)\text{mm}=39\text{mm}$$
$$h=4.5\text{mm}$$

由式(5-16)计算翻边前预冲孔直径 d 得

$$d=D-2(h-0.43r-0.72t)=39\text{mm}-2(4.5-0.43\times1-0.72\times1)\text{mm}=32.3\text{mm}$$

(2) 计算翻边系数。

由式(5-14)计算翻边系数为

$$m=d/D=32.3/39=0.828$$

由 $d/t=32.3$,查表 5-2 得知低碳钢极限翻边系数为 $0.65<m=0.828$,所以该零件能一次翻边成形,预冲孔直径 $d=32.3$mm,翻边前毛坯如图 5.30 所示。

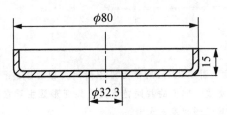

图 5.30 翻边前毛坯

(3) 计算翻边力:

$$F = 1.1\pi t \sigma_s (D-d)$$

查附表得 $\sigma_s = 200\text{MPa}$，$F = 1.1 \times \pi \times (39-32.3) \times 1 \times 200\text{N} = 4628\text{N}$。

3. 翻边模结构设计

翻边模采用倒装结构，使用大圆角圆柱形翻边凸模，工件预冲孔套在导正销上定位，压边靠压力机标准弹顶器压边，工件若留在上模由顶出器打下，选用后侧滑动导向模架。

根据固定板尺寸和闭合高度选用 250kN 双柱可倾式压力机。固定套翻边模如图 5.31 所示。

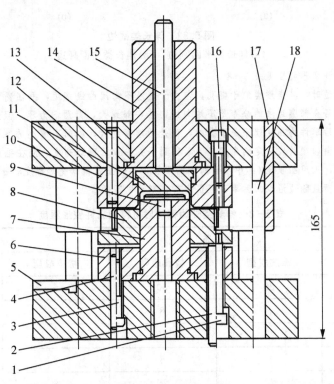

图 5.31 翻边模装配图

1—限位钉；2—顶杆；3、16—螺栓；4、13—销钉；5—下模板；6—下固定板；
7—凸模；8—托料板；9—定位；10—凹模；11—上顶出器；12—上模板；
14—模柄；15—打料杆；17—导套；18—导柱

拓展阅读

1. 伸长类翻边

伸长类翻边如图 5.32 所示。图 5.32(a)所示为沿不封闭内凹曲线进行的平面翻边，图 5.32(b)所示为在曲面毛坯上进行的伸长类翻边。它们的共同特点是毛坯变形区主要在切向拉应力的作用下产生切向的伸长变形，边缘容易拉裂。其变形程度 ε_p 为

$$\varepsilon_p = \frac{b}{R-b} \tag{5-26}$$

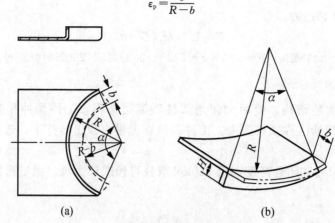

图 5.32 伸长类翻边
(a)伸长类平面翻边；(b)伸长类曲面翻边

常用材料的允许变形程度见表 5-8。

伸长类外缘翻边时，其变形类似于翻孔，但由于是沿不封闭曲线翻边，毛坯变形区内切向的拉应力和切向的伸长变形沿全部翻边线的分布是不均匀的，在中部最大，而两端为零。假如采用宽度 b 一致的毛坯形状，则翻边后零件的高度就不是平齐的，而是两端高度大，中间高度小的直边。另外，直边的端线也不垂直，而是向内倾斜成一定的角度。为了得到平齐一致的翻边高度，应在毛坯的两端对毛坯的轮廓线做必要的修正，采用图 5.32(a)中虚线所示的形状，其修正值根据变形程度和 α 的大小而不同。如果翻边的高度不大，而且翻边沿线的曲率半径很大时，则可以不做修正。

表 5-8 伸长类外缘翻边时材料的允许变形程度

材 料	$\varepsilon_p/\%$		$\varepsilon_d/\%$	
	橡皮成型	模具成型	橡皮成型	模具成型
$L_4 M$	25	30	6	40
$L_4 Y_1$	5	8	3	12
$LF_{21} M$	23	30	6	40
$LF_{21} Y_1$	5	8	3	12
$LF_2 M$	20	25	6	35
$LF_2 Y_1$	5	8	3	12
$LY_{12} M$	14	20	6	30
$LY_{12} Y$	6	8	0.5	9
$LY_{11} M$	30	20	4	30

续表

材料	ε_p/%		ε_d/%	
	橡皮成型	模具成型	橡皮成型	模具成型
LY₁₁Y	10	6	0	0
H62 软	35	40	8	45
H62 半硬	10	14	4	16
H68 软		45	8	55
H68 半硬		14	4	16
10 钢		38		10
20 钢		22		10
1Cr18Ni9 软		15		10
1Cr18Ni9 硬		40		10
2Cr18Ni9		40		10

伸长类曲面翻边时,为防止毛坯底部在中间部位上出现起皱现象,应采用较强的压料装置;为创造有利于翻边变形的条件,防止在毛坯的中间部位上过早地进行翻边,从而引起径向和切向方向上过大的伸长变形,甚至开裂,应使凹模和顶料板的曲面形状与工件的曲面形状相同,而凸模的曲面形状应修正成为图 5.33 所示的形状。另外,冲压方向的选取,也就是毛坯在翻边模的位置,应对翻边变形提供尽可能有利的条件,应保证翻边作用力在水平方向上的平衡,通常取冲压方向与毛坯两端切线构成的角度相同,如图 5.34 所示。

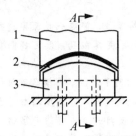

图 5.33 伸长类曲面翻边凸模形状的修正
1—凸模;2—顶料板;3—凹模

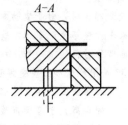

图 5.34 曲面翻边时的冲压方向

2. 压缩类翻边

压缩类翻边如图 5.35 所示。图 5.35(a)所示为沿不封闭外凸曲线进行的平面翻边,图 5.34(b)所示为压缩类曲面翻边。它们的共同点是变形区主要为切向受压,在变形过程中材料容易起皱。其变形程度 ε_d 为

$$\varepsilon_d = \frac{b}{R+b} \tag{5-27}$$

常用材料的允许变形程度如表 5-8 所示。

压缩类平面翻边时,其变形类似于拉深,所以当翻边高度较大时,模具上也要带有防止起皱的压料装置;由于是沿不封闭曲线翻边,翻边线上切向压应力和径向拉应力的分布是不均匀的,中部最大,而在两端最小。为了得到翻边后直边的高度平齐而两端线垂直的零件,必须修正毛坯的展开形状,修正的方向恰好和伸长类平面翻边相反,如图 5.35(a)虚线所示。

压缩类曲面翻边时,毛坯变形区在切向压应力作用下产生的失稳起皱是限制变形程度的主要因素,

如果把凹模的形状做成图 5.36 所示的形状，可以使中间部分的切向压缩变形向两侧扩展，使局部的集中变形趋向均匀，减少起皱的可能性，同时对毛坯两侧在偏斜方向上进行冲压的情况也有一定的改善；冲压方向的选择原则与伸长类曲面翻边时相同。

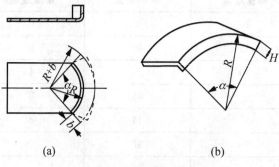

图 5.35　压缩类翻边

(a)压缩类平面翻边；(b)压缩类曲面翻边

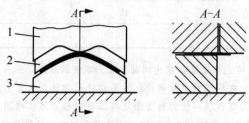

图 5.36　压缩类曲面翻边凹模形状的修正

1—凹模；2—压料板；3—凸模

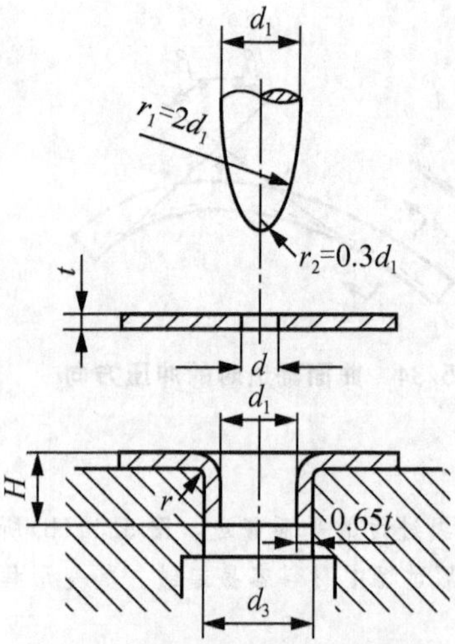

3. 变薄翻孔

在不变薄翻孔时，对于直边较高的零件，需要先拉深再进行翻孔。如果零件壁部允许变薄，这时应用变薄翻孔，既可提高生产率，又能节约材料。

图 5.37 是用阶梯形凸模变薄翻孔的例子。由于凸模采用阶梯形，经过不同阶梯使工序件直壁部分逐步变薄，而高度增加。凸模各阶梯之间的距离大于零件高度，以便前一个阶梯的变形结束后再进行后一阶梯的变形。用阶梯形凸模进行变薄翻孔时，应有强力的压料装置，并应有良好的润滑。

从变薄翻孔的过程可以看出，变形程度不仅决定于翻孔系数，还决定于壁部的变薄系数。变薄系数用 m_b 表示，即

$$m_b = \frac{t_i}{t_{i-1}} \tag{5-28}$$

式中，t_i——变薄翻孔后直边材料厚度(mm)；

t_{i-1}——变薄翻孔前直边材料厚度(mm)。

图 5.37　用阶梯形凸模变薄翻孔

在一次翻边中的变薄系数可达 $m_b=0.4\sim0.5$，甚至更小。直边的高度应按体积不变原理进行计算。变薄翻孔经常用于平毛坯或工件上冲制 M5 以下的小螺孔(见图 5.38)。为保证螺纹连接强度，常用图 5.37 所示的变薄翻孔方法增加直边高度。毛坯预制孔直径 d 为

$$d = (0.45\sim0.5)d_1 \tag{5-29}$$

翻孔外径 d_3 为

$$d_3 = d_1 + 1.3t \tag{5-30}$$

翻孔高度 H 可由体积不变原则算出，一般可取 $H=(2\sim2.5)t$。对低碳钢、黄铜、纯铜和铝制件进行螺纹底孔翻孔时，也可参考表 5-9 所列的尺寸。

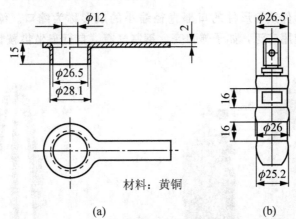

图 5.38 小螺孔的变薄翻孔
(a)零件；(b)凸模

表 5-9 小螺孔变薄翻孔的尺寸

螺纹直径	t	d	d_1	H	d_3	r
M2	0.8	0.8	1.6	1.6	2.7	0.2
	1.0			1.8	3.0	0.4
M2.5	0.8	1	2.1	1.7	3.2	0.2
	1.0			1.9	3.5	0.4
M3	0.8	1.2	2.5	2.0	3.6	0.2
	1.0			2.1	3.8	0.4
	1.2			2.2	4.0	0.4
	1.5			2.4	4.5	0.4
M4	1.0	1.6	3.3	2.6	4.7	0.4
	1.2			2.8	5.0	0.4
	1.5			3.0	5.4	0.4
	2.0			3.2	6.0	0.6

任务 5.3 设计缩口模

5.3.1 工作任务

对灯罩零件进行工艺分析和工艺计算。
工件名称：灯罩；
生产批量：中批量；
材料：08 钢；
料厚：1mm；
零件图：如图 5.39 所示。

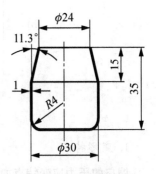

图 5.39 灯罩零件图

5.3.2 相关知识

利用模具把筒形件或管形件的口部直径缩小的成形称为缩口。缩口在国防、机器制造、日用品工业中应用广泛，如子弹弹壳、钢制气瓶、自行车坐垫鞍管等圆壳体的口径部（见图5.40）。

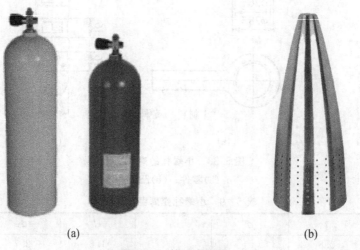

图5.40 缩口实物图
(a)钢制气瓶；(b)不锈钢灯罩

对细长的管状类零件，有时用缩口代替拉深，可以减少工序，起到更好的效果。图5.41(a)所示是采用拉深和冲底孔工序成形的工件，共有五道工序；图5.41(b)所示是采用管状毛坯缩口工序，只需三道工序。

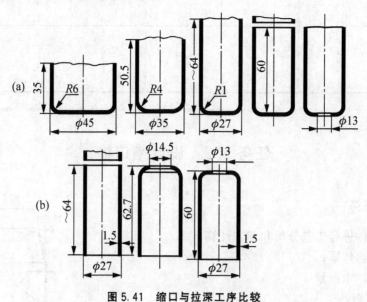

图5.41 缩口与拉深工序比较

1. 变形特点

缩口的压力应变特点如图5.42所示。在缩口变形过程中，毛坯变形区受两向压应力的作用,而切向压应力是最大主应力,使毛坯直径减小,壁厚和高度增加,因而切向可能产生失稳起皱。同时,在非变形区的筒壁,由于承受全部缩口压力 F,也易产生轴向的失稳变形。故缩口的极限变形程度主要受失稳条件的限制,防止失稳是缩口工艺要解决的主要问题。

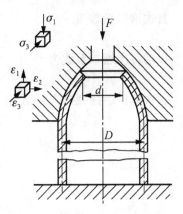

图 5.42 缩口的压力应变特点

2. 缩口系数

缩口的变形程度用缩口系数 m 表示,即

$$m=\frac{d}{D} \tag{5-31}$$

式中,d——缩口后直径(mm);
D——缩口前直径(mm)。

缩口系数 m 越小,变形程度越大。表 5-10 是不同材料、不同厚度的平均缩口系数。表 5-11 是不同材料、不同支承方式的允许缩口系数参考数值。由表 5-10、表 5-11 可以看出:材料塑性越好,厚度越大,缩口系数越小。此外,模具对筒壁有支持作用的,许可缩口系数便较小。

表 5-10 平均缩口系数 m_0

材 料	材料厚度 t/mm		
	≤0.5	>0.5~1	>1
黄铜	0.85	0.8~0.7	0.7~0.65
钢	0.8	0.75	0.7~0.65

表 5-11 极限缩口系数 m_{min}

材 料	支承方式		
	无支承	外支承	内外支承
软钢	0.70~0.75	0.55~0.60	0.3~0.35
黄铜 H62、H68	0.65~0.70	0.50~0.55	0.27~0.32
铝	0.68~0.72	0.53~0.57	0.27~0.32
硬铝(退火)	0.73~0.80	0.60~0.63	0.35~0.40
硬铝(淬火)	0.75~0.80	0.68~0.72	0.40~0.43

3. 缩口工艺计算

1)缩口次数

若工件的缩口系数 m 小于允许的缩口系数时,则需进行多次缩口,缩口次数 n 为

$$n=\frac{lgm}{lgm_0}=\frac{lgd-lgD}{lgm_0} \tag{5-32}$$

式中,m_0——平均缩口系数,参看表 5-10。

2)颈口直径

多次缩口时,最好每道缩口工序之后进行中间退火,各次缩口系数可参考下面公式确定。

首次缩口系数为
$$m_1 = 0.9 m_0$$
以后各次缩口系数为
$$m_n = (1.05 \sim 1.10) m_0 \tag{5-33}$$
首次缩口后的颈口直径则为
$$\begin{aligned}
d_1 &= m_1 D \\
d_2 &= m_n d_1 = m_1 m_n D \\
d_3 &= m_n d_2 = m_1 m_n^2 D \\
&\vdots \\
d_n &= m_n d_{n-1} = m_1 m_n^{n-1} D
\end{aligned} \tag{5-34}$$

式中，d_n 应等于制件的颈口直径。

颈口后，由于回弹，工件颈口直径要比模具尺寸增大 $0.5\% \sim 0.8\%$。

3) 毛坯高度

毛坯高度是指缩口前毛坯的高度，一般根据变形前后体积不变的原则计算。如图 5.43 所示，几种形状工件缩口前毛坯高度 H 按下面公式计算。

图 5.43(a) 所示缩口前毛坯高度 H 为
$$H = 1.05 \left[h_1 + \frac{D^2 - d^2}{8D\sin\alpha} \left(1 + \sqrt{\frac{D}{d}} \right) \right] \tag{5-35}$$

图 5.43(b) 所示缩口前毛坯高度 H 为
$$H = 1.05 \left[h_1 + h_2 \sqrt{\frac{d}{D}} + \frac{D^2 - d^2}{8D\sin\alpha} \left(1 + \sqrt{\frac{D}{d}} \right) \right] \tag{5-36}$$

图 5.43(c) 所示缩口前毛坯高度 H 为
$$H = h_1 + \frac{1}{4} \left(1 + \sqrt{\frac{D}{d}} \right) \sqrt{D^2 - d^2} \tag{5-37}$$

凹模的半锥角 α 对缩口成形过程有重要影响，半锥角取值合理，允许的缩口系数可以比平均缩口系数小 $10\% \sim 15\%$。一般应为 $\alpha < 45°$，最好取 $\alpha < 30°$。

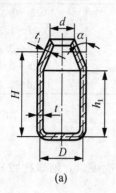
(a)

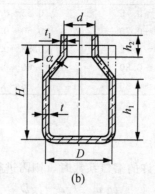
(b)

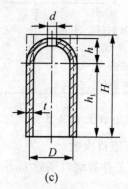
(c)

图 5.43　缩口工件

4) 缩口力

(1) 无心柱支承的缩口 [见图 5.44(a)]，缩口力为
$$F = K \left[1.1\pi D t \sigma_b \left(1 - \frac{d}{D} \right) (1 + \mu\cot\alpha) \frac{1}{\cos\alpha} \right] \tag{5-38}$$

(2) 有内外心柱支承的缩口[见图 5.44(c)]，缩口力为

$$F=K\left\{\left[1.1\pi Dt\sigma_b\left(1-\frac{d}{D}\right)(1+\mu\cot\alpha)\frac{1}{\cos\alpha}\right]+1.82\sigma_b't_1^2[d+R_d(1-\cos\alpha)]\frac{1}{R_d}\right\} \quad (5-39)$$

式中，σ_b——材料的屈服强度（MPa）；

μ——凹模与工件之间的摩擦因数；

α——凹模圆锥孔的半锥角（°）；

σ_b'——材料缩口硬化的变形应力（MPa）；

t_1——缩口后工件颈部壁厚 $t_1=t\sqrt{D/d}$（mm）；

R_d——凹模圆角半径（mm）；

K——速度系数，曲柄压力机取 $K=1.15$。

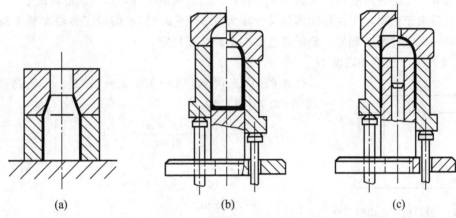

图 5.44　不同支承方法的缩口模
(a)无支承；(b)外支承；(c)内外支承

4. 缩口模结构

图 5.44 所示为不同支承方法的缩口模。图 5.44(a)是无支承形式，其模具结构简单，但缩口过程中毛坯稳定性差，允许缩口系数较大。图 5.44(b)是外支承形式，缩口时毛坯的稳定性较前者好。图 5.44(c)是内外支承形式，其模具结构较前两种复杂，但缩口时毛坯的稳定性最好，允许缩口系数为三种中最小。图 5.45 所示为有夹紧装置的缩口模。图 5.46 所示为缩口与扩口复合模，可以得到特别大的直径差。

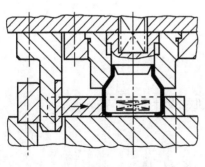

图 5.45　有夹紧装置的缩口模

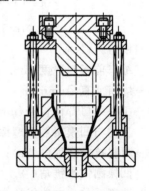

图 5.46　缩口与扩口复合模

5.3.3 任务实施

1. 灯罩缩口工艺分析

灯罩为带底的筒形缩口工件，可采用拉深工艺制成筒形件，再进行缩口成形。缩口时下部不变，只计算缩口工序。

2. 灯罩缩口的工艺计算

1) 计算缩口系数和缩口次数

由零件图可知，$d=24\text{mm}$，$D=29\text{mm}$，故缩口系数为

$$m = d/D = 24/29 = 0.83$$

查表 5-11 得许用缩口系数为 0.6，小于 0.83，则该工件可以一次缩口成形。

缩口后由于回弹，工件要比模具尺寸增大 0.5%～0.8%，缩口工件精度要求较高时，模具难以一次设计制造到位，最好通过多次试冲修正确定。

2) 计算缩口前毛坯高度 H

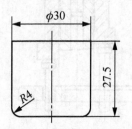

图 5.47 缩口前毛坯结构尺寸

由图 5.39 可知，$h = 19$，$\alpha = 11.3°$。毛坯高度可按式(5-35)计算，即

$$H = 1.05 \times \left[h_1 + \frac{D^2 - d^2}{8D\sin\alpha} \times \left(1 + \sqrt{\frac{D}{d}}\right) \right]$$

$$H = 1.05 \times \left(19 + \frac{29^2 - 24^2}{8 \times 29 \times \sin 11.3°} \times \left(1 + \sqrt{\frac{29}{24}}\right)\right) \text{mm}$$

$$= 27.29 \text{mm}$$

取 $H = 27.5\text{mm}$，缩口前毛坯结构、尺寸如图 5.47 所示。

3) 计算缩口力

缩口力的大小与缩口件的形状、变形程度、冲压设备及模具结构形式有关，很难精确计算，可按式(5-38)计算，即

$$F = K\left[1.1\pi Dt\sigma_b\left(1 - \frac{d}{D}\right)\left(1 + \mu\frac{1}{\tan\alpha}\right)\frac{1}{\cos\alpha}\right]$$

$$= 1.15 \times \left[1.1 \times 3.14 \times 29 \times 1 \times 200 \times \left(1 - \frac{24}{29}\right)\right.$$

$$\left. \times \left[1 + 0.1 \times \frac{1}{\tan 11.3°}\right] \times \frac{1}{\cos 11.3°}\right] \text{N}$$

$$= 5210\text{N} = 5.21\text{kN}$$

式中，P——缩口力(N)；

t——缩口前板料厚度(mm)；

D——缩口前直径(mm)；

d——工件缩口部位直径(mm)；

μ——工件与凹模接触面摩擦因数，查《机械设计手册》得 $\mu = 0.1$；

σ_b——材料抗拉强度(MPa)；

α——凹模圆锥半锥角(°)；

K——速度系数，在曲轴压力机上冲压时，$K = 1.15$。

从缩口力计算的结果看，选用J23—5.3型压力机足够，但考虑变形速度、弹顶装置的结构等因素，选用J23—25型开式双柱可倾式压力机。

3. 灯罩缩口模结构确定

灯罩是有底的缩口件，所以采用外支撑方式的缩口模具，并采用一次成形结构，使用标准下弹顶器，采用中间导柱模架。

拓展阅读

扩 口 模

1. 扩口的变形分析

1) 扩口工序变形特点

扩口与缩口相反，它是使管材或冲压空心件口部扩大的一种成形方法；扩口与缩口有相对应的关系，如图5.48所示，原直径为d_0，高度为H_0的坯料，经扩口模将其口部直径扩大成为高度为H的零件。

扩口是属于伸长类成形工序；在变形过程中，坯料可划分为已变形区、变形区和传力区三部分，如图5.49所示。

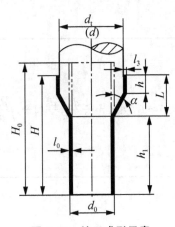

图5.48 扩口成形示意

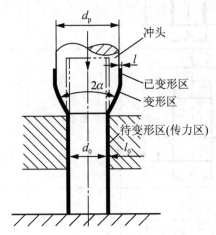

图5.49 扩口成形分析

2) 扩口工艺参数与扩口模具设计

扩口变形程度的大小用扩口系数K_c来表示，即
$$K_c = d_p/d_0$$

式中，K_c——扩口系数；

d_p——冲头直径(mm)；

d_0——毛坯直径(取中径尺寸，单位：mm)。

极限扩口系数是在传力区不压缩失稳条件下，变形区不开裂时，所能达到的最大扩口系数，一般用K_{cc}来表示。极限扩口系数的大小取决于材料的种类、坯料的厚度和扩口角度α等多种因素。图5.50给出了扩口角为20°时的极限扩口系数。

扩口成形计算公式如表5-12所示。

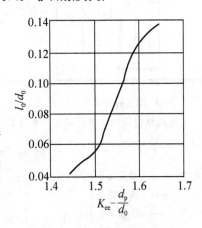

图5.50 极限扩口系数

表 5-12 扩口成形计算公式

形状图示	名称	公式
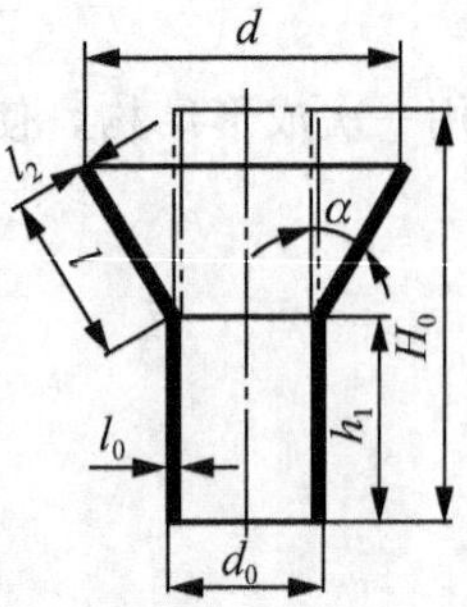	锥形扩口件	$H_0 = (0.97 \sim 1.0)[h_1 + \dfrac{1}{8}\dfrac{d^2 - d_0^2}{d_0 \sin\alpha}(1 + \sqrt{\dfrac{d_0}{d}})]$
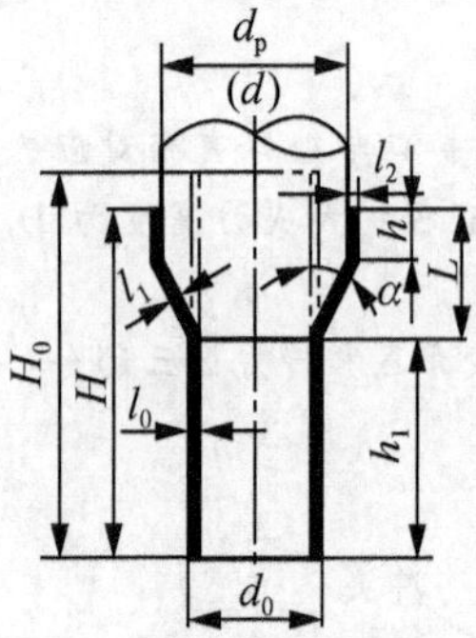	带圆筒形扩口件	$H_0 = (0.97 \sim 1.0)[h_1 + \dfrac{1}{8}\dfrac{d^2 - d_0^2}{d_0 \sin\alpha}(1 + \sqrt{\dfrac{d_0}{d}}) + h\sqrt{\dfrac{d}{d_0}}]$
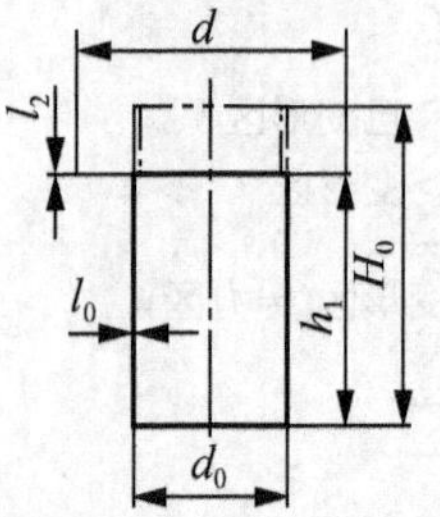	平口形扩口件	$H_0 = (0.97 \sim 1.0)[h_1 + \dfrac{1}{8}\dfrac{d^2 - d_0^2}{d_0}(1 + \sqrt{\dfrac{d_0}{d}})]$
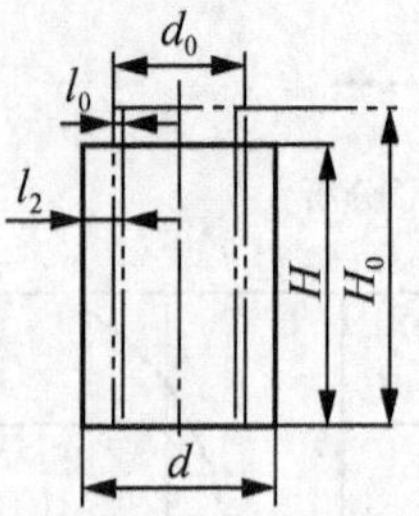	整体扩径件	$H_0 = H\sqrt{\dfrac{d}{d_0}}$

3) 扩口力的计算

采用锥形刚性凸模扩口时,单位扩口力为

$$p = 1.15\sigma \dfrac{1}{3 - \mu - \cos\alpha} \times (\ln K + \sqrt{\dfrac{t_0}{2R}}\sin\alpha) \tag{5-40}$$

式中,σ——单位变形抗力(N/mm^2);

μ——摩擦因数;

α——凸模半锥角(°);

K——扩口系数,$K = R/r_0$。

2. 扩口模结构示例

1) 薄壁管材扩口模

对图 5.51 所示零件连续试制，发现尺寸不稳定，检查其外径发现壁厚对其也有影响；每个工件的扩口上端口部内径比中下部偏小，说明口部有收缩回弹现象。

为了克服内径尺寸的不稳定，模具采取用凹模限制其成形后的外径尺寸的方法，根据管材原材料的内、外径公差，设计模具时取原材料的最小壁厚 3.375mm 考虑，凸模尺寸取 55.60mm。另一方面考虑到扩口上端口部与中下部成形的不均匀性，再在模具设计上采取如下措施：凸模中间处开浅槽之后连接一个斜面，角度为 5°，目的是为了对收缩回弹部分进行二次扩口，以消除回弹；再者，为了脱模方便将凸模上部接近行程末端处设置 1°～2° 的锥度，具体结构如图 5.52 所示。零件扩口部分高度由液压机行程开关和限位块来保证，脱模采用将凹模工作部分粗糙度降低或者在凹模内开条很窄的浅槽，深度在 0.2mm 左右（图 5.51 中未示出）。

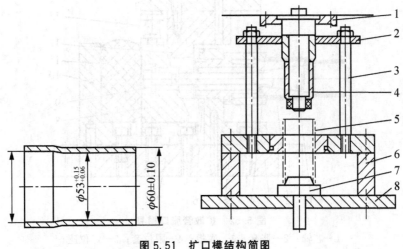

图 5.51 扩口模结构简图
1—压紧盖；2—脱料板；3—脱料拉杆；4—上模体；
5—工件；6—下模体；7—顶料杆；8—下模板

2) 扩散管胀口模具

扩散管胀口模具结构简单、通用性强，可用于各种类型薄壁管件的胀形，若将模具的结构稍加改进，即可用于薄壁管件的缩口或切口成形。如图 5.52 所示，扩散管胀口模具的工作原理是：当模具安装块 14 在上极限（死点）位置时，胀口模具处于待工作状态，将扩散管毛坯套在胀套 2 上，依靠限位套 4 定位，确定零件胀口长度尺寸后，安装块 14 与上滑座 12 一起向下运动，推动滑块 8 沿滑动导轨带动芯棒 1 向右移动，弹垫 11 在容框 10 内压缩，胀套 2 胀开，使扩散管达到所需变形尺寸。之后，安装块 14 返回到上极限位置，芯轴 1 在弹垫 11 的作用下复位，胀套 2 收缩，即可将已成形的扩散管从胀套 2 上卸下来，整个工作过程结束。

3) 半轴套管冷扩、缩口模具

如图 5.53 所示，模具结构上的设计要求是不能等同于单工序变形工艺的模具设计的，它比较复杂；模具结构采用凸模限位。首先完成扩口变形（此区以后转化为传力区）因为扩口力小于缩口力，滑块继续下移再完成缩口变形，同样由限位柱来控制模具闭合高度，保证零件长度尺寸 309mm。零件的卸、退料分别靠弹簧和机床的顶缸完成。

4) 浮动凹模扩口模

图 5.54 所示的模具采用了浮动凹模即分体定位夹紧，既解决了长径比大失稳现象，又解决了材质超易卡模问题。模具结构合理，性能稳定，拆装方便，产品质量稳定，效率明显提高，模具寿命以延长，零件通过凹模放入张开的 120° 分体定位夹紧圈 4 内，凸模 1 随冲床滑块下行，卸料板与浮动凹模接触。凸模继续下行，卸料板把凹模压下，夹紧零件，与垫板贴死，120° 分体定位夹紧圈夹紧零件，凸模下行

扩口至成形，当滑块上行凸模离开时，弹顶器5把120°分割定位夹紧圈4顶起，120°分割定位夹紧圈张开，凹模托起，再用打杆8打退件器7，顶出零件，完成一个零件的成形。

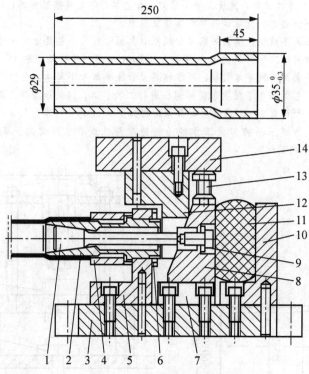

图5.52 扩散管胀口模具

1—芯轴；2—胀套；3—底板；4—限位套；5—定位座；
6—螺母；7—滑块导轨；8—滑块；9—拉紧螺栓；10—容框；
11—弹垫；12—上滑座；13—限位螺钉；14—安装块

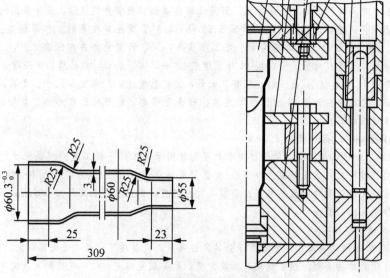

图5.53 半轴套管冷扩、缩口模具

1—凸模；2—定位板；3—凹模；4—弹簧；5—限位柱

项目5 成形模设计

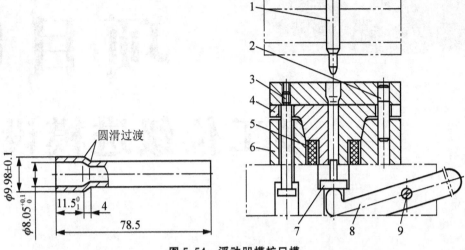

图 5.54 浮动凹模扩口模

1—凸模；2—导销；3—阶形螺钉；4—120°分割定位夹紧圈；
5—弹顶器；6—垫板；7—退件器；8—打杆；9—圆销

小　　结

本项目主要讲解局部成形工艺技术特点，重点介绍翻边、胀形和缩口工艺，所用到的载体分别是固定套、罩盖以及灯罩。在各任务中着重讲述了各种工艺的成形特点、工艺计算方法和典型的模具结构。

习　　题

1. 什么是胀形工艺？有何特点？
2. 什么是孔的翻边系数 K？影响孔极限翻边系数大小的因素有哪些？
3. 什么是缩口？缩口有何特点？
4. 请确定图 5.55 所示冲压件的公称尺寸及工序尺寸（材料：10 钢）。

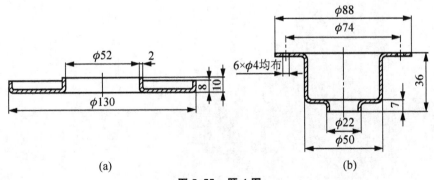

图 5.55　题 4 图

项目 6

多工位级进模设计

▶ **学习目标**

最终目标	掌握多工位级进模的排样设计及模具结构的特点
促成目标	（1）了解多工位级进模的特点、分类和应用； （2）了解多工位级进模的冲压设备； （3）掌握多工位级进模各种类型模具的排样方法； （4）掌握多工位级进模工艺零件的设计要求

▶ **项目导读**

多工位级进模是在普通级进模的基础上发展起来的一种精密、高效、长寿命的模具，其工位数多达几十个，多工位级进模配备高精度且送料进距易于调整的自动送料装置和误差检测装置、模内工件或废料去除等机构。因此与普通冲压模相比，多工位级进模的结构更复杂、模具设计和制造技术也要求较高，同时对冲压设备、原材料也有相应的要求，模具成本相对较高。

项目6 多工位级进模设计

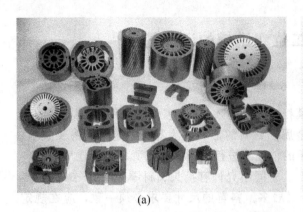
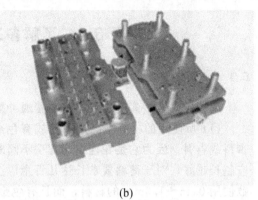

(a) (b)

图 6.1 多工位级进模零件和模具

(a)各种电动机铁心的转子和定子片；(b)某型号的转子定子模具

本项目以定子转子冲裁级进模设计为例，重点讲述多工位级进模的关键技术即排样设计和模具结构设计，对其他内容，以介绍为主，不做深入探讨。

项目描述

零件名称：微型电动机定子片和转子片；

生产批量：年产量 30 万件（大批量）；

材料：电工硅钢片；

材料厚度：0.35mm；

产品及零件图：如图 6.2 所示。

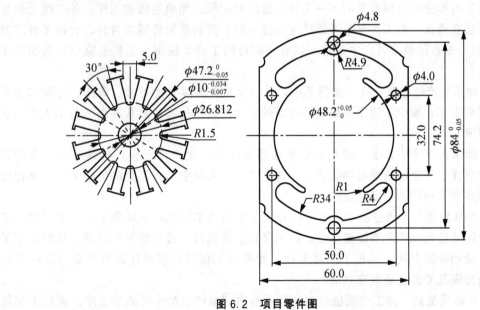

图 6.2 项目零件图

任务6.1 了解多工位级进模的设计基础

6.1.1 多工位级进模的特点

就冲压而言，多工位级进模与普通冲模相比要更复杂，其主要特点如下。

(1) 所使用的材料主要是黑色或有色金属，材料的形状多为具有一定宽度的长条料、带料或卷料。因为它是在连续的几乎不间断的情况下进行冲压工作，所以要求使用的条料应越长越好，对于薄料要求长达几百米以上、中间不允许有接头、料厚为0.1~6mm，多数使用0.15~1.5mm的材料，而且有色金属居多。料宽的尺寸要求必须一致，应在规定的公差(通常小于0.2mm)范围内，且不能有明显的毛刺，不允许有扭曲、波浪和锈斑等影响送料和冲压精度方面的缺陷存在。

为了能保证工件在尺寸和形位误差方面有较好的一致性，要求材料有较高的厚度精度和较为均匀的力学性能。料宽根据工件的排样决定。

(2) 送料方式为按"步距"间歇或直线连续送给。不同的级进模"步距"的大小是不相等的，具体数值在设计排样时确定。但送料过程中"步距"精度必须严格控制，才能保证工件的精度与质量。多工位级进模"步距"精度的控制是由压力机上的送料装置和模具上的用于定位的导正装置等共同精确定位得到保证的。模具的"步距"精度可以控制在±5μm以内。"步距"等于前后两工位间距，在同一副模具上，要求这个距离加工绝对一致。

(3) 冲压的全过程在未完成成品件前，毛坯件始终不离开(区别于多工位传递模)条料和载体。在级进模中，所有工位上的冲裁，那些被冲掉的部分都是无用的工艺或设计废料，而留下的部分被送到模具的下一工位上继续被冲压，完成后面的工序。各工位上的冲压工序虽独立进行，但工件与条料始终连接在一起，直到最后需要落料时，合格工件才被冲落下来(一般由凹模落料孔中下落，也有冲落后的工件又被顶入条料的原位在后面的工位再顶出)。

(4) 冲压生产效率高。在一副模具中，可以完成复杂零件的冲裁、弯曲、拉深和成形以及装配等工艺；减少了使用多副模具的周转和重复定位过程，显著提高了劳动生产率和设备利用率。

(5) 操作安全简单。多工位级进模常采用高速冲床生产冲压件，模具采用了自动送料、自动出件、安全检测等自动化装置，避免了操作者将手伸入模具的危险区域。操作安全，易于实现机械化和自动化生产。

(6) 模具寿命长。级进模中工序可以分散在不同的工位上，不必集中在一个工位，工序集中的区域还可根据需要设置空位，故不存在复合模的"最小壁厚"问题，从而保证了模具的强度和装配空间，延长了模具寿命。此外多工位级进模采用卸料板兼作凸模导向板，对提高模具寿命也是很有利的。

(7) 产品质量高。多工位级进模在一副模具内完成产品的全部成形工序，克服了用简单模具时多次定位带来的操作不便和累积误差。它通常又配合高精度的内、外导向和准确的定距系统，能够保证产品零件的加工精度。

(8) 设计和制造难度较大。多工位级进模结构复杂，镶块较多，模具制造精度要求很高，设计和制造难度较大。模具的调试及维修也有一定的难度。同时要求模具零件具有互换性,要求更换迅速、方便、可靠。

(9) 生产成本较低。多工位级进模由于结构比较复杂,所以制造费用比较高,同时材料利用率也往往比较低,但因其使用时生产效率高,压力机占有数少,需要的操作者数和车间的面积少,同时减少了半成品的储存和运输,所以产品零件的综合生产成本并不高。

多工位级进模主要用于冲制厚度较薄(一般不超过 2mm)、生产批量大,形状复杂、精度要求较高的中、小型零件。用这种模具冲制的零件,精度可达 IT10 级。因此得到了广泛的应用。

6.1.2 多工位级进模的分类

1) 按级进模所包含的工序性质

多工位级进模不仅能完成所有的冷冲压工序,而且能进行装配,但冲裁是最基本的工序。按工序性质,它可分为冲裁多工位级进模、冲裁拉深多工位级进模、冲裁弯曲多工位级进模、冲压成形(胀形、翻孔、翻边、缩口、校形等)多工位级进模、冲裁拉深弯曲多工位级进模、冲裁拉深成形多工位级进模、冲裁弯曲成形多工位级进模、冲裁拉深弯曲成形多工位级进模等。总之,由于冲裁是级进模的基本冲压内容,级进模又是冷冲模的一种,所以根据多工位级进模中常见的弯曲、拉深、成形等,相应级进模的分类如图 6.3 所示。

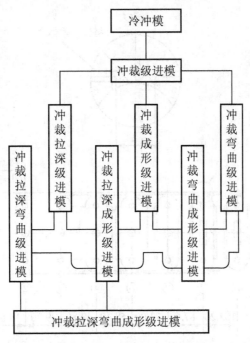

图 6.3 多工位级进模按包含的工序性质分类

2) 按排样方式不同

(1) 封闭形孔级进模。这种级进模的各个工作形孔(除侧刃外)与被冲零件的各个形孔及外形(或展开外形)的形状完全一样,并分别设置在一定的工位上,材料沿各工位经过连续冲压,最后获得成品或工件,如图 6.4 所示。

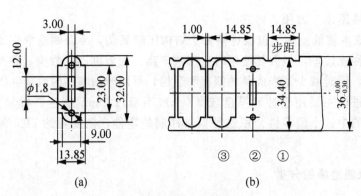

图 6.4 封闭形孔多工位冲压
(a)零件;(b)排样图

(2) 切除余料级进模。这种级进模是对冲压件较为复杂的外形和形孔,采取逐步切除余料的办法(对于简单的形孔,模具上相应形孔与之完全一样),经过逐个工位的连续冲压,最后获得成品或半成品。显然,这种级进模工位一般比封闭形孔级进模多。如图 6.5 所示经过八个工位冲压,获得一个完整的零件。以上两种级进模的设计方法是截然不同的,有时也可以把两种级进模结合起来设计,即既有封闭形孔又有切除余料的级进模,以便更科学地解决实际问题。

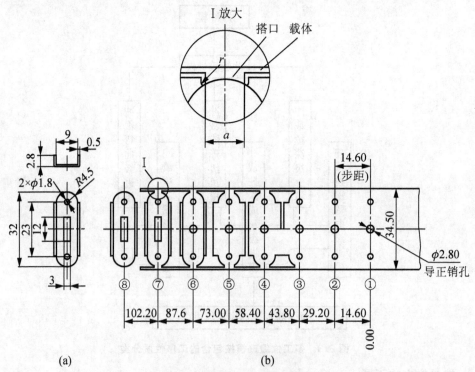

图 6.5 切除余料多工位冲压
(a)零件;(b)排样图

3) 按工位数和工件名称分类

按工位数和工件名称分为 32 工位电刷支架精密级进模、25 工位簧片级进模、上位刷片级进模等。

4）按被冲压的工件名称和模具工作零件所采用特殊材料分类

按被冲压的工件名称和模具工作零件所采用的特殊材料分为电池极板硬质合金级进模、极片硬质合金级进模、定转子铁心自动叠装硬质合金级进模等。

6.1.3　多工位级进模的应用

多工位级进模有许多特点，但由于制造周期相对较长，成本相对较高等原因，应用时必须慎重考虑，合理选用多工位级进模，应符合如下情况。

（1）工件应该是定型产品，而且需要量确实比较大。

（2）不适合采用单工序模冲制。如某些形状异常复杂的工件（如弹簧插头、接线端子）等，需要多次冲压才能完成形状和尺寸要求，若采用单工序冲压是无法定位和冲压的，而只能采用多工位级进模在一副模具内完成连续冲压，才能获得所需工件。

（3）不适合采用复合模冲制。如某些形状特殊的工件（如集成电路引线框、电表铁心、微型电动机定、转子片）等，使用复合模是无法设计与制造模具的，所以只能应用多工位级进模。

（4）冲压用的材料长短、厚薄比较适宜。多工位级进模用的冲件材料一般都是条料，材料不能太短，否则冲压过程中换料次数太多，生产效率上不去。料太薄，送料导向定位困难；料太厚，无法矫直，且太厚的料长度一般较短，不适合用于级进模，自动送料也困难。

（5）工件的形状与尺寸大小适当。当工件的料厚大于5mm，外形尺寸大于250mm时，不仅冲压力大，而且模具的结构尺寸大，故不适宜采用级进模。

（6）模具的总尺寸和冲压力适用于生产车间现有的压力机大小，必须和压力机的相关参数匹配。

6.1.4　多工位级进模对冲压设备要求

多工位级进模冲压按速度可分为如下四种。

（1）低速冲压，指模具在连续速度150～200次/min范围内运行。

（2）中速冲压，指模具在连续速度200～400次/min范围内运行。

（3）高速冲压，指模具在连续速度400～1200次/min范围内运行。

（4）超高速冲压，指模具在连续速度超过1200/min范围内运行。

由上可看出，多工位级进模运行速度高，对冲压设备的要求也较高。级进模使用的冲床应当具有能够承受模具连续作业，有足够刚性、功率和精度，要有较大的工作台面及良好可靠的制动系统；采用销或键的机械式离合器不能在任意位置中断冲床滑块的动作，所以通常采用摩擦式离合器，以便在任意位置能瞬时停止滑块的运动，保护模具在发生故障时不受损坏。另外，模具在连续工作时会产生很大的震动，高速冲床尤其严重，应使冲床在额定压力的60%以下工作。

自动送料的多工位级进模对送料机构的精度、平稳性和可靠性要求较高，常用的送料机构有辊式送料器（用于较大的零件，采用离合器传动，在600次/min下工作时，最好的送料器送进精度可达±0.02mm）、断续送料器（用于重量较轻、送进精度要求较高的零件，可在400次/min下工作）。内装变速齿轮的固定送料器可在1200次/min下工作。气动式和夹持式送料器适用于 150 次/min 的情况。当送料机构发生故障，产生误送进时，可能造成模具的损坏。因此，必须设置检测系统，一旦发生故障，应能及时自动发现并立即停止冲床的工作。

级进模由于用于连续作业，刃磨和维修的周期较短。例如，冲床行程次数为 300 次/min 时，每小时将完成 1.8 万次冲程，如果模具的平均刃磨寿命为 20 万次，则模具工作十多个小时后就应维护与刃磨。而级进模的刃磨与维护都比较麻烦：在刃磨冲裁部分的凸、凹模刃口时，需满足弯曲、拉深等工步的凸、凹模高度；如果该模具具有复杂的冲压机构，其维护将更为困难；对于一个复杂的级进模，刃口可能不处于同一平面，甚至不处于同一方向，在刃磨时由于模具结构及模具空间的限制，往往要进行一些拆卸；由于模具工步多，凸、凹模多，免不了经常出现损坏（如细小凸模折断），一些易损件也需要经常更换。因而对一个复杂、精密的模具进行这样的刃磨与维护必须要有相当技术水平的工人与足够的经验，并且也应有必要的设备（如比较精密的通用磨床和一些专用机床，如立式磨床）。

任务 6.2　设计多工位级进模排样

6.2.1　工作任务

为电动机定子片和转子片进行排样设计。

6.2.2　相关知识

排样设计是多工位级进模设计的重要依据，也是决定其优劣的主要因素之一。它不仅关系到材料的利用率、工件的精度、模具制造的难易程度和使用寿命等，还关系到模具各工位的协调与稳定。

冲压件在带料上的排样必须保证完成各冲压工序，准确送进，实现级进冲压；同时还应便于模具的制造和维修。冲压件的形状是千变万化的，要设计出合理的排样图，首先要根据冲压件图纸计算出展开尺寸，然后进行各种方式的排样。在确定排样方式时，还必须对工件的冲压方向、变形次数、变形工艺类型、相应的变形程度及模具结构的可能性、模具加工工艺性、企业实际加工能力等进行综合分析判断。同时要考虑工件的制造精度，并就多种排样方案进行比较，从中选择一种最佳方案。完整的排样图应给出工位的布置、载体结构形式和相关尺寸等。

当带料排样图设计完成后，也就确定了以下内容。

(1) 模具的工位数及各工位的内容。

(2) 被冲制工件各工序的安排及先后顺序，工件的排列方式。

(3) 模具的送料步距、条料的宽度和材料的利用率。

(4) 导料方式，弹顶器的设置和导正销的安排。

(5) 模具的基本结构等。

1. 多工位级进模排样设计应遵循的原则

多工位级进模的排样，除了遵守普通冲模的排样原则外，还应考虑以下几点。

(1) 冲孔、切口、切废料等分离工位在前，依次安排成形工位，最后安排工件和载体分离。在安排工位时，要尽量避免冲小半孔，以防凸模受力不均而折断。

(2) 为保证带料送进精度，第一工位安排冲工艺导正孔，第二工位设导正销，在以后的工位中，视其工位数和易发生窜动的工位设置导正销，也可在以后的工位中每隔2～4个工位设置导正销。

(3) 如果工件上孔的数量较多，且孔的位置太近，那么就应安排在不同工位上冲孔，而孔不能因后续成形工序的影响发生变形。对有相对位置精度要求的多孔，应设计同步冲出。因模具强度的因素不能同步冲出的，应有保证措施保证其相对位置精度。复杂的型孔可分解为若干简单型孔分步冲裁。

(4) 成形方向的选择（向上或向下）要有利于模具的设计和制造，有利于送料的顺畅。若成形方向与冲压方向不同，可采用斜滑块、杠杆和摆块等机构来转换成形方向。

(5) 设置空工位，可以提高凹模镶块、卸料板和固定板的强度，保证各成形零件安装位置不发生干涉。空工位的数量根据模具结构的要求而定。

(6) 对弯曲件和拉深件，每一工位变形程度不宜过大，变形程度较大的工件可分几次成形。这样既有利于保证质量，又有利于模具的调试修整。对精度要求较高的工件，应设置整形工位。为避免U形件弯曲时变形区材料的拉伸，应将工件设计为先弯曲45°，再弯成90°。

(7) 在级进拉深排样中，可应用拉深前切口、切槽等技术，以便材料的流动。

(8) 局部有压筋时，一般应安排在冲孔前，防止由于压筋造成孔的变形。有凸包时，若凸包的中央有孔，为利于材料的流动，可先冲一小孔，凸包成形后再冲孔。

(9) 当级进成形工位数不是很多，工件的精度要求较高时，可采用"复位"技术，即在成形工位前，先将工件毛坯沿其规定的轮廓进行冲切，但不与带料分离，当凸模切入材料的20%～35%后，模具中的复位机构将作用反向力使被切工件压回条料内，再送到后续加工工位进行成形。

2. 载体和搭口的设计

载体就是级进模冲压时，在条料上连接工序件并将工序件在模具内稳定送进的这部分材料，如图6.6所示。载体与一般毛坯排样时的搭边的作用完全不同。搭边是为保证把工件从条料上冲切下来的工艺要求而设置的，而载体是为运载条料上的工序件至后续各工位而设计的。载体必须具有足够的强度，能把工序件平稳地送进。

载体是运送工序件的材料，载体与工序件或工序件和工序件间的连接部分称为搭口（或桥）。

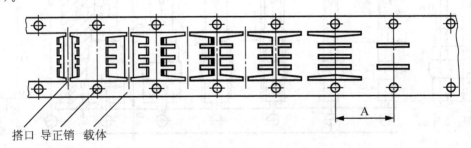

图6.6 工序排样图

1) 载体形式

限于工件的形状和工序的要求，载体的形式和尺寸也各不相同，载体强度不可单纯依靠增加载体宽度来补救，更重要的是靠合理地选择载体形式。按照载体的位置和数量一般可把载体分为无载体、边料载体、双边载体、单边载体、中间载体和其他形式载体。

（1）无载体。无载体实际上与毛坯无废料排样是一样的，零件外形要有一定的特殊性，即要求毛坯的边界在几何上要有互补性，如图6.7所示。

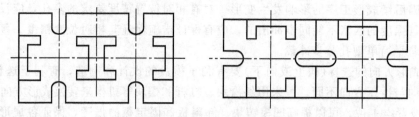

图6.7 无载体

（2）边料载体。边料载体是利用材料搭边废料冲出导正孔而形成的载体，这种载体送料刚性较好，省料，简单。它主要用于落料形排样，如图6.8所示。

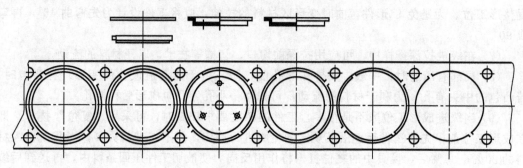

图6.8 边料载体

（3）双边载体。它是在条料两侧分别留有一定宽度的载体。条料送进平稳，送进步距精度高，可在载体上冲导正销孔以提高送进步距精度。但材料的利用率有所降低，往往是单件排列。它一般可分为等宽双边载体和不等宽双边载体（即主载体和辅助载体，如图6.9所示）。双边载体的尺寸 $B=(2.5\sim5)t$。

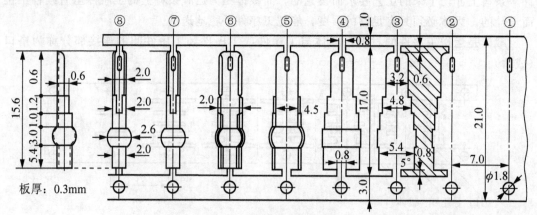

图6.9 不等宽双边载体

（4）单边载体。单边载体是在条料的一侧留有一定宽度的材料，并在合适位置与工序件连接。如图6.10所示，图6.10(a)和图6.10(b)在裁切工序分解形状和数量上不一样，

图 6.10(a)第一工位的形状比图 6.10(b)复杂,并且细颈处模具镶块易开裂,分解为图 6.10(b)后的镶块便于加工,且寿命得到提高。单边载体一般用于条料厚度为 0.5mm 以上的冲压件,特别是对于零件一端或几个方向都有弯曲,往往只能保持条料的一侧有完整外形的场合。

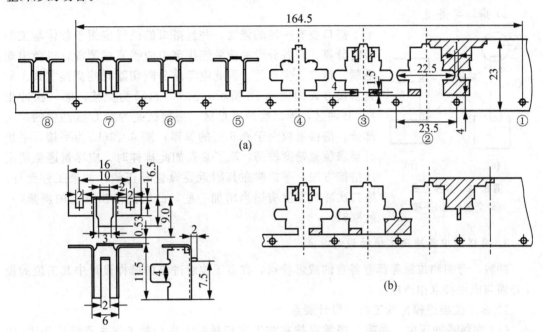

图 6.10 单侧载体排样图

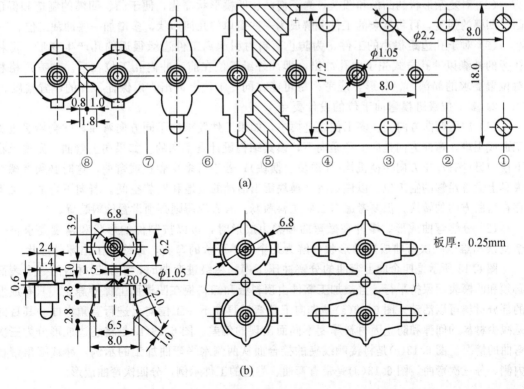

图 6.11 中间载体

(5) 中间载体。中间载体与单载体类似，只是载体位于条料中部，待成形结束后切除载体。中间载体可分为单中载体和双中载体。中间载体在成形过程中平衡性较好。如图6.11所示是同一个零件选择中间载体时不同的排样方法。图6.11(a)是单排排样，图6.11(b)是可提高生产效率一倍的双排排样。中间载体常用于材料厚度大于0.2mm的对称弯曲成形件。

2) 搭口与搭接

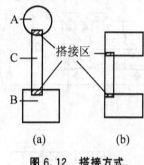

图6.12 搭接方式
(a)交接；(b)平接

搭口要有一定的强度，并且搭口的位置应便于载体与工件最终分离。在各分段冲裁的连接部位应平直或圆滑，以免出现毛刺、错位、尖角等。因此应考虑分断切除时的搭接方式。常见搭接方式如图6.12所示，图6.12(a)为交接，第一次冲出A、B两区，第二次冲出C区，搭接区是冲裁C区凸模的扩大部分，搭接量应大于0.5倍的料厚；图6.12(b)为平接，平接时要求位置精度较高，除了必须如此排样时，应尽量避免使用此搭接方法。平接时在其附近要设置导正销，如果工件允许，第二次冲裁宽度应适当增加一些，凸模要修出微小的斜角(一般取3°~5°)。

3. 排样图中各冲压工位的设计要点

冲裁、弯曲和拉深等都有各自的成形特点，在多工位级进模的排样设计中其工位的设计必须与成形特点相适应。

1) 多工位级进模冲裁工位的设计要点

(1) 在级进冲压中，冲裁工序常安排在前工序和最后工序，前工序主要完成切边(切出工件外形)和冲孔。最后工序安排切断或落料，将载体与工件分离。

(2) 对复杂形状的凸模和凹模，为了使凸、凹模形状简化，便于凸、凹模的制造和保证凸、凹模的强度，可将复杂的工件分解成为一些简单的几何形状，多增加一些冲裁工位。

(3) 对于孔边距很小的工件，为防止落料时引起离工件边缘很近的孔产生变形，可将孔旁的外缘以冲孔方式先于内孔冲出，即冲外缘工位在前，冲内孔工位在后。对有严格相对位置要求的局部内、外形，应考虑尽可能在同一工位上冲出，以保证工件的位置精度。

2) 多工位级进模弯曲工位的设计要点

(1) 冲压弯曲方向。在多工位级进模中，如果工件要求向不同方向弯曲，则会给级进加工造成困难。弯曲方向是向上还是向下，模具结构设计是不同的。如果向上弯曲，则要求在下模中设计有冲压方向转换机构(如滑块、摆块)；若进行多次卷边或弯曲，这时必须考虑在模具上设置足够的空工位，以便给滑动模块留出活动的余地和安装空间。若向下弯曲，虽不存在弯曲方向的转换，但要考虑弯曲后送料顺畅。若有障碍则必须设置抬料装置。

(2) 分解弯曲成形。零件在做弯曲和卷边成形时，可以按制件的形状和精度要求将一个复杂和难以一次弯曲成形的形状分解为几个简单形状的弯曲，最终加工出零件形状。

图6.13所示是四个向上弯曲的分解冲压工序。在级进弯曲时，被加工材料的一个表面必须和凹模表面保持平行，且被加工零件由顶料板和卸料板在凹模面上保持静止，只有成形的部分材料可以活动。图6.13(a)是先向下预弯后再在下一工位向上进行直角弯曲。其目的是减少材料的回弹和防止因材料厚度不同而出现的偏差。图6.13(b)是将卷边成形分为三次弯曲的情况。图6.13(c)是将接触线夹的接合面从两侧水平弯曲加工的示例，冲裁圆角带在内侧，分三次弯曲。图6.13(d)是带有弯曲、卷边的工件示例，分四次弯曲成形。

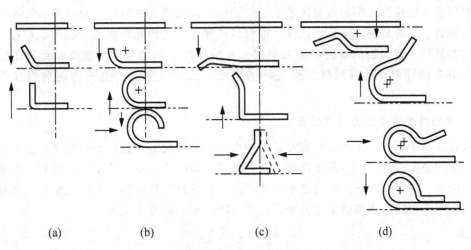

(a)   (b)   (c)   (d)

图 6.13 分解弯曲成形

可见，在分步弯曲成形时，不变形部分的材料被压紧在模具表面上，变形部分的材料在模具成形零件的加压下进行弯曲，加压的方向需根据弯曲要求而定，常使用斜滑块和摆块技术进行力或运动方向的转换。如要求从两侧水平加压时，需采用水平滑动模块，将冲床滑块的垂直运动转变为滑动模块的水平运动。

（3）弯曲时坯料的滑移。如果对坯料进行弯曲和卷边，应防止成形过程中材料的移位造成零件误差。采取的措施是先对加工材料进行导正定位，当卸料板、材料与凹模三者接触并压紧后，再做弯曲动作。

3）多工位级进模拉深工位的设计要点

在进行多工位级进拉深成形时，不像单工序拉深那样以散件形式单个送进坯料，它是通过带料以载体、搭边和坯件连在一起组件形式连续送进，级进拉深成形，如图 6.14 所示。但由于级进拉深时不能进行中间退火，故要求材料应具有较高的塑性。又由于级进拉深过程中工件间的相互制约，因此，每一工位拉深的变形程度不能太大。由于零件间留有较多的工艺废料，材料的利用率有所降低。

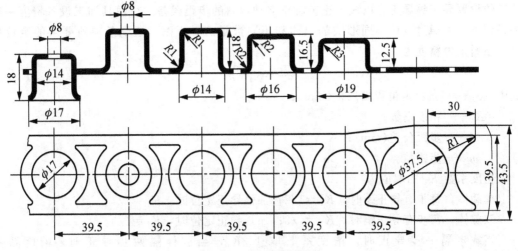

图 6.14 级进拉深成形

要保证级进拉深工位的布置满足成形的要求，应根据工件的尺寸及拉深所需要的次数等工艺参数，用简易临时模具试拉深，根据试拉深的工艺情况和成形过程的稳定性，来进行工位数量和工艺参数的修正，插入中间工位或增加空工位等，反复试制到加工稳定为止。在结构设计上，还可根据成形过程的要求、工位的数量、模具的制造组成单元式模具。

4. 步距精度与条料的定位误差

在级进模中，步距是指条料在模具中逐次送进时每次应向前移动的距离。多工位级进模的工位间公差（步距公差）直接影响冲压件精度。步距公差小，冲压件精度高，但模具制造难。因此，应根据冲压件的精度和复杂程度、材质及板料厚度、模具工位数、送料和定位方式，适当确定级进模的步距公差。计算步距公差的经验公式为

$$\frac{\delta}{2} = \pm \frac{\delta' K}{2 \cdot \sqrt[3]{n}} \quad (6-1)$$

式中，$\delta/2$——步距对称偏差值（mm）；

δ'——沿送料方向毛坯最大轮廓尺寸的精度提高三级后的公差值（mm）；

n——级进模工位数；

K——修正系数，如表 6-1 所示。

表 6-1 修正系数 K

双面冲裁间隙 Z	0.01~0.03	0.03~0.05	0.05~0.08	0.08~0.12	0.12~0.15	0.15~0.18	0.18~0.22
K 值	0.85	0.90	0.95	1.00	1.03	0.06	1.10

为了克服多工位级进模由于各工位之间步距的累积误差，在标注凹模、凸模固定板、卸料板等零件中与步距有关的每一工位的位置尺寸时，均由第一工位为尺寸基准向后标注，不论距离多大，公差均为 δ，如图 6.15 所示。

在级进模中，条料的定位精度直接影响到工件的加工精度，特别是对工位数比较多的排样，应特别注意条料的定位精度。排样时，一般应在第一工位冲导正工艺孔，紧接着第二工位设置导正销导正，以该导正销矫正自动送料的步距误差。在模具加工设备精度一定的条件下，可通过设计不同形式的载体和不同数量的导正销，达到条料所要求的定位精度。条料定位精度为

$$\delta_\Sigma = K_1 \delta \sqrt{n} \quad (6-2)$$

式中，δ_Σ——条料定位积累误差（mm）；

K_1——精度系数；

δ——步距公差（mm）；

n——步距数。

精度系数 K_1 的取值为

单载体，每步有导正销时，$K_1 = 1/2$；加强导正定位时，$K_1 = 1/4$。

双载体，每步有导正销时，$K_1 = 1/3$；加强导正定位时，$K_1 = 1/5$。

当载体隔一步导正时，精度系数取 $1.2 K_1$，当载体隔两步导正时，精度系数取 $1.4 K_1$。

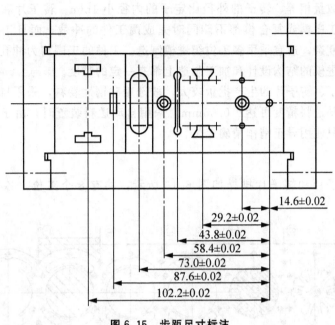

图 6.15 步距尺寸标注

5. 排样设计后的检查

排样设计后必须认真检查，以改进设计，纠正错误。不同工件的排样其检查重点和内容也不相同，一般的检查项目可归纳为以下几点。

(1) 材料利用率检查是否为最佳利用率方案。

(2) 模具结构的适应性。级进模结构多为整体式、分段式或子模组拼式等，模具结构形式确定后应检查排样是否适应其要求。

(3) 有无不必要的空位。在满足凹模强度和装配位置要求的条件下，应尽量减少空工位。

(4) 工件尺寸精度能否保证。由于条料送料精度、定位精度和模具精度都会影响工件关联尺寸的偏差，对于工件精度高的关联尺寸，应在同一工位上成形，否则应考虑保证工件精度的其他措施。如对工件平整度和垂直度有要求时，除在模具结构上要注意外，还应增加必要的工序(如整形、校平)来保证。

(5) 弯曲、拉深等成形工序成形时，由于材料的流动，会引起材料流动区的孔和外形产生变形，因此材料流动区的孔和外形的加工应安排在成形工序之后。

(6) 此外，还应从载体强度是否可靠、工件已成形部位对送料有无影响、毛刺方向是否有利于弯曲变形、弯曲件的弯曲线与材料纤维方向是否合理等方面进行分析检查，排样设计经检查无误后，应正式绘制排样图，并标注必要的尺寸和工位序号，进行必要的说明。

6.2.3 任务实施

1. 工艺分析

微型电动机定子片和转子片其材料为电工硅钢片，厚度为 0.35mm。定子片和转子片在使用中所需的数量相等，转子的外径比定子的内径小 1mm。转子片和定子片具备套冲条件，若制成单工序模或复合模都不能同时完成两工件的冲裁，而且工件的精度要求较高，形状也比较复杂，适宜采用多工位级进模制造。工件的工序均为冲孔和落料。工件的异形孔多，在级进模的结构设计和加工制造上都有一定的难度。

电动机的定子、转子片的生产批量较大，故选用硅钢片卷料，采用自动送料器和自动送料装置送料，其送料精度可达±0.05mm。采用自动送料装置时，由于其送料精度比较高，故在模具中只使用导正销作精确定位。

2. 排样设计

该电动机定子片和转子片排样如图 6.16 所示，共有 8 个工位，各工位的工序内容如下。

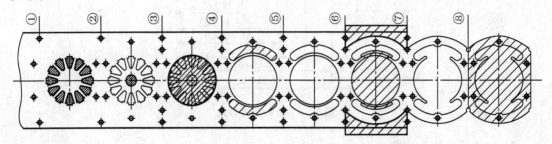

图 6.16 排样图

① 冲 2 个导正孔；冲转子片 12 个槽；冲定子片两端 4 个小孔的右侧 2 个小孔。

② 冲定子片两端 4 个小孔的左侧 2 个小孔；冲定子片中间 2 个小孔；冲定子片角部 2 个工艺孔；冲转子片中间孔。

③ 转子片落料。

④ 冲定子片两端异形槽孔。

⑤ 空工位。

⑥ 冲定子片 $\phi48.2$mm 内孔；定子片两端圆弧余料切除。

⑦ 空工位。

⑧ 定子片切断。

排样步距为 60mm，与定子片宽度相等。

转子片中间 $\phi10$mm 的孔有较高的精度要求，12 个槽孔冲裁后不再加工，直接下线（装入漆包线线圈），线径细，绝缘层薄，因此不允许有明显的毛刺，为此 $\phi10$mm 和 12 个线槽孔的冲裁间隙要略小于其他冲裁间隙，即此处的冲裁间隙为 $Z=0.01$mm，其余可取冲裁间隙 $Z_{max}=0.03$mm，$Z_{min}=0.01$mm。

定子片的两端异形槽孔和 $\phi48.2$mm 内孔冲裁的先后顺序的安排比较关键，因为 $\phi48.2$mm 内孔精度要求高，若在异形槽孔之前冲裁可能会导致 $\phi48.2$mm 内孔变形而达不到其+0.05mm 的精度要求。故先冲异形槽孔，再冲内孔。

第⑧工位的切断方法有两种，一种是如图 6.16 所示单边切断，这样导致左右两边断面毛刺不同向，即右边毛刺朝下，左边毛刺朝上，并且宽度尺寸不稳定；另一种是中间切去一截废料的方法，这样可以保证定子左右断面毛刺同向，但是材料利用率明显下降。考虑到定子外侧为非工作部位，断面毛刺的不同向不会影响其功能。所以，采用如图6.16所示的单边切断的方法。

拓展训练

图6.17所示为机芯自停连杆，其材料为10钢，厚度为0.8mm，图6.17(b)为排样图，试根据零件结构分析其排样，写出每个工位的名称。

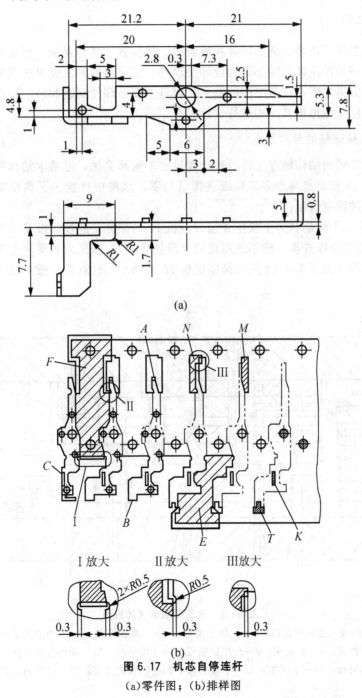

图6.17　机芯自停连杆
(a)零件图；(b)排样图

任务6.3 设计多工位级进模结构

6.3.1 工作任务

为电动机定子片和转子片模具进行主要零部件设计和模具结构设计。

6.3.2 相关知识

多工位级进模工位多、细小零件和镶块多、机构多,动作复杂,精度高,其零部件的设计除应满足一般冲压模具零部件的设计要求外,还应根据多工位级进模的冲压成形特点和成形要求、分离工序与成形工序的差别、模具主要零部件制造和装配要求来考虑其结构形状和尺寸,综合考虑模具结构进行设计。

1. 多工位级进模的结构组成

多工位级进模的结构随着工件的形状和要求不同而变化,但基本结构所包含的内容是相同的。图6.18所示是典型多工位级进模结构图,该图中仅绘出了典型零部件,凸模和凹模等工作零件没有绘制。

图6.18中,上模部分为上模座8至卸料板12的部分,通过压板及T形螺钉压紧于压力机滑块上(多工位级进模一般不采用模柄与滑块连接),随压力机滑块上下往复实现其冲压运动。下模部分为下模座14至凹模固定板16的部分,也就是一般与压力机工作台相固定的部分。

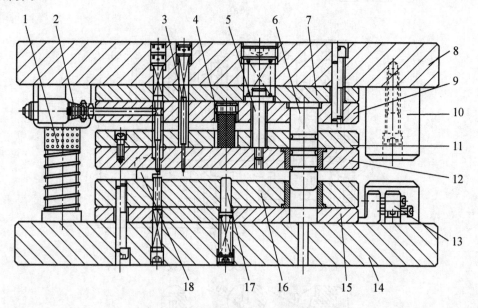

图6.18 多工位级进模的结构

1—外导组件;2—送料探误组件;3—导正组件;4—减振橡胶;5—卸料组件;6—内导组件;
7—上模垫板;8—上模座;9—凸模固定板;10—限位柱;11—卸料背板;12—卸料板;
13—调整机构;14—下模座;15—下模垫板;16—凹模固定板;17—浮料销;18—导料板

图 6.18 所示模具与普通模具相比较,有以下特点。

1) 支撑牢固

因产品尺寸精度和定位要求都非常高,为保证模具的稳定性,通常采用自制 45 钢模架(或标准钢质模架)。板类零件常有 8 块,自上而下分别为上模座 8、上模垫板 7、凸模固定板 9、卸料背板 11、卸料板 12、凹模固定板 16、下模垫板 15 和下模座 14,这种结构称为 8 板结构(也有 7 板结构,则没有卸料背板)。

2) 导向精密

上、下模导向采用滚珠型外导组件 1,同时,因产品批量大,模具寿命要求长,外导柱选用了可拆卸结构,导套采用专用的厌氧性树脂粘接固定,以降低孔的加工难度,提高装配可靠性。凸模固定板 9、卸料板 12 及凹模固定板 16 的相对定位由内导组件 6 保证。

3) 导料准确

多工位级进模一般采用卷料供料,模内用导料板 18 导料,送料粗定距依靠模外自动送料装置和模内的侧刃结构。

4) 定位精确

多工位级进模的精密定位常用"侧刃+导正销"的形式,其中侧刃是定距,精定位由导正组件 3 完成,一般每隔一个工位导正一次,其定位积累误差可控制在 ±0.02mm 以内,当送料出现错误时,送料探误组件 2 的探误针没有正常插入下端的浮顶销孔内,探误针上浮推动关联销启动微动开关,控制压力机急停。模具合模一次冲裁完成后,条料由浮料销 17 托离凹模表面,实现顺利送进。

5) 卸料可调

模具压料与卸料弹力由卸料组件 5 提供,调节上端的堵头螺塞可以调节弹簧的预压力,从而实现压料力的平衡调节。同时,为提高压料和卸料的可靠,减少噪声而设置了减振橡胶 4。卸料板上必须开出容料槽,既能为防止工作时因压力过大而导致条料严重压薄,又避免初始送料时模具后端无条料而引起的不平衡。需要强压料的工位,可将卸料镶块高出卸料板一定高度。模具合模高度由限位柱 10 控制,为操作方便,下限位柱高度与下模高度一致。

2. 多工位级进模的结构类型

多工位级进模的结构多种多样,选择结构类型要综合分析:产品的精度要求;产品的批量要求;产品的工艺要求;原材料的厚度要求;工厂的模具制造工艺水平;模具制造的成本要求;生产能力要求(冲压速度水平);模具的可靠性及寿命要求,某些客户特殊的指定性要求。常见的多工位级进模的结构类型有固定导料板形式、半弹压板形式、整体弹压板形式、分段式独立体弹压板形式等。

1) 固定导料板多工位级进模

图 6.19 所示为典型的多工位固定导料板级进模,该模具的导料板 4 为固定式的导料板,只有导料功能,没有其他的浮料和压料功能。

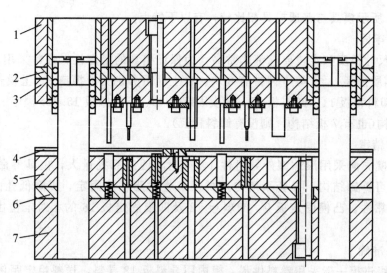

图 6.19 典型的固定导料板多工位级进模结构
1—上模座；2—上模垫板；3—上模板；4—导料板；
5—下模板；6—下模垫板；7—下模座

图 6.19 所示模具一般使用中等精度的标准模架，包括四个滚珠导柱导套、下模座和上模座，允许使用两个滚珠导向导柱导套中高精度的标准模架。模板之间没有其他的导向导柱，模板包括：上模垫板、上模板、固定导料板、下模板、下模垫板及可能需要的上盖板。固定导料板只有条料的定位及脱料的作用，没有对条料的弹压作用，固定送料模板上的型孔与上凸模之间的通过间隙为单边 0.1mm。下模板内的抬料弹顶装置要用装在上模板上的打杆打下。固定导料板级进模适应于原材料厚度不小于 0.35mm 或生产批量中等及大批量以下的零件。

2）半弹压板多工位级进模

半弹压板多工位级进模（图 6.20）的弹性卸料板的长度小于模板长度，这种设计在满足产品质量要求的前提下可简化模具结构、降低模具成本。

图 6.20 所示模具一般使用中高级精度的标准模架，它包括四个滚珠导向导柱导套、下模座、上模座，前半部（冲裁刃口集中部分）带有四个导柱的半弹压板，后半部没有导向导柱，与固定导料板模具完全一致。模板包括上垫板、上模板、半弹压板、固定送料板、半弹压板盖板、下模板、下垫板及上盖板。前半部半弹压板可以保证冲裁过程中压住条料并对凸模导向（导向配合），后半部固定导料板只有条料的定位及脱料的作用，没有对条料的弹压作用；固定送料模板上的型孔与上凸模之间的通过间隙为单边 0.01mm。半弹压板覆盖范围内的下模板内的抬料弹顶装置依靠半弹压板压下，后半部下模板内的抬料弹顶装置要用装在上模板上的打杆打下。半弹压板范围内的定位针装在半弹压板上，定位针露出半弹压板下平面的有效长度为 1mm（至少必须保证有效长度大于 2~3 倍原材料厚度）左右，后半部的定位针与固定送料板模具一样固定在上模板上。

半弹压板多工位级进模适应于原材料厚度不小于 0.3mm 或生产批量中等及以上的零件生产，尤其适合于模具很长、工位数多、后半部成形工位数多并且成形起伏大的产品生产。

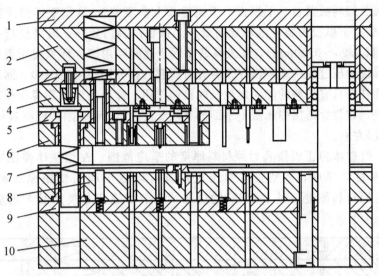

图 6.20 典型半弹压板多工位级进模结构

1—上模座盖板；2—上模座；3—上模垫板；4—上模板；5—卸料板背板；
6—卸料板；7—导料板；8—下模板；9—下模垫板；10—下模座

3）整体弹压板多工位级进模

整体弹压板多工位级进模分为 A、B 两类，它们的区别在于导料方式的不同，A 型采用小块送料板的导料方式（图 6.21），B 型采用小方块或圆柱钉的导料方式（图 6.22）。

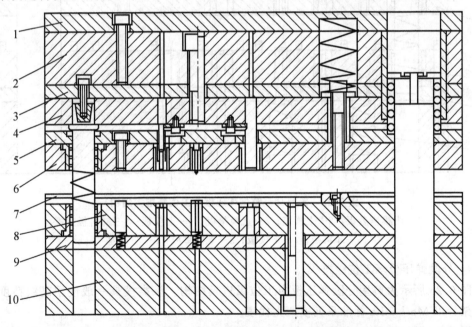

图 6.21 典型 A 型整体弹压板多工位级进模结构

1—上模座盖板；2—上模座；3—上模垫板；4—上模板；5—卸料板背板；
6—卸料板；7—导料板；8—下模板；9—下模垫板；10—下模座

图 6.21 所示模具一般使用高级精度的标准模架，包括两个滚珠导向导柱导套、下模座、上模座。主模板之间有 4 个或 6 个滚珠导向导柱，模板包括：上模垫板、上模板、卸

料板、导料板、卸料板盖板、下模板、下模垫及上模座盖板（B型整体弹压板模具没有导料板）。卸料板与下模板内装置滚珠导向套；上模板吊装内导柱，内导柱与上模板孔间隙配合（双边间隙0.20~0.30mm），在模具装配后于此间隙内浇入环氧树脂类胶黏剂。整体弹压板可以保证冲压过程中全程压住条料并对所有凸模导向（导向配合），固定导料板或导料小方块或圆柱钉只有条料的侧向定位及脱料的作用。弹顶装置依靠弹压板压下。定位针装在弹压板上，定位针露出弹压板下平面的有效长度为1mm（必须保证有效长度大于2~3倍原材料厚度）左右。

A型、B型整体弹压板模具对原材料厚度的适应范围：A型整体弹压板模具可以适应产品所有原材料厚度，B型整体弹压板模具可以适应产品使用原材料厚度不小于0.15mm并且原材料硬度超过100HV的情况，它们都适应各类产品大批量及以上产品的生产。

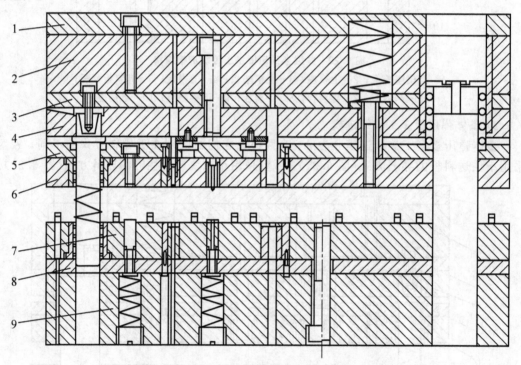

图6.22 典型B型整体弹压板多工位级进模结构
1—上模座盖板；2—上模座；3—上模垫板；4—上模板；5—卸料板背板；
6—卸料板；7—下模板；8—下模垫板；9—下模座

4）分段弹压板多工位级进模

图6.23所示为典型分段弹压板多工位级进模结构。该类模具一般使用高级精度的标准模架，以Meehanite标准系列模架为代表。

图6.23所示模具包括从左至右三个独立单元体完成冲压过程，各个独立单元体相当于一副小型整体弹压板模具。各个独立单元体内主模板之间有四个高精度滚珠导向导柱，下模板内装置滚珠导向套；弹压板与内导柱采用台阶过盈装配，并用弹压板盖板压盖，形成内导柱与弹压板固定连接的方式，并且四个内导柱作为每一独立单元体弹压板弹压的传力件；上模板孔与内导柱间隙配合，双边间隙为0.03~0.05mm。各个独立单元体中弹性

元件的设置及弹压板的连接采用独特的结构,可以提供高速或超高速冲压时非常高的平稳性及完全无偏置载荷的弹压运动。

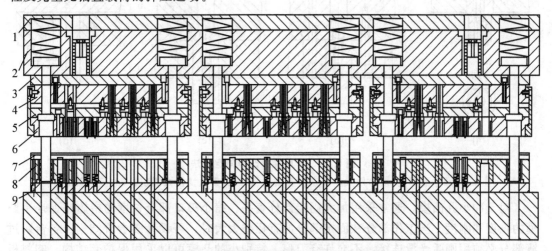

图 6.23 典型分段弹压板多工位级进模结构

1—上模座盖板;2—上模座;3—上模垫板;4—上模板;5—卸料板背拉;
6—卸料板;7—下模板;8—下模垫板;9—下模座

各个独立单元体与下模座的定位采用装在下模座上的定位销钉及定位槽口定位,定位销钉的定位是导入式初步定位,定位槽口的定位是最终的精确定位,它保证各个独立单元体之间的精确冲压节距要求,各个独立单元体与下模座的紧固连接采用斜块压板压下模板侧面的斜面的压装方式。

3. 多工位级进模主要零部件的设计

1)凸模

在一副多工位级进模中,凸模种类一般都比较多。大小和长短各异,有不少是细长凸模。又由于工位多,凸模安装空间受到一定的限制等,所以多工位级进模凸模的固定方法也很多,如图 6.24~图 6.27 所示为几种常用的凸模固定方法。

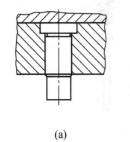 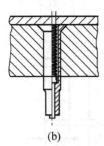 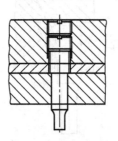 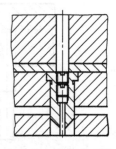

  (a)   (b)

图 6.24 圆凸模固定法　　图 6.25 圆凸模快换式固定法　　图 6.26 带护套凸模

应该指出,在同一副级进模中应力求固定方法基本一致;小凸模力求以快换式固定;还应便于装配与调整。

一般的粗短凸模可以按标准选用或按常规设计。而在多工位级进模中有许多冲小孔凸模、冲窄长槽凸模、分解冲裁凸模等,这些凸模应根据具体的冲裁要求、被冲裁材料的厚度、冲压的速度、冲裁间隙和凸模的加工方法等因素来考虑凸模的结构设计。

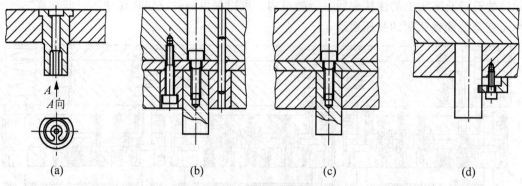

图 6.27　常用异形凸模固定方法

(a)用圆柱面固定；(b)用大小固定板套装结构；(c)直通快换式固定；(d)压板固定

对于冲小孔凸模，通常采用加大固定部分直径，缩小刃口部分长度的措施来保证小凸模的强度和刚度。当工作部分和固定部分的直径差太大时，可设计多台阶结构。各台阶过渡部分必须用圆弧光滑连接，不允许有刀痕。特别小的凸模可以采用保护套结构。卸料板还应考虑能起到对凸模的导向保护作用，以消除侧压力对凸模的作用而影响其强度。图 6.28 所示为常见的小凸模及其装配形式。

冲孔后的废料随着凸模回程贴在凸模端面上带出模具，并掉在凹模表面，若不及时清除将会使模具损坏。设计时应考虑采取一些措施，防止废料随凸模上窜。故对 $\phi 2.0 mm$ 以上的凸模应采用能排除废料的凸模结构。图 6.29 所示为带顶出销的凸模结构，利用弹性顶销使废料脱离凸模端面。也可在凸模中心加通气孔，减小冲孔废料与冲孔凸模端面上的"真空区压力"，使废料易于脱落。

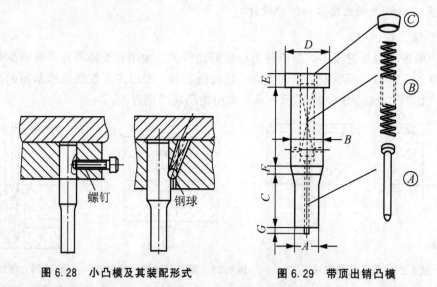

图 6.28　小凸模及其装配形式　　　　图 6.29　带顶出销凸模

除了冲孔凸模外，级进模中有许多分解冲裁工件轮廓的冲裁凸模。这些凸模的加工大都采用线切割结合成形磨削的加工方法。

需要指出的是，冲裁弯曲多工位级进模或冲裁拉深多工位级进模的工作顺序一般是先由导正销导正条料，待弹性卸料板压紧条料后，开始进行弯曲或拉深，然后进行冲裁，最后是弯曲或拉深工作结束。冲裁是在成形工作开始后进行，并在成形工作结束前完成。所以冲裁凸模和成形凸模高度是不一样的，要正确设计冲裁凸模和成形凸模的高度尺寸。

2) 凹模

多工位级进模凹模的设计与制造较凸模更为复杂和困难。凹模的结构常用的类型，除了工步较少或纯冲裁级进模及精度要求不很高的级进模的凹模为整体式的外，多数级进模的凹模都是镶拼式的结构，这样便于加工、装配调整和维修；易保证凹模几何精度和步距精度。凹模镶拼原则与普通冲模的凹模基本相同。分段拼合凹模在多工位级进模中是最常用的一种结构，如图 6.30 所示。

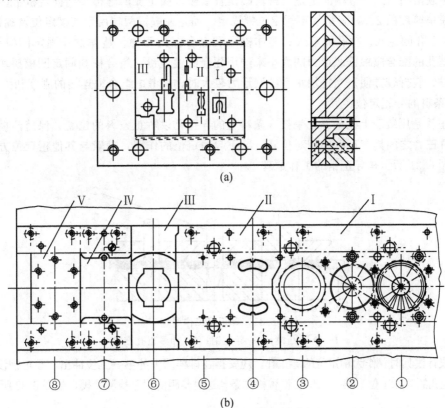

图 6.30 分段拼合凹模结构

(a)分段拼合结构之一；(b)分段拼合结构之二

图 6.30(a)所示是由三段凹模拼块拼合而成，用模套框紧，并分别用螺钉销钉紧固在垫板上。图 6.30(b)所示凹模是由五段拼合而成。再分别由螺钉、销钉直接固定于模座上（加垫板）。另外，对于复杂的多工位级进模凹模，还可采用镶拼与分段拼合综合的凹模。

特别提示

- 在分段拼合时必须注意以下几点。

  (1) 分段时最好以直线分割，必要时也可用折线或圆弧分割。

  (2) 同一工位的形孔原则上分在同一段，一段也可以包含两个工位以上，但不能包含太多工位。

  (3) 对于较薄弱易损坏的形孔宜单独分段。冲裁与成形工位宜分开，以便刃磨。

（4）凹模分段的分割面到形孔应有一定距离，形孔原则上应为闭合形孔（单边冲压的形孔和侧刃除外）。

（5）分段拼合凹模，组合后应加一整体固定板。

镶拼式凹模的固定形式主要有以下三种。

（1）平面固定式。平面固定是将凹模各拼块按正确的位置镶拼在固定板平面上，分别用定位销（或定位键）和螺钉定位和固定在固定板或下模座上。

（2）嵌槽固定式。嵌槽固定是将拼块凹模直接嵌入固定板的通槽中，固定板上凹槽深度不小于拼块厚度的 2/3，各拼块不用定位销固定，而是在嵌槽两端用键或楔定位及螺钉固定。

（3）框孔固定式。框孔固定式有整体框孔和组合框孔两种。整体框孔固定凹模拼块时，拼块和框孔的配合应根据胀形力的大小来选用配合的过盈量。组合框孔固定凹模拼块时，模具的维护、装拆较方便。当拼块承受的胀形力较大时，应考虑组合框连接的刚度和强度。

3）条料的导正定位

导正就是用装于上模的导正销插入条料上的导正孔以矫正条料的位置，保持凸模、凹模和工序件三者之间具有正确的相对位置。导正起精定位的作用，一般与其他粗定位方式结合使用。图 6.31 所示是导正销的工作原理。

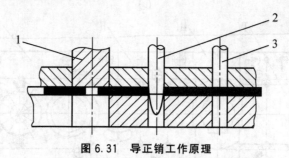

图 6.31 导正销工作原理
1—落料凸模；2—导正销；3—冲导正孔凸模

在设计模具时，作为精定位的导正孔，应安排在排样图中的第一工位冲出，导正销设置在紧随冲导正孔的第二工位，第三工位可设置检测条料送进步距的误差检测凸模，如图 6.32 所示。

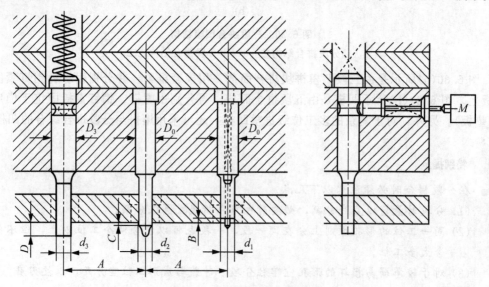

图 6.32 条料的导正与检测

(1) 直接导正和间接导正。按照条料上导正孔的性质,可把导正方法分为直接导正和间接导正。直接导正利用产品零件本身的孔作为导正孔,导正销可安装于凸模之中,也可专门设置。间接导正是利用设计在载体或废料上的导正孔进行导正。

导正销在矫正条料对工序件进行精定位时,有时会引起导正孔变形或划伤。因此,对精度和质量要求高的产品零件应尽量避免在工件上直接导正。

(2) 导正销与导正孔的关系。导正销导入材料时,既要保证材料的定位精度,又要保证导正销能顺利地插入导正孔。配合间隙大,定位精度低;配合间隙过小,导正销磨损加剧并形成不规则形状,从而又影响定位精度。导正销与导正孔的配合间隙将直接影响工件的精度,其间隙大小可参考图 6.33 所示。

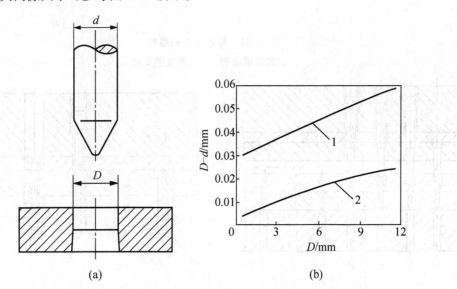

图 6.33 导正销与导正孔的配合间隙
1——一般冲件用;2—精密冲件用

(3) 导正销的结构设计。

① 导正销直径的选取。要保证被导正定位的条料在导正销与导正孔可能有最大的偏心时,仍可得到导正,但不应过小,导正销直径的选取一般不小于 2mm。

② 导正销的突出量。导正销突出于卸料板的下平面的直壁高度(工作高度),一般取 $(0.5\sim 0.8)t$。材料较厚时可取小值,薄料取较大的值。

③ 导正销的头部形状。导正销的头部形状从工作要求来看分为引导和导正部分,根据几何形状可分为圆弧和圆锥头部。图 6.34(a)所示为常见的圆弧形头部导正销,图 6.34(b)所示为圆锥形头部导正销。小孔用小锥度的导正销;大孔用大锥度的导正销。

④ 导正销的固定方式。图 6.35 所示为导正销的固定方式,图 6.35(a)为导正销固定在固定板或卸料板下,图 6.35(b)为导正销固定在凸模上。

导正销在一副模具中多处使用时,其突出长度、直径尺寸和头部形状必须保持一致,便于使所有的导正销承受基本相等的载荷。

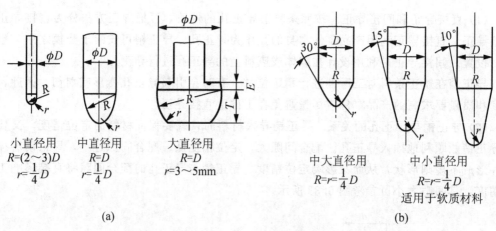

图 6.34　导正销头部结构

(a)圆弧形头部；(b)圆锥形头部

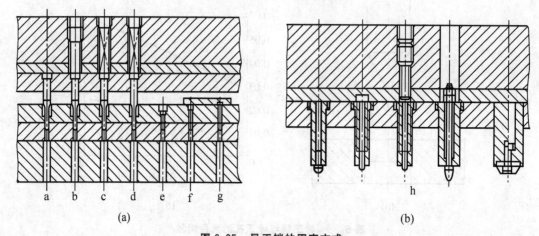

图 6.35　导正销的固定方式

(a)导正销固定在固定板或卸料板下；(b)导正销固定在凸模上

4）条料的导向和顶料装置

多工位级进模要求在送进过程中无任何阻碍，由于条料经过冲裁、弯曲、拉深等变形后，在条料厚度方向上会有不同高度的弯曲和突起，为了顺利送进带料，必须将已被成形的带料顶起，使突起和弯曲的部位离开凹模洞壁并略高于凹模工作表面。这种使带料顶起的特殊结构称为浮动顶料装置。该装置往往和带料的导向零件共同使用。

完整的多工位级进模导料装置应包括：导料板、浮顶器(或浮动导料销)、承料板、侧压装置等。

(1) 浮动顶料装置。

如图 6.36 所示是常用浮动顶料装置，结构有浮顶销、浮动顶料管和浮动顶料块三种。顶起的高度一般应使条料最低部位高出凹模表面 1.5～2mm，同时应使被顶起的条料上平面低于刚性卸料板下平面 $(2～3)t$ 左右，这样才能使条料送进顺利。浮顶销的优点是可以根据顶料具体情况布置，顶料效果好，凡是顶料力不大的情况都可采用压缩弹簧作顶料力源。顶料钉通常用圆柱形，但也可用方形(在送料方向带有斜度)。浮顶销经常是成偶数使用，其正确位置应设置在条料上没有较大的孔和成形部位下方。对于刚性差的条料应采用顶料块顶料，以免条料变形。顶料管设在有导正孔的位置进行顶料，它与导正销配合(H7/h6)，管孔起导正孔作用，适用于薄料。这些形式的顶料装置常与导料板组成顶料导向装置。

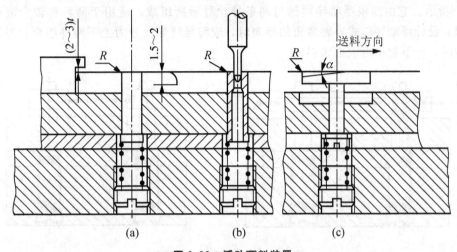

图 6.36 浮动顶料装置
(a)顶料销；(b)顶料管；(c)顶料块

(2) 浮动导料装置。

浮动导料装置是具有顶料和导料双重作用的模具部件，在级进模中应用广泛。它分为带槽浮动导料销和导轨式导料装置两种。

① 带槽浮动导料销。图 6.37 所示是常用的导料销结构装置。该带槽浮动导料销既起导料作用又起浮顶条料作用，尤其在模具全部或局部长度上不适合安装导料板的情况下。如果结构尺寸不正确，则在卸料板压料时产生图 6.37(b)所示的问题，即条料料边产生变形，这是不允许的。

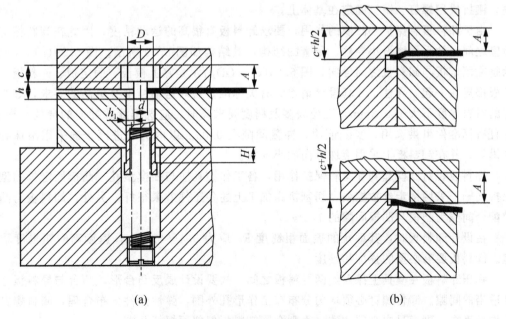

图 6.37 带槽浮动导料销导料装置

② 浮动导轨式导料装置。由于带导向槽浮动导料销与条料接触为点接触，间断性导料，不适于料边为断续的条料的导向，故在实际生产中应用浮动导轨式的导料装置，如图 6.38 所示。它由四根浮动导料销与两条导轨导板所组成，适用于薄料和较大范围材料的顶起。设计浮动导轨式导料装置的导向时，应将导轨导板分为上下两件组合，当冲压出现故障时，拆下盖板可取出条料。

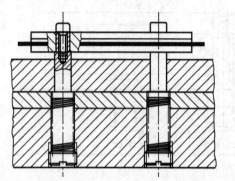
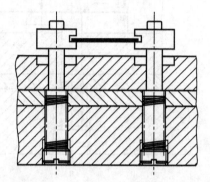

图 6.38　浮动导轨式导料装置

5）卸料装置

卸料装置是多工位级进模结构中的重要部件。它的作用除冲压开始前压紧带料，防止各凸模冲压时由于先后次序的不同或受力不均而引起带料窜动，并保证冲压结束后及时平稳地卸料外，更重要的是卸料板将对各工位上的凸模（特别是细小凸模）在受侧向作用力时，起到精确导向和有效的保护作用。卸料装置主要由卸料板、弹性元件、卸料螺钉和辅助导向零件所组成。

在复杂的级进模中，由于型孔多，形状复杂，为保证型孔的尺寸精度、位置精度和配合间隙，卸料板常用镶拼结构。在整体的卸料板基体上，根据各工位的需要镶拼卸料板镶块，镶拼块用螺钉、销钉固定在基体上。

由于卸料板有保护小凸模的作用，要求卸料板有很高的运动精度，因此在卸料板与上模座之间经常采用增设小导柱、导套的结构，其结构如图 6.39 所示。图 6.39(a)、(b)所示是在固定板与卸料板之间导向，图 6.39(c)、(d)所示是将上模板、固定板、卸料板、下模板都连在一起。导柱、导套设计请参阅有关标准。若对运动精度有更高的要求，如当冲压的材料厚度不大于 0.3mm，工位较多及精度要求高时，应选用滚珠导向的导柱、导套，并且有标准件可供选用。实践证明，冲裁间隙在 0.05m 以内的级进模普遍采用滚珠导向的模架，并在卸料板上采用滚珠导向的小导柱。

卸料板要对凸模起到导向和保护作用，各工作型孔应与凹模型孔、凸模固定板的型孔保持同轴，采用慢走丝数控线，切割机床加工上述各工件效果很好。另外，卸料板与凸模的配合间隙为凸模与凹模间隙的 1/3～1/4。

在设计卸料板时，其型孔的表面粗糙度 Ra 应为 0.4～0.1μm，速度高时粗糙度取小值。卸料板要有必要的强度和硬度。

弹压卸料板在模具上深入到两导料板之间，故要设计成反凸台形，凸台与导料板之间有适当的间隙。卸料螺钉必须均匀分布在工作形孔外围，弹性元件分布合理，卸料螺钉的工作长度在一副模具内必须一致，否则会因卸料板偏斜而损坏凸模。

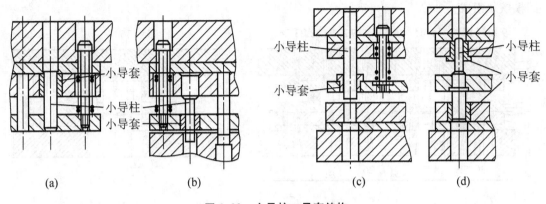

图 6.39 小导柱、导套结构

为了在冲压料头和料尾时，使卸料板运动平稳，压料力平衡，可在卸料板的适当位置安装平衡钉，保证卸料板运动的平衡。

6.3.3 任务实施

1. 工艺计算

1) 冲压力的计算

各工位的主要工序是冲裁，电工硅钢片的剪切强度极限取 $\tau=190\text{MPa}$，利用 $F=1.3Lt\tau$ 计算得各工位冲压力如下。

第 1 工位：31226N

第 2 工位：冲裁力 9192N；整形压力 19500N，共计 28692N

第 3 工位：9861N

第 4 工位：100548N

第 6 工位：19859N

第 8 工位：3791N

共计：193799N

2) 压力中心的计算

计算压力中心的坐标定在第 1 工位的中心。从排样图可看出，图中图形以 z 轴对称，所以 y 方向坐标为 0，经计算 z 方向的压力中心为：$x_0=152.1\text{mm}$。

3) 卸料力的计算

在各工位的冲裁力中，第 2 工位的校平力和第 8 工位的单边切断力在回程时没有卸料力，其余冲裁力的总和作为计算卸料力的冲裁力，其值为

$$F_Q=193799\text{N}-(19500\text{N}+3791\text{N})=170686\text{N}$$

4) 冲裁间隙

本任务模具所使用的电工硅钢片，厚为 0.35mm，冲裁间隙确定双面间隙为最大 0.06mm，最小 0.04mm。

2. 模具结构设计

本任务模具结构如图 6.40 所示，采用四导柱滚柱导向钢板模架。上模部分由上模座、垫板、凸模固定板、卸料板和各个凸模组成。下模部分由下模座、凹模固定板、垫板和各

凹模镶块组成。

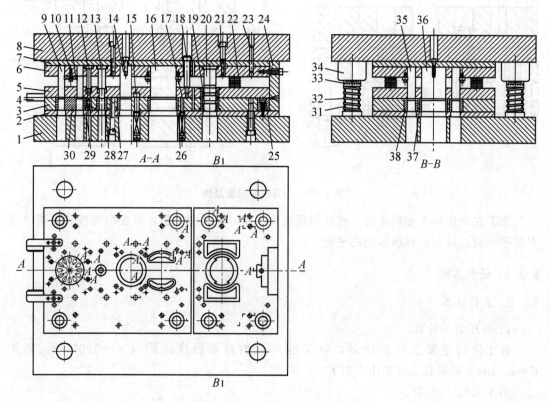

图 6.40 定子转子级进模

1—下模座；2—下垫板；3—凹模固定板；4—导料板；5—卸料板；6—凸模固定板；7—上垫板；
8—上模座；9—转子切槽凸模；10—螺钉；11—压板；12—冲导正孔凸模；13—冲孔凸模；
14—转子落料凸模；15—两用销；16—定子切槽凸模；17—浮料销；18—卸料螺钉；
19—导套；20—小导柱；21—螺钉；22—弹簧；23—销钉；24—切断凸模；25—切断凹模；
26—定子切槽凹模；27—转子落料凹模；28—冲孔凹模；29—冲导正孔凹模；30—转子切槽凹模；
31—外导柱；32—弹簧；33—钢球保持圈；34—外导套；35—定子片圆弧冲裁凸模；
36—定子片内孔冲孔凸模；37—定子片内孔冲孔凹模；38—定子片圆弧冲裁凹模

1) 模架和卸料板

多工位级进模模架精度的选择，主要根据模具的冲裁间隙、配合精度和模具复杂程度来定。模具冲裁间隙小于 0.05mm 时，采用滚珠过盈导向模架，本任务就采用此类模架，由于具有细小凸模，因此需要利用卸料板对小凸模进行保护。卸料板要有足够的运动精度，为此在卸料板和固定板之间要设置辅助导向机构，俗称小导柱和小导套。小导柱和小导套的配合间隙应当更小，一般为凸模与卸料板配合间隙的 1/2。因各间隙值都很小，在冲裁间隙值不大于 0.05mm 时，模具中的辅助导向机构必须设计成滚珠过盈的导向机构方能有导向效果。本模具选用导柱直径为 ϕ19mm，在固定板与卸料板之间共设置 4 套。

模具的卸料板装置不仅有良好的稳定性、刚性，而且要有很好的工艺性。卸料板共分为 4 块，每块厚度均为 12mm 用 Cr12 制作，并要求淬火硬度为 55~58HRC，具有较高的硬度、韧性及耐磨性。各卸料板均安装在卸料板基体上，卸料板基体用 45 钢制作，厚度为 20mm。

卸料板上均布6组相同的碟形弹簧作为弹压装置，本模具所有的工序都是冲裁，卸料板的工作行程小，适宜用碟形弹簧。由前计算卸料力 $F_卸=6827N$，卸料力在6组弹簧上不是均匀分布的，弹力值取大一些没有多少影响，仅是增加一些压力机负荷。由此把每组弹簧力设计为2500N，6组弹簧总负荷在15000N左右。查有关手册可得碟形弹簧 $40\times20.4\times2.2\times3.1$，该弹簧允许负荷为2670N，弹簧外径40mm，内径20.4mm，导杆直径20mm，弹簧材料厚1.5mm，总变形量设计为5mm，则弹簧数量 $n=5/0.78=6.41$ 个，取8片分为4对，卸料螺钉用圆柱头内六角卸料螺钉，直径 $\phi20mm$。

2）定位装置

模具的步距精度为 $\pm0.005mm$，采用的自动送料机构精度为 $\pm0.05mm$，为此在模具内设置4组共8个工艺性导正销，分别设置在第2、3、4、5工位，呈对称布置。导正销的安装形式如图6.41所示。图中a导正销直接装在凸模上；图b导正销安装在卸料板上，其余导正销均是穿过卸料板和凸模固定板进行安装的；本模具采用图中d形式，采用双螺塞是为了能够锁紧导正销，螺柱和导正钉之间是垫柱，导正销与固定板、卸料板的配合均选用H7/h6，导正销直径为 $\phi8mm$。在第8工位，导正销孔已被切除，借用定子片两端 $\phi6mm$ 孔作导正销孔，以保证最后切断时定位精确，在第3工位切除 $\phi47.2mm$ 外圆时，用装在凸模上的导正销，借用中心孔 $\phi10mm$ 导正。

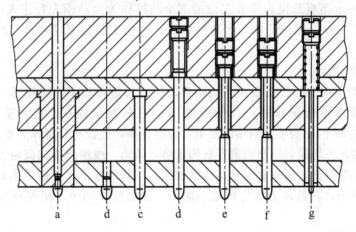

图6.41 导正销安装形式

3）导料装置

模具内导尺至第1工位开始时为止，其目的是避免条料运行过程中产生过大的阻力。中间各工位上放置了5组10个导向槽浮顶器，其作用是在导向的同时具有向上浮料的作用，使条料运行过程中从凹模板上浮起1.5mm，以有利于条料运行。在模具的两端和中间部位，设置了6个弹性浮顶器。采用自动送料模具的导尺，应设计为带台式导尺。带台式导尺的结构和设计要求，如图6.42所示。因本模具工序均为冲裁，条料浮起高度 H_0 取为4mm。

3. 凸、凹模设计

凹模由凹模固定板和凹模镶块组成。凹模固定板长460mm，宽240mm，用45钢制作。凹模共分为两块，第1~5工位为第1块，第6~8工位为第2块，凹模镶块分别固定在凹模固定板上。

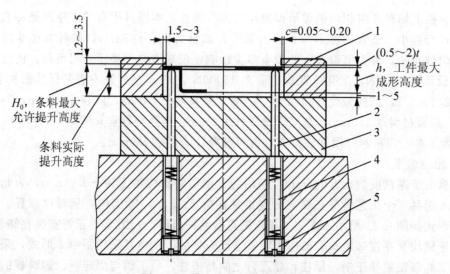

图 6.42 带台式导尺结构示意图
1—带台式导料板；2—条料浮顶器；3—凹模；4—弹簧；5—丝堵

凸、凹模材料选用 Cr12MoV，淬火硬度 62～64HRC。凸模高度应符合工艺要求，第 3 工位的 $\phi 47.2$mm 落料凸模和第 6 工位的三个凸模作为大凸模先行进入冲裁工作状态，使其凹入卸料板 1mm，其余凸模均比其短 0.5mm，当大凸模完成冲裁后再使小凸模进行冲裁。

1) 线槽冲模设计

12 个线槽凸模和中心孔凸模设计成组合凸模，其组合基体为圆柱形，用线切割机床加工出型孔，各槽形凸模和中心孔凸模以 H7/n6 的配合固联。组合基体外圆直径取 $\phi 65$mm，用 H7/h6 的配合装在凸模固定板上。组合基体上设有台阶作为垂直方向的固定，在线槽凸模外侧用齐缝销钉与凸模固定板固定防止转动。线槽凸模的固定方法不宜采用铆接的方法，因经常拆卸、更换对组合基体会有损坏，其尺寸小又不能用螺钉固定。采用圆环卡圈的方法固定，在基体上加工出槽，圆形卡圈切割成两半，用圆环卡住后装入组合机体。

2) 线槽凹模设计

与组合凸模对应的凹模设计为局部凹模，凹模用自身台阶和齐缝销钉固定在凹模板上，凹模板用销钉和螺钉与垫板和下模板固定，凹模刃口以下的漏料部分用扩大型孔的方法，采用电火花机床加工。

3) 小凸模设计

第 1、2 工位还有 4 种共 10 个圆形冲孔，孔径为 $\phi 4$～$\phi 8$mm，属于细小圆凸模，长度为 130mm，将其制成台阶状，尾部带台与凸模固定板固定，中部直径设计为 $\phi 8$～$\phi 10$mm，工作部分穿过卸料板。卸料板由于装有精密的导向装置，对细小凸模具有有效的保护作用。

4) 转子片落料模设计

在第 3 工位，转子片 $\phi 47.2$mm 落料，落料凸模制成带台圆凸模，用凸模固定板固定。冲孔孔径与凸模相同，落料时工件外径与凹模尺寸相同，凹模孔内径按 $\phi 47.2_{-0.04}^{-0.02}$mm 制作，凹模设计为镶套结构，外径为 60mm 的带台筒状件，与凹模板成 H7/m6 配合。

5) 异形孔冲模设计

第 4 工位冲定子片两端异形槽孔，第 5 工位为空工位，此两工位在凸、凹模分段中分为同一段。冲定子片异形槽孔时，应保持 φ48.2mm 圆周的完整性，异形孔内侧以 φ53.8mm 的圆弧封闭，两凸模用线切割机床制成直通凸模，采用销钉法固定。凹模用线切割机床加工型孔，用铣床扩大漏料孔。凹模与第 3 工位相接处要向内让出，以使第 3 工位的凹模壁具有足够的强度。第 5 工位凹模从中线划分，一半与第 4 工位联体，另一半与第 6 工位联体。

6) 切废模设计

第 6 工位是冲 φ48.2mm 定子片内孔和切除定子片两端圆弧余料。该工位凸模由三部分组成，中间是 φ48.2mm 内孔凸模，两侧是圆弧切断凸模。中间凸模冲裁左、右两段 φ48.2mm 圆周，并与两个异形孔切通。该凸模形体较大，设计为直通凸模，用两个 M10 螺钉固定在垫板上，并用凸模固定板固定，两侧的切圆弧凸模，用于切断圆弧和两侧直线部分，受侧向力影响较大，依靠卸料板导向抵消侧向力，凸模用 M10 螺钉吊装在垫板上，再有凸模固定板固定。凹模是整体的，共有三个型孔，切掉的废料分别从各型孔中漏出。

拓展阅读

1. 限位装置

级进模结构复杂，凸模较多，在存放、搬运、试模过程中，若凸模过多地进入凹模，容易损伤模具，为此在设计级进模时应考虑安装限位装置。

如图 6.43 所示，限位装置由限位柱与限位垫块、限位套组成。在冲床上安装模具时把限位垫块装上，此时模具处于闭合状态。在压力机上固定好模具，取下限位垫块，模具即可工作，安装模具十分方便。从压力机上拆下模具前，将限位套放在限位柱上，模具处于开启状态，有利于搬运和存放。

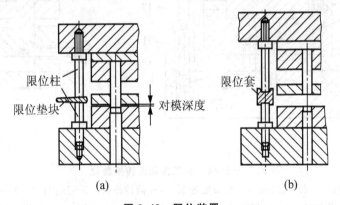

图 6.43 限位装置

当模具的精度要求较高时，模具又有较多的小凸模时，可在弹压卸料板和凸模固定板之间设计一限位垫板，能起到较为准确地控制凸模行程的限位作用。

2. 加工方向的转换机构

在级进弯曲或其他成形工序冲压时，往往需要从不同方向进行加工。因此需将压力机滑块垂直向下运动，转化成凸模（或凹模）的向上或水平等不同方向的运动，实现不同方向的成形。完成这种加工方向转换的装置通常采用斜楔滑块机构或杠杆机构，如图 6.44 所示。图 6.44(a)所示是通过上模压柱 5 打击斜楔 1，由斜楔 1 推动滑块 2 和凸模固定板 3，转化为凸模 4 的向上运动，从而使成形件在凸模 4 和凹模之间局部成形（突包）。这种结构由于成形方向向上，凹模板板面不需设计让位孔让开已成形部位，动作平稳，因此应用广泛。图6.44(b)所示是利用杠杆摆动转化成凸模向上的直线运动，实现冲切或弯曲。图6.44(c)所示是用摆块机构向上成形。图6.44(d)所示是采用斜滑块机构进行加工。

级进模中滑块的水平运动，多数是靠斜楔将压力机滑块的上下运动转换而来的。在设计斜滑块机构时，应参考有关设计资料，根据楔块的受力状态和运动要求进行正确的设计，合理地选择设计参数。

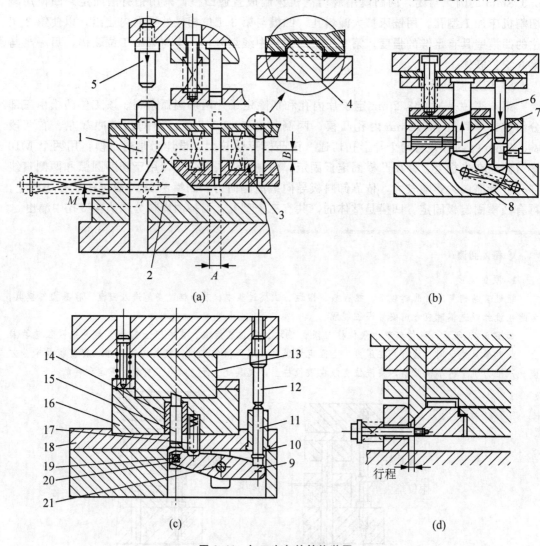

图6.44 加工方向的转换装置

1—斜楔；2—水平滑块；3—凸模固定板；4—倒冲凸模；5—压杆；6、12—主动杆；
7、11—从动杆；8—杠杆摆块；9—梭形杠杆；10—导向套；13—上模；14—护套；
15—冲头；16—凹模；17—压缩弹簧；18—垫板；19、21—轴；20—轴套

3. 多工位级进模自动送料装置

实现冷冲压生产的自动化，是提高冲压生产率，保证安全生产的根本途径和措施。自动送料是实现自动生产的基本机构。多工位级进模自动送料的目的是将条料按所需的步距，正确地送进模具工作位置，在各不同工位完成冲制过程。常用的自动送料装置较多，本章只介绍两种由上模带动的自动送料装置。

1) 钩式自动送料装置

钩式自动送料装置可由压力机的滑块带动（用于较宽、较厚的材料），也可由上模直接带动。后者使

用广泛,虽然其结构形式很多,但几乎都是用装在上模的斜楔来推动滑动块而带动拉料钩实现自动送料的。

图 6.45 所示是由安装在上模的斜楔 3 带动的钩式自动送料装置。其工作过程是:开始几个工件用手工送进,当达到自动送料位置时,上模下降,装于下模的滑动块 2 在斜楔 3 的作用下向左移动,铰接在滑动块上的拉料钩 5 将材料向左拉移一个进距 A,此后在弹簧片 4 的作用下拉料钩停止不动(图中所示位置),凸模 6 下降冲压。当上模回升时,滑动块 2 在拉簧 1 的作用下,向右移动复位,使带斜面的料钩跳过搭边进入下一孔位完成第一次送料,而条料则在止退簧片 7 的作用下不动。以此循环,达到自动间歇送进的目的。

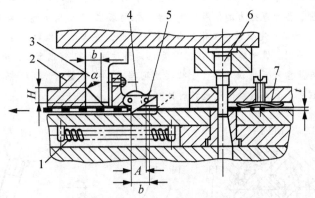

图 6.45 钩式自动送料装置

1—拉簧;2—滑动块;3—斜楔;4—弹簧片;
5—拉料钩;6—凸模;7—止退簧片

(1) 钩式送料装置的特点。钩式送料装置是一种结构简单、制造方便、造价低廉、使用广泛的自动送料装置。各种钩式自动送料装置的共同特点是靠料钩拉动载体,实现自动送料。因此,只有在有载体的冲压生产中才能使用。在拉钩没有拉到载体前用手工送料。在级进模中,通常要与导正销或侧刃配合使用才能保证准确的进距。当材料厚度 $t<0.3$mm 时,需增大载体以保证载体不致拉断,因而使材料利用率降低 4%~6%。

由于钩式送料装置靠料钩拉住载体送料,通常要求料宽在 100mm 以下,料厚在 0.3mm 以上,载体宽度应大于 1.5mm,送料进距不超过 40mm。

钩式送料装置的送进运动是在上模下行过程中进行的,因此送进必须在冲压前结束,即冲压时应使材料不动。

该类装置适用于条料或带料的自动送进,送进误差可达±0.15mm(当与导正销或侧刃配合使用时,其误差可以减小),允许行程次数小于 200 次/min,送进速度小于 15m/min。

(2) 设计钩式送料装置应注意的问题:

① 拉钩的移动距离 S_1 应保证有 1~3mm 的活动量,即 $S_1=A+(1~3)$mm。

② 斜楔的斜面高度 $H=S_1/\tan\alpha$,一般取 $\alpha=45°$,此时 $H=S_1$。

③ 为了保证送料与冲压两者互不干涉,压力机的行程 S 应满足 $S \geqslant H+t+(2~4)$mm,在带料级进拉深中,$S \geqslant H+$工件高度。

2) 辊式自动送料装置

(1) 辊式自动送料装置的特点。辊式送料装置的通用性很强,适用范围较广,宽度为 10~1300mm、厚度为 0.18mm 的条料、带料、卷料一般都能适用。它的精度也较高,目前,即使在 120m/min 高速送料的情况下,送进步距误差也只有±0.025mm。若与导正销配合使用,其送进步距误差可达±0.01mm。小尺寸材料的送进可由上模带动,大尺寸材料的送进由压力机带动。

301

辊式送料装置是通过一对辊轴定向间歇转动,转动时靠辊轴与毛坯间的摩擦力而进行间歇送料的。辊轴与毛坯间的接触面积较大,材料不会被压伤,而且还能起到矫直材料的作用。

辊式送料装置分为单辊式和双辊式,单辊式一般为推式送料,少数用拉式,它适用于材料厚度 $t>0.15\text{mm}$ 的级进冲压,双边辊式是一拉一推送料,它适用于材料厚度 $t<0.15\text{mm}$ 的级进冲压。

(2) 辊式自动送料装置的工作过程。图 6.46 所示是由压力机带动的单辊式送料装置结构图。在工作过程,首先将偏心手柄 17 抬起,通过吊杆 7 将上辊 6 提起,使其与下辊 3 之间形成间隙,将条料从间隙中穿过,然后按下偏心手柄 17,在弹簧的作用下,上辊将材料压紧即可启动。拉杆 16 上端与偏心调节盘连接。当上模回程时,由于偏心调节盘的作用而拉动拉杆 16 向上运动,因而使与其铰接的外接板 4 逆时针方向转动一个角度。由于摩擦力的作用,外接板 4 推动滚柱 11 向前与连接块 10 卡死,带动下辊 3、齿轮 13,使上、下辊一同转动完成送料工作。当上模下行时,外接板 4 推动滚柱 11 后退,连接块 10 打滑,下辊 3 停止不动。同时,调节螺钉 15 打击横梁 19,通过翘板 21 将铜套 5 提起而使上辊 6 松开材料,以便模具中的导正销导正条料后再次冲压。上模再次回程时,在弹簧的作用下辊又将材料压紧而送料,重复上述动作。如此循环,达到自动间歇送料的目的。

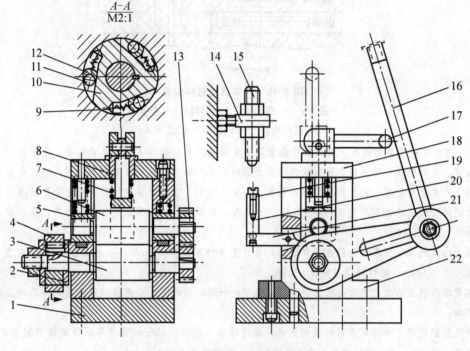

图 6.46 单边辊式送料装置

1—底座;2—垫片;3—下辊;4—外接板;5—铜套;6—上辊;7—吊杆;8—套筒;
9—弹簧;10—连接块;11—滚柱;12—滚动衬板;13—齿轮;14—螺钉;15—调节螺钉;
16—拉杆;17—偏心手柄;18—固定板;19—横梁;20—横梁支承板;21—翘板;22—支承板

(3) 辊式自动送料装置的结构特性。

① 驱动机构和送进长度的调节。目前采用较多的是在冲床的曲轴轴端安装一个偏心盘,由拉杆作直线往复运动带动辊轮作回转运动。送料长度的调节是通过拉杆在偏心盘的芯轴上的移动而实现的,如图 6.47 所示。

② 定向离合器。图 6.48 所示为常用的普通定向离合器,其基本结构及工作原理是,当外轮逆时针转动时,由于摩擦力的作用使滚柱楔紧,从而驱动星轮一起转动,而星轮转动带动送料装置的工作零件转动。当外轮顺时针转动时,带动滚柱克服弹簧力而滚到楔形空间的宽敞处,离合器处于分离状态,星

轮停止不动。外轮的反复转动是由摇杆来带动的。

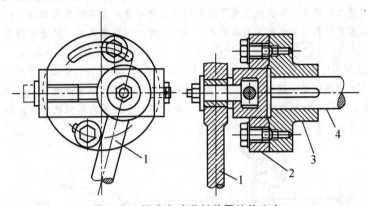

图6.47 辊式自动送料装置的偏心盘
1—驱动杆；2—偏心盘；3—法兰盘；4—曲柄轴；5—制动器

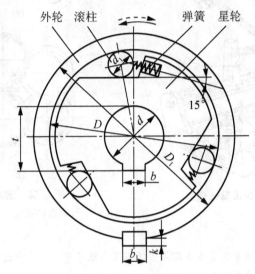

图6.48 定向离合器

定向离合器常用于驱动辊式送料机构的辊轴，使之产生间歇转动，以达到按一定规律自动送料的目的。它允许的压力机滑块行程次数和送料速度比棘轮机构大。压力机滑块行程数小于200次/min，普通定向离合器送料速度小于30m/min，异形滚子定向离合器则小于50m/min。

③ 辊轴。辊轴是与材料直接接触的工作零件，它有实心和空心两种。对于直径小的、送进速度低的用实心的；对于直径大的、送进速度高的用空心的，其重量轻，回转惯性较小，可即时停止，确保送料精度。

④ 抬辊机构。辊轴送料装置在使用过程中需要两种抬辊动作：一种是开始装料时临时抬辊，使上、下辊间有一间隙，以便材料通过；第二种抬辊动作是在每次送进结束后，冲压工作前，使材料处于自由状态，以便导正。实现第一种抬辊动作可以用手动；实现第二种抬辊动作有两种方式，即杠杆式和气动式。杠杆式是常用的方法。图6.46所示是调节螺杆推动杠杆而实现抬辊；图6.49所示是通过凸轮推动杠杆而抬辊。这种机构能够任意选择抬辊时间和抬辊量。

⑤ 压紧机构。辊轴送料是依靠辊轴与材料之间的摩擦力来完成材料的进给运动。为了防止辊轴与材料之间打滑而影响送进步距的精度，应设置压紧装置对辊轴施加适当的压力，以产生必要的摩擦力。压紧装置可以采用弹簧或气压，图6.46中的压紧装置为弹簧压紧装置。

⑥ 制动机构。辊轴送料装置在送料过程中，由于辊轴及传动系统的惯性和离合器的打滑，会影响送进步距精度。为克服上述现象，可在上辊或下辊轴端设置制动器，尤其对送进速度高、辊轴直径大的情况更应如此。制动器可以是闸瓦式的或圆盘式的。当然，对于送进速度小、送进距精度要求不高的也可以不设置制动器。

⑦ 上、下辊之间的传动。上、下辊之间通常以齿轮来传动。如果仅仅是上、下辊上的一对齿轮直接传动，则材料厚度变化会引起齿隙增大，如图6.50(a)所示，这就会影响送进步距精度。因此，一方面在辊子上装制动器，另一方面建议材料厚度不超过齿轮的模数。如果采用间接传动，如图6.50(b)所示，即使材料厚度发生变化，齿轮基本上也能保持正常传动。

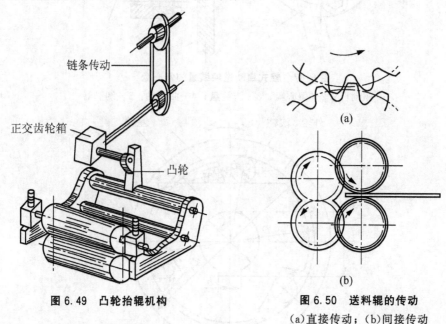

图6.49　凸轮抬辊机构

图6.50　送料辊的传动
(a)直接传动；(b)间接传动

4. 安全检测装置

模具在工作中，经常会因失误而造成模具损坏或压力机损坏，故生产过程中必须有安全检测装置。它可设在模具内，也可安装在模具外。

冲压时因某种原因影响模具正常工作时，检测装置的传感元件能迅速地把信号反馈给压力机制动部位，实现自动保护。目前常用的是光电传感检测和接触传感检测。图6.51所示为自动冲压生产过程中，具有监视功能的检测装置。

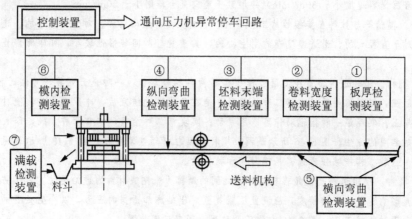

图6.51　冲压自动化的监视与检测装置

在级进冲压时，材料的自动送料装置有时会因环境的微小变化而使送进步距失准，若不及时排除，就会损坏工件或造成凸模折断。为此，在多工位级进模内装入了检测凸模。当检测凸模发现误送时，检测凸模的动作将推动顶杆使其与微动开关接触，接通电路使冲床急速停止。如图6.52所示，为利用导正孔检测的检测装置。当浮动检测销1因送料失误不能进入条料的导正孔时，便被条料推动向上移动，同时推动接触销2使微动开关3闭合，因微动开关同压力机的电磁离合器是同步的，所以电磁离合器脱开，压力机滑块停止运动。

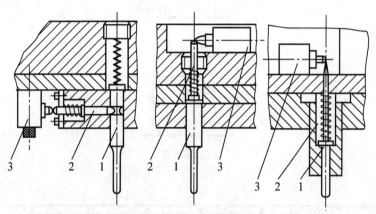

图 6.52 导正孔检测装置
1—浮动检测销（导正销）；2—接触销；3—微动开关

小　　结

本项目通过微型电动机定子片和转子片模具设计，重点阐述了多工位级进成形方法、排样设计的工位布置方法；介绍了级进模中常用的装置，同时介绍了典型的多工位级进模的结构设计。

要求重点掌握多工位级进模的排样设计和多工位级进模的结构设计，其他内容理解即可。

习　　题

1. 试比较多工位级进模与普通级进模的差异。
2. 多工位级进模的排样设计应遵循什么原则？
3. 载体有几种形式？
4. 多工位级进模的模具组成与普通级进模有何不同？
5. 图6.53为零件的零件图和排样图，试写出每个工位的名称。

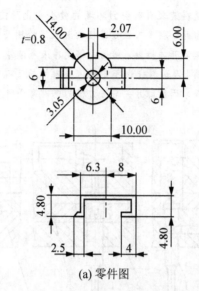

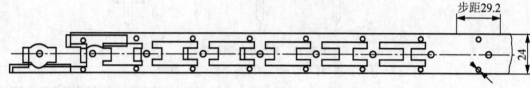

(a) 零件图

(b) 排样图

图 6.53 题 5 图

项目 7

冲压工艺规程编制

学习目标

最终目标	通过玻璃升降器外壳冲压工艺方案的制订,掌握冲压工艺方案制订的方法
促成目标	(1) 学会工序性质、数量的确定方法; (2) 学会工序顺序、组合方式的确定; (3) 学会编写工艺文件

项目导读

冲压工艺规程是指冲压工艺人员,在零件投产前所编制的一种能指导整个生产过程的工艺性技术文件。它是将所设计的冲压件,在组织投产前,对其工艺性进行进一步审查,确定其形状、尺寸是否合理,并提出修改措施。然后根据零件的结构形状及尺寸精度要求,确定工艺方案、模具结构形式、检验方法、使用设备以及制定工艺定额,计算成本等一系列投产前的准备工作。

一个合理的工艺规程,既能使生产上做到有条不紊,稳定而高效,同时还能达到确保产品质量和降低成本的目的。假如工艺规程编制的不合理,则会造成生产周期长、模具的破损、产品大量报废、成本提高等一系列的不良后果。严重时,由于设备、模具选择的不合理还会发生人身伤亡事故。因此,冲压工艺规程的设计,是冲压生产中一项不可缺少的重要工作之一。

合理的冲压工艺规程应能满足下述要求。

(1) 零件所需的原材料少,工序数目少而简单,且减少或不再用其他后续加工方法。

(2) 零件所需的模具结构简单,占用设备少。

(3) 模具使用寿命高。

(4) 制出的零件符合技术要求,并且尺寸精度高,表面质量好。

(5) 尽可能采用生产机械化与自动化。

(6) 生产准备周期短、成本低。

(7) 适合技术等级不高的劳动力操作。

(8) 做到安全生产。

项目描述

本项目针对汽车车门玻璃升降器外壳,根据其结构特点、尺寸精度要求以及生产批量,按照现有设备和生产能力,编制出最为经济合理,技术上切实可行的冲压工艺规程,进而推广到其他典型冲压件。

项目载体:汽车车门玻璃升降器外壳件。形状、尺寸如图7.1所示,材料为08钢板,板厚1.5mm,中批量生产,拟采用冲压生产,要求编制合理的冲压工艺。

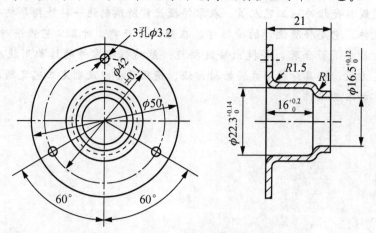

图7.1 汽车车门玻璃升降器外壳

项目流程

项目流程如图7.2所示。

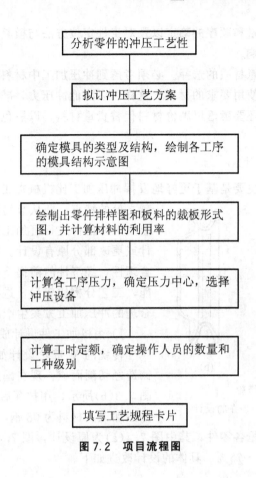

图 7.2 项目流程图

任务 7.1 分析冲压件工艺性

7.1.1 工作任务

对项目零件——汽车车门玻璃升降器的外壳进行工艺性分析。

7.1.2 相关知识

冲压件的工艺分析在前面几个项目中都分别阐述了,在此再概括一下。

1. 审查产品图

根据产品图认真分析研究该冲压件的形状特点、尺寸大小、精度要求,所用材料的力学性能、工艺性能和使用性能以及产生各种质量问题的可能性,由此了解它们对冲压加工难易程度的影响情况。应特别注意零件的极限尺寸(如最小冲孔直径、最小窄槽宽度、最小孔间距和孔边距、最小弯曲半径)、尺寸公差、设计基准及其他特殊要求。因为这些要素对冲压所需的工序性质、数量排列顺序的确定以及冲压定位方式、模具结构形式与制造精度的选择均有显著影响。

分析产品图的另一个目的在于明确冲压该零件的难点所在,因而要特别注意零件图上的极限尺寸、设计基准以及变薄量、翘曲、回弹、毛刺大小和方向要求等。因为这些因素对所需工序的性质、数量和顺序的确定以及对工件定位方法与模具制造精度、模具结构形式的选择都有较大的影响。

审查产品图还要注意材质的选择。必须考虑到冲压加工中材料的加工硬化，选用经过变形后强度指标能满足使用要求的材料，这样可以降低冲压力，减小模具的磨损，延长其使用寿命。如果有可能还要考虑以廉价材料代替贵重材料，以黑色金属材料代替有色金属材料。

2. 对冲压件的再设计

冲压件的再设计，主要是基于更好地发挥冲压加工比机械加工(包括铸、锻、焊)较优越之处的特点，并从节约原材料和节省模具费用出发对冲压件进行可加工性的深入分析、重新设计或更改部分原有设计。在满足冲压加工工艺的合理性、经济性的前提下，对冲压件进行产品功能、工艺分析比较后，进行再设计，会获得更加合理的冲压加工方案生产出质优价廉的产品。

1) 由机加工件设计成冲压件

传统的 V 带轮设计如图 7.3(a)所示，是由铸造经切削而成；现在国内外均先后改设计成如图 7.3(b)所示，用拉深后经液压胀形等冲压加工方法加工。材料为 08 钢，$t=2mm$。

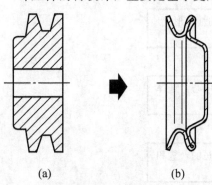

图 7.3　V 带轮
(a)传统的设计；(b)现在的设计

图 7.4 所示为电子枪各零件，其中图 7.4(a)为原设计，图 7.4(b)为更新设计，后者的制造成本可降低 60%～75%、具体的设计改进如下。

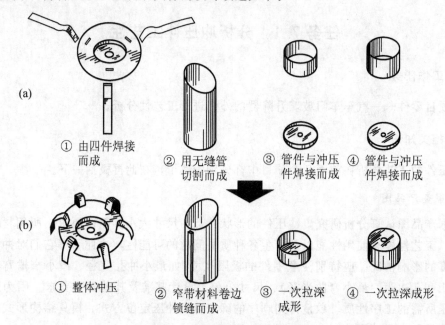

图 7.4　显像管电子枪零件

(1) 图 7.4(a)中座圈原由四个零件拼焊而成；新设计采用不锈钢卷料自动送料，在六工位连续模上冲压成形，引脚增至六个，生产效率为 75 件/min。

(2) 图 7.4(b)中阳极②原设计是用无缝管切割而成；新设计采用窄带材料卷边锁缝的方法制成。

(3) 栅极③和④原设计是先用管材切割出筒形件，再与冲压预成形的透镜盖焊接而成；新设计为用板料拉深一次成形。

2) 更改零件形状以利于冲压加工

汽车车架上如图 7.5 所示的零件，原设计有图中虚线所示的 R5 圆角，需用落料模落料。经会审后改成直角，不影响该零件功能。于是就用 65mm 宽的条料、在剪床上切成 24mm 一件，仅再冲两个孔，冲压工艺性变好，还节约了原材料。

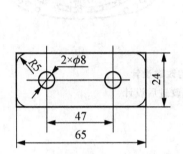

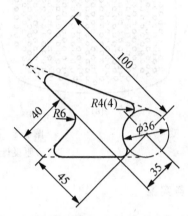

图 7.5 省去冲模落料的冲裁件　　　图 7.6 改掉尖角的支承板

如图 7.6 所示的农用挂车上一支承板零件，原设计有五处尖角，冲裁工艺性差；经协商分别改为圆角（图中实线），完全不影响其使用性能。更改设计后，冲裁工艺性好，模具加工容易、寿命也长，同时大大节省了原材料。

3) 改善冲压工艺性的再设计

消声器后盖原设计如图 7.7(a)所示，需经八道冲压工序加工而成；后在保持该零件内、外径尺寸及基本功能不变的条件下，改掉空心尖底及有关形状，设计成如 7.7(b)所示，则只需两道冲压工序，冲压工艺性大为改善，而且还有明显经济意义，仅节约原材料就达 50%。

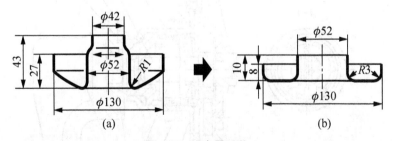

图 7.7 消声器后盖
(a)原设计；(b)改进后设计

花板零件有众多供空气流动的小孔，其原设计采用常规的图形排列，孔必须开得很小，如图 7.8(a)所示。该零件经(内形)冲多孔和(外形)落料两道工序完成。原设计的工件强度、刚度不佳，密集而细小的凸模强度也不好。新设计改密集直排小孔为圆排大孔，在空气流量相同情况下小孔数目几乎减少了一半，并在大孔布置时留出了胀形(压肋)的位置，如图7.8(b)所示。于是，工件的强度与刚度大为提高，凸模的强度也增高了。新设计是用一副简单级进模完成加工的。这样，使模具寿命延长4倍，模具成本降低约50%。

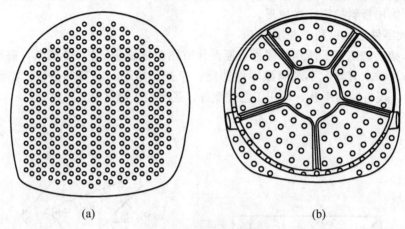

图7.8 花板的改进设计
(a)原设计；(b)改进后设计

7.1.3 任务实施

首先必须充分了解产品的应用场合和技术要求，并进行工艺性分析。

1. 玻璃升降器外壳的应用场合和技术要求

汽车车门上的玻璃抬起或降落是靠升降器操纵的。升降器部件装配简图如图7.9所示，本项目研究的冲压件为其中的外壳5。升降器的传动机构装在外壳内，通过外壳凸缘上三个均布的小孔ϕ3.2mm用铆钉铆接在车门座板上。传动轴6以IT11级的间隙配合装在外壳件右端孔ϕ16.5mm的承托部位，通过制动扭簧3、联动片10及心轴4与小齿轮8连接，摇动手柄12时，传动轴将动力传递给小齿轮，然后带动大齿轮7，推动车门玻璃升降。

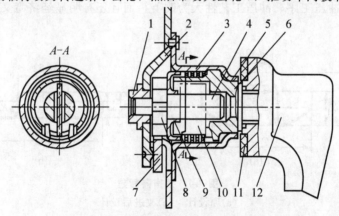

图7.9 玻璃升降器外壳的装配简图
1—轴套；2—座板；3—制动扭簧；4—心轴；5—外壳；6—传动轴；
7—大齿轮；8—小齿轮；9—挡圈；10—联动片；11—油毡；12—手柄

2. 玻璃升降器外壳的工艺性分析

根据生产任务单为中批量生产,仔细分析玻璃升降器外壳零件图,了解其形状结构特点、使用的材料、尺寸大小、精度要求以及它的用途等情况,并根据各冲压工艺的特点来分析该零件的冲压工艺性。

1) 材料及强度、刚度

该外壳零件的材料是厚度为 1.5mm 的 08 钢,具有优良的冲压性能。1.5mm 的厚度以及冲压后零件强度和刚度的增加,都有助于使产品保证足够的强度和刚度。

2) 尺寸精度

外壳内腔的主要配合尺寸 $\phi16.5$mm、$\phi22.3$mm、16mm 为 IT11~IT12 级。为确保在铆合固定后,其承托部位与轴套的同轴度,三个 $\phi3.2$mm 小孔与 $\phi16.5$mm 间的相对位置要准确,小孔中心圆直径 $\phi42\pm0.1$mm 为 IT10 级,属于正常冲压尺寸精度范围。为保证装配后零件的使用要求,必须保证三个 $\phi3.2$mm 小孔与 $\phi16$mm 内孔之间有较高的同轴度要求。三个 $\phi3.2$mm 小孔分布在 $\phi42$mm 圆周上,尺寸 $\phi42$mm 为 IT10 级精度。

3) 零件工艺性

根据产品的技术要求分析其冲压工艺性。从零件的结构特性以及冲压变形特点来看,该零件属于带宽凸缘的旋转体圆筒形,并且凸缘相对直径($d_凸/d$)和相对高度(h/d)都比较合适,拉深工艺性较好。由于零件的圆角半径 $R1.5$mm 较小,尺寸 $\phi16.5$mm、$\phi22.3$mm、$\phi16$mm 的精度等级偏高,因此需要在末次拉深时采用精度较高且凸、凹模间隙较小的模具,然后再安排整形工序来满足零件要求。

三个 $\phi3.2$mm 小孔分布的中心距要求较高,因此在冲三个 $\phi3.2$mm 小孔时,需要使用工作部分和导向部分精度等级为 IT7 级以上的高级精度冲裁模,并且一次将三个小孔全部冲出,同时使用 $\phi22.3$mm 内孔来定位,以保证制造基准与装配基准重合。

拓展训练

图 7.10 和图 7.11 所示产品前后做了工艺性的修改,试着说明修改后的方案的优点所在。

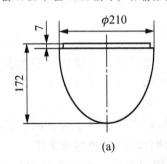 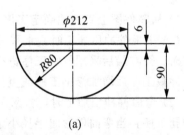

(a)　　　　　　　　　　　　　　　　(a)

图 7.10　汽车前大灯外壳
(a)修改前;(b)修改后

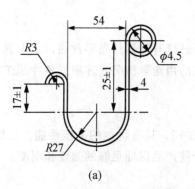 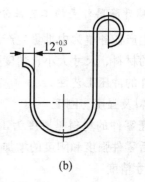

图 7.11 连接件
(a)修改前；(b)修改后

任务 7.2 拟定冲压工艺方案

7.2.1 工作任务

为汽车车门玻璃升降器的外壳零件拟定最佳冲压工艺方案。

7.2.2 相关知识

1. 工序性质确定

在冲压件工艺性分析的基础上，以极限变形参数及变形的趋向性分析为依据，提出各种可能的包括工序性质、工序数目、工序顺序以及工序的组合方式、辅助工序安排等内容的冲压工艺方案，对产品质量、生产率、设备占用情况、模具制造的难易程度和寿命高低、操作方便与安全等方面进行综合分析、比较，然后确定适合于所给定的生产条件的最佳方案。

工序性质由"弱区"的变形性质来确定。所谓"弱区"是指毛坯上需要变形力最小的区域。"弱区"与"强区"是相对的，通过分析与计算才能确定。冲压加工时，必须使应该变形的部分是"弱区"，使不应该变形的部分是"强区"。通常来说，可以从以下三个方面考虑。

1) 从零件图上直观地确定工序性质

(1) 平板件冲压加工时，常采用剪裁、落料、冲孔等冲裁工序。当零件的平面度要求较高时，需在最后采用校平工序进行精压；当零件的断面质量和尺寸精度要求较高时，则需在冲裁工序后增加修整工序或直接采用精密冲裁工艺进行加工。

(2) 弯曲件冲压加工时，常采用剪裁、落料、弯曲工序。当弯曲件上有孔时，还需增加冲孔工序；当弯曲件弯曲半径小于允许值时，常需在弯曲后增加一道整形工序。

(3) 拉深件冲压加工时，常采用剪裁、落料、拉深和切边工序。对于带孔的拉深件，还需采用冲孔工序。当拉深件径向尺寸精度要求较高或圆角半径较小时，则需在拉深工序后增加一道精整或整形工序。

2) 对零件图进行计算、分析比较后确定工序性质

如图 7.12 所示零件，材料为 Q235A，从表面上看可以用落料、冲孔及翻边三道工序

或落料冲孔复合及翻边两道工序完成。但经过工艺计算，由于翻边系数 $K=d/D=56/92=0.61$，小于该零件材料的极限翻边系数 K_{min}，因此该零件采用冲孔、翻边工序达不到所要求的零件成品高度，只得改用落料、拉深、冲孔、翻边工序（见图7.13），或者采用落料、拉深、整形、切底等工序。图7.14所示零件因为翻边高度小，可以采用落料冲孔复合与翻边两道工序来完成。

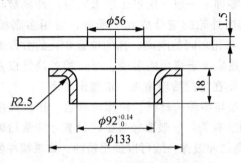

图7.12 翻边达不到要求高度的零件

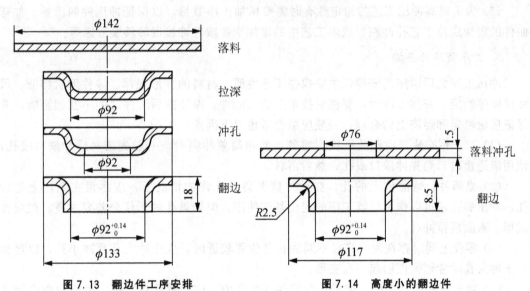

图7.13 翻边件工序安排　　　　图7.14 高度小的翻边件

3）为了改善冲压变形条件，方便工序定位，需增加附加工序

为了使每道工序顺利完成，必须使该道工序中应该变形的部分处于弱区。有时为了改善弱区的变形条件，需要增加一些附加工序。

如图7.15所示轴承盖零件，如果采用落料、拉深、冲 $\phi23$ mm 孔的工艺方案，则经过计算其拉深系数为0.43，超过了材料的极限拉深系数，因此不能一次拉深成形。但改用落料并冲 $\phi11$ mm 孔、拉深、冲 $\phi23$ mm 孔的工艺方案，外料内流、内料外流以减小落料直径，使凸缘保持为弱区，则可以一次拉深成形。其中 $\phi11$ mm 孔不是零件结构所需要的，但在生产中可以用来改变零件变形的趋向性。在冲压生产中把这种孔称为变形减轻孔，它起到使变形区转移的作用。

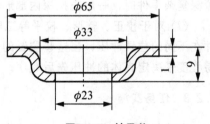

图7.15 轴承盖

2. 工序数量的确定

在保证零件质量的前提下,工序数量应尽可能少一些。工序数量主要由零件的几何形状及尺寸要求、工序合并情况、材料的极限变形参数(拉深系数、翻边系数、缩口系数、胀形系数等)确定。一般应考虑以下因素:

(1) 冲裁形状简单的零件,一般只用单工序来完成;冲裁形状复杂的零件,由于受模具结构和强度的限制,其内外轮廓应分成几个部分,需用多副模具或使用级进模分段冲裁,因此其工序数量由孔与孔之间的距离、孔的位置和孔的数量来确定。

(2) 弯曲件的工序数量取决于弯角的多少、弯角相对位置以及弯曲方向。当弯曲件的弯曲半径小于允许值时,则在弯曲后应增加一道整形工序。

(3) 拉深件的工序数量与零件的材料、拉深阶梯数、拉深高度和直径的比值、材料厚度和毛坯直径的比值等因素有关,一般要经过工艺计算才能最后确定。

(4) 尺寸精度要求较高的冲裁件一般可以采用精冲。如果精冲困难,可以采用普通冲裁,然后增加整形工序。对于一些要求平整的板件,也可以在落料工序以后增加一道校平工序。

(5) 为了提高冲压工艺的稳定性有时需要增加工序数目,以保证冲压件的质量。如弯曲件的附加定位工艺孔冲制、成形工艺中的增加变形减轻冲裁以转移变形区等。

3. 工序顺序的安排

冲压工序先后顺序的安排,主要根据工序性质、材料的变形规律、零件形状特征、尺寸精度等确定。安排工序时,要注意技术上的可能性,保证前后工序之间不互相影响,并保证质量稳定和经济上的合理。一般应综合考虑以下因素:

(1) 对于带有缺口或孔的平板形零件,使用简单冲模时,一般先落料后冲缺口或孔;使用级进模时,则先冲缺口或孔,然后落料。

(2) 成形件、弯曲件上的孔,在尺寸精度要求允许的情况下,应尽量在毛坯上先冲孔,冲出的孔还可以作为后续工序的定位基准使用。但如果孔的形位公差要求高,则应在成形、弯曲后再冲孔。

(3) 零件上同时存在两个直径不同的孔且位置较近时,应先冲大孔后冲小孔,以避免由于冲大孔时变形大而引起小孔变形。

(4) 对于带孔的弯曲件,如果孔在零件弯曲区内,应先弯曲后冲孔,否则弯曲会使孔变形。如果孔与基准面之间有严格的距离要求,也应先弯曲后冲孔,以避免弯曲时孔发生变形。

(5) 对于多角弯曲件,如果分几次弯曲,应先弯外角再弯内角。

(6) 拉深件上所有尺寸精度要求高的孔,应在拉深成形后冲出,以避免拉深时变形。拉深复杂零件时,一般先拉深内部形状,后拉深外部形状。

(7) 对于校正、整形、校平等工序,一般在冲裁、弯曲、拉深工序之后进行。对于零件在不同的位置冲压,当这些位置的变形互不影响时,应根据模具结构、定位和操作的难易程度来决定具体的冲压先后顺序。

7.2.3 任务实施

在编制冲压工艺规程时,应确定出各加工工序的性质、数量、加工顺序及复杂程度,并将几种不同的工艺方法加以仔细的分析和比较,从中选择一种最合理的加工方案,并且根据技术要求,制定出所需的其他辅助工序,如热处理、磷化处理及表面处理和组装等。

1. 工艺方案的分析比较

本任务零件外壳的形状表明,它为拉深件,所以拉深为基本工序。凸缘上三小孔由冲孔工序完成。该零件$\phi16.5$mm部分的成形,可以有三种方法:一种可以采用阶梯拉深后车去底部;另一种可以采用阶梯拉深后冲去底部;第三种可以采用拉深后冲底孔,再翻边的方法(图7.16)。

第一种方法车底的质量较高,但生产率低,在零件底部要求不高的情况下,不易采用。第二种方法在冲去底部之前,要求底部圆角半径接近于零,因此需要增加一道整形工序,而且质量不易保证。第三种方法虽然翻边的端部质量不及前两种好,但生产效率高,而且省料。由于外壳高度尺寸21mm的公差要求不高,翻边工艺完全可以保证零件的技术要求,故采用拉深后再冲孔翻边的方案还是比较合理的。

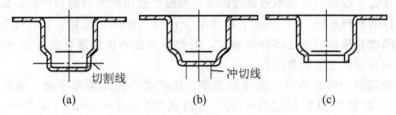

图7.16 外壳底部的成形方案
(a)车切;(b)冲切;(c)冲孔翻边

2. 确定工艺方案

1)计算毛坯尺寸

在计算毛坯尺寸以前需要先确定翻边前的半成品形状和尺寸,核算翻边的变形程度。零件$\phi16.5$mm处的高度尺寸为$H=(21-16)$mm$=5$mm。

根据翻边工艺计算公式,翻边系数K为

$$K=1-\frac{2(H-0.43r-0.72t)}{D}$$

将翻边高度$H=5$mm,翻边直径$D=(16.5+1.5)$mm$=18$mm,翻边圆角半径$r=1$mm,材料厚度$t=1.5$mm带入上式,得翻边系数为

$$K=1-\frac{2(5-0.43\times1-0.72\times1.5)}{18}=0.61$$

预冲孔孔径$d=DK=11$mm,$d/t=11/1.5=7.33$,查翻边系数极限值表知,当用圆柱形凸模预冲孔时,极限翻边系数$[K]=0.5$,现$0.61>0.5$,故能由冲孔后直接翻边获得$H=5$mm的高度。翻边前的拉深件形状与尺寸如图7.17所示。

为了计算毛坯尺寸,还须确定切边余量。因为凸缘直径$d=50$mm,拉深直径$d=23.8$mm,所以$\frac{d_凸}{d}=\frac{50}{23.8}=2.1$,查拉深工艺资料,得凸缘修边余量$\delta=1.8$mm,实际凸缘直径$d'_凸=d_凸+2\delta=(50+3.6)mm\approx54$mm。毛坯直径$D$为

$$D=\sqrt{d_p^2+4dH-3.44d\times r}=\sqrt{54^2+4\times23.8\times16-3.44\times23.8\times2.25}\text{ mm}$$
$$\approx65\text{mm}$$

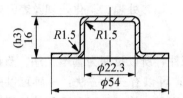 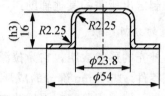

图 7.17 翻边前的半成品形状和尺寸

2) 计算拉深次数

因为 $t/D=2.3\%$,$\dfrac{d'_\text{凸}}{D}=\dfrac{54}{65}=0.83$,$m=\dfrac{d}{D}=\dfrac{23.8}{65}=0.366$,初定 $r_1\approx(4\sim5)t$,从《冲压手册》中查表可得极限拉深系数 $[m_1]=0.44$,$[m_2]=0.75$,又由 $[m_1][m_2]=0.44\times0.75=0.33$,所以 $m>[m_1][m_2]$。需要两次拉深,取 $n=2$。

若采用接近于极限的拉深系数进行拉深,则需要选用较大的圆角半径,以保证拉深质量。目前零件的材料厚度 $t=1.5$mm,圆角半径 $r=2.55$mm,约为 $1.5t$,过小而且零件直径又较小,两次拉深难以满足零件的要求。因此需要在两次拉深后还增加一道整形工序,以得到更小的口部、底部圆角半径。

在实际应用中,可以采用三道拉深工序,依次减小拉深圆角半径,将总的拉深系数 $m_\text{总}=0.366$ 分配到三道拉深工序中去,可以选取 $[m_1]=0.56$,$[m_2]=0.805$,$m_3=0.812$,使 $m_1\times m_2\times m_3=0.56\times0.805\times0.812=0.366$。

3) 确定工艺方案

根据以上分析和计算,可以进一步明确,外壳的该冲压加工工序包括以下基本工序:落料 $\phi65$mm,第一次拉深、第二次拉深[图 7.18(b)]、第三次拉深[图 7.18(c)]、冲底孔 $\phi11$mm[图 7.18(d)],翻边 $\phi16.5$mm[图 7.18(e)],冲三小孔 $\phi3.2$mm[图 7.18(f)],修边 $\phi50$mm[图 7.18(g)]。

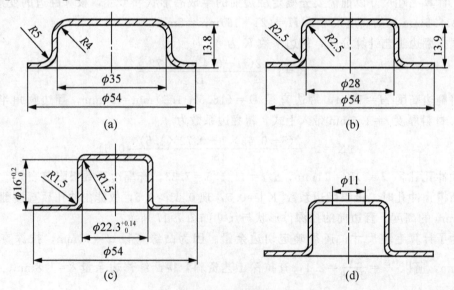

图 7.18 工序图

项目7 冲压工艺规程编制

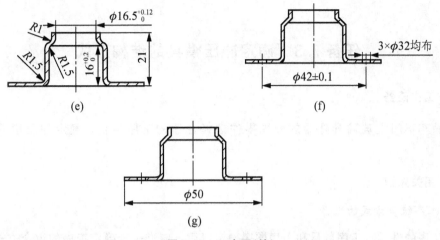

图 7.18 工序图(续)
(a)首次拉深；(b)二次拉深；(c)三次拉深；
(d)冲底孔；(e)翻边；(f)冲三个小孔；(g)切边

拓展训练

如图 7.19 所示的汽车备轮架加固板，材料 08 钢板，料厚 4mm，大批量生产，试拟定其冲压工艺方案。

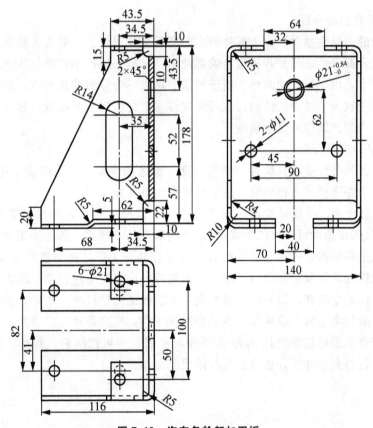

图 7.19 汽车备轮架加固板

任务 7.3　确定冲压模具的结构形式

7.3.1　工作任务

为汽车车门上玻璃升降器的外壳零件选择合适的工序组合，确定冲压模具的结构形式。

7.3.2　相关知识

1. 工序组合方式的选择

当工序的性质、工序数量和工序顺序确定以后，应进一步确定工序的组合方式，这也是工艺设计的重要内容。冲压工序的组合是指将两个或两个以上的工序合并在一道工序内完成。所以工序组合后，不但减少了工序及其占用的模具和设备数量，提高了效率，而且还减少了单工序多次冲压时因多次定位而造成的尺寸累计误差，因而提高了冲压件的精度。尤其是在大批量生产时，工序组合后可显著提高生产率、降低生产成本，更能发挥其优越性。在确定工序的组合时，首先应考虑组合的必要性和可行性，然后再决定组合方式。

1) 工序组合的必要性

工序组合的必要性主要取决于零件的生产批量或年产量。一般在大批量生产时，应尽可能把工序组合起来，采用复合模或连续模冲压，以提高生产率，降低生产成本。在小批量生产的情况下，以采用结构简单、便于制造的单工序模分散冲压为宜。但有时为了操作简便、保障安全或为了减少工件的占地面积和传递工件所需的劳动量，批量虽小但也把工序适当集中，采用连续模或复合模冲压。

2) 工序组合的可行性

工序组合的可行性受模具结构、模具强度、制造和维修以及设备能力等因素的限制。因此，在分析工序组合的可行性时，应主要考虑如下几方面问题：

(1) 工序组合后，应保证能冲压出形状、尺寸及精度均符合要求的零件。如图 7.20 所示的拉深件（假设该件可一次拉深成形），当底部孔径 d 较大，即孔边距筒壁很近时，若在单动压力机上将落料、拉深、冲孔组合成为复合冲压工序，则不能保证冲底孔的尺寸。这是因为在拉深变形结束前必须将孔冲出，在随后的拉深变形过程中，成为"弱区"的孔边缘材料必然向筒壁转移，因而使孔径扩大，不能保证孔径尺寸。所以，该复合冲压工序是不可行的，应当将落料、拉深组合成复合冲压工序，然后再冲孔。当然，若冲孔直径较小，即孔与筒壁的距离足够大且 d_2 与 d_1 相差较小时，则可把落料、拉深、冲孔三道工序组合在一起，进行复合冲压，这需要视具体情况而定。

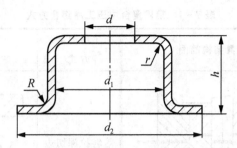

图 7.20 底部孔径较大的拉深件复合工序选择

(2) 工序组合后,模具在结构上应能实现所需的动作,同时应保证模具具有足够的强度。

如图 7.21 所示的弯曲件,如果将弯曲和冲侧孔工序合并成复合工序,则模具结构无法实现,因而是不可行的,应该将弯曲和冲侧孔工序分开。如图 7.22 所示拉深件,如果在拉深后将冲底孔、冲凸缘孔与修边工序复合,则由于冲底孔的凹模刃口与冲凸缘孔的凹模刃口不在同一平面高度上,将给刃口的修磨带来困难。每次刃磨时要求两个凹模工作平面有相同的刃磨量,否则拉深件底部或凸缘部分在冲孔时将产生压塌现象,影响零件的形状及尺寸精度。

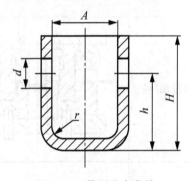
图 7.21 带侧孔弯曲件

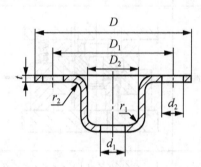
图 7.22 拉深件

(3) 工序组合后,应不会给模具制造及维修带来太大困难。例如,需要冲侧孔或斜孔的拉深件,不宜采用与其他工序组合的复合冲压工序,否则模具结构过于复杂,且制造、调试与维修也非常困难。

(4) 工序组合后,应与工厂现有的冲压设备条件相适应。

对于复合模或级进模,合并集中到一副模具上的工序数量不要太多,复合模一般为 2~3 个,级进模复合的工序可以适当多一些,但也宜少勿多。因为工序越多,积累的误差越大,会降低零件的质量,同时也会给模具的制造与维修带来困难。

2. 常用复合冲压工序组合方式

在实际生产中,工序的合并可以分为复合冲压工序和连续冲压工序两种方式,表 7-1 所示为常用复合冲压工序组合方式,表 7-2 所示为常用连续冲压工序组合方式。

表7-1 常用复合冲压工序组合方式

工序组合方式	模具结构简图	工序组合方式	模具结构简图
冲孔落料		落料拉深切边	
切断弯曲		冲孔切边	
切断弯曲冲孔		落料拉深冲孔	
落料拉深		落料拉深冲孔翻边	
冲孔翻边		落料冲孔成形	

表 7-2 常用连续冲压工序组合方式

工序组合方式	模具结构简图	工序组合方式	模具结构简图
冲孔落料		冲孔切断弯曲	
冲孔切断		冲孔翻边落料	
冲孔弯曲切断		冲孔切断	
连续拉深落料		冲孔压印落料	
冲孔翻边落料		连续拉深冲孔落料	

7.2.3 任务实施

根据确定的冲压工艺方案和冲压件的生产批量、形状特点、尺寸精度以及模具的制造能力、现有冲压设备、操作安全方便的要求等，确定模具的类型及结构形式，绘制各工序的模具结构示意图。

对于外壳这样工序较多的冲压件,可以先确定出零件的基本工序,再考虑对所有的基本工序进行可能的组合排序,将由此得到的各种工艺方案进行分析比较,从中确定出适合于生产实际的最佳方案。

根据外壳的八道基本工序,可以排出以下五种工艺方案。

方案一:落料与首次拉深复合[图7.23(a)],其余按基本工序。

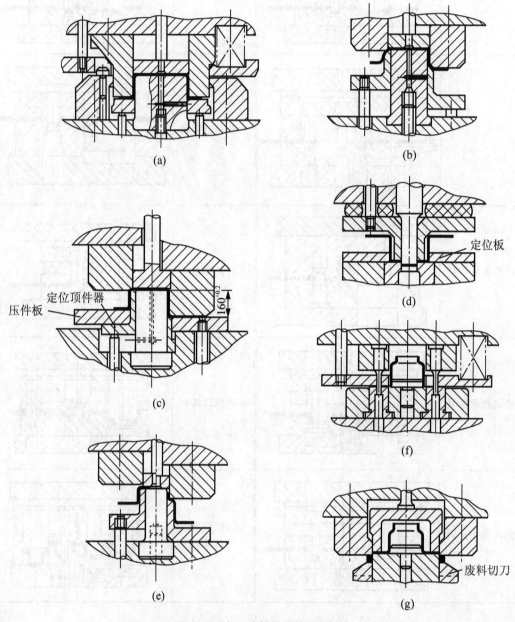

图7.23 各工序模具结构原理图
(a)落料拉深复合模;(b)二次拉深;(c)三次拉深;(d)冲底孔;
(e)翻边模;(f)冲三个 $\phi 3.2mm$ 孔的模具;(g)切边

方案二：落料与首次拉深复合，冲 $\phi 11mm$ 底孔与翻边复合[图 7.24(a)]，冲三个小孔 $\phi 3.2mm$ 与切边复合[图 7.24(b)]，其余按基本工序。

方案三：落料与首次拉深复合，冲 $\phi 11mm$ 底孔与冲三个小孔 $\phi 3.2mm$ 复合[图 7.25(a)]，翻边与切边复合[图 7.25(b)]，其余按基本工序。

方案四：落料、首次拉深与冲 $\phi 11mm$ 底孔复合[图 7.26]，其余按基本工序。

方案五：采用级进模或在多工位自动压力机上冲压。

分析比较上述五种方案，可以看出：方案二中，冲 $\phi 11mm$ 孔与翻边复合，由于模壁厚度较小 $a=(16.5-11)/2=2.75mm$，小于凸凹模间的最小壁厚 3.8mm，模具极易损坏。冲三个小孔 $\phi 3.2mm$ 与切边复合，也存在模壁太薄的问题，此时 $a=(50-42-3.2)/2=2.4mm$，因此不宜采用。

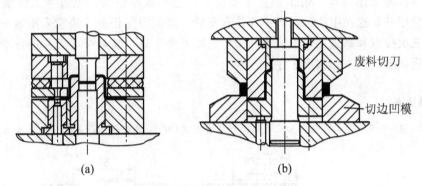

图 7.24　方案二的部分模具结构
(a)冲孔与翻边；(b)冲小孔与切边

方案三中，虽解决了上述模壁太薄的矛盾，但冲 $\phi 11mm$ 底孔与冲三个小孔 $\phi 3.2mm$ 复合及翻边与切边复合时，它们的刃口都不在同一平面上，而且磨损快慢也不一样，这会给修磨带来不便，修磨后要保持相对位置也有困难。

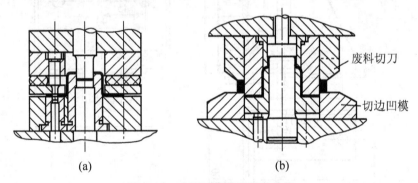

图 7.25　方案三的部分模具结构
(a)冲底孔与冲小孔；(b)翻边与切边

方案四中，落料、首次拉深与冲 $\phi 11mm$ 底孔复合，冲孔凹模与拉深凸模做成一体，也会给修磨造成困难。特别是冲底孔后再经二次和三次拉深，孔径一旦变化，将会影响到翻边的高度尺寸和翻边口部的质量。

方案五采用级进模或多工位自动送料装置，生产效率高。模具结构复杂，制造周期长，成本高，因此，只有大批量生产中才较适合。

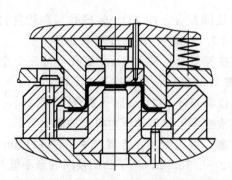

图 7.26　方案四的落料、拉深与冲底孔复合模结构

方案一没有上述缺点，但工序复合程度低、生产效率也低，不过单工序模具结构简单、制造费用低，这在中小批生产中却是合理的，因此根据任务，决定采用第一方案。本方案在第三次拉深和翻边工序中，于冲压行程临近终了时，模具可对工件进行刚性镦压起到整形作用，故无须另加整形工序。

拓展训练

确定图 7.27 所示的汽车备轮架加固板的工序组合方式（材料 08 钢板，料厚 4mm，大批量生产）。

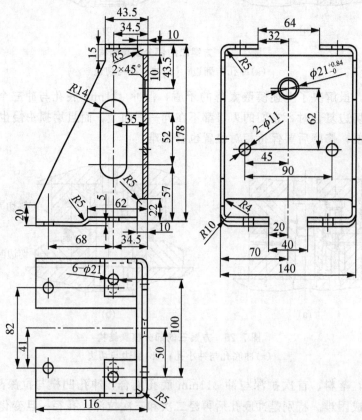

图 7.27　汽车备轮架加固板

任务7.4 确定工序尺寸

7.4.1 工作任务

确定汽车车门玻璃升降器的外壳零件工序间形状和尺寸。

7.4.2 相关知识

正确地确定冲压工序间半成品形状和尺寸可以提高冲压件的质量和精度,确定时应注意下述几点:

(1)有些半成品的尺寸可以根据该道冲压工序的极限变形参数的计算求得。图7.28所示是出气阀罩盖的冲压过程,该冲压件需分六道工序进行,零件第一次拉深后的直径 $\phi22\text{mm}$ 就是根据极限拉深系数计算得出的。

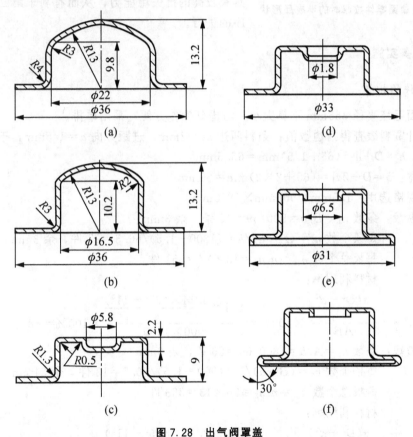

图7.28 出气阀罩盖
(a)落料拉深;(b)再拉深;(c)成形;(d)冲孔切边;(e)内孔、外缘翻边;(f)折边

(2)确定半成品的尺寸时,必须保证在每道工序中被已成形部分隔开的内部与外部都各自在本身范围内进行金属材料的分配和转移,不能从其他部分补充金属,也不应有过剩多余的金属。如图7.28所示第二道工序,零件在第二次拉深之后便已经形成直径为 $\phi16.5\text{mm}$ 的圆筒形部分。这部分的形状和尺寸都和冲压件相同,在以后的各道工序里,它不应再产生任何变形,所以它是已成形部分。

（3）有些半成品的形状和尺寸要满足储料的需要。当零件某个部位上要求局部地冲压出凹坑或凸起时，如果所需要的材料不容易或不能从相邻部分得到补充，就必须在半成品的相应部位上采取储料措施。如图 7.28 所示第三道工序后的半成品底部的形状和尺寸，由于凹坑的直径过小（$\phi 5.8$mm），如果把第二次拉深工序后的半成品底部做成平顶形状，则凹坑的一次冲压成形是不可能的。把第二次拉深工序后的半成品底部做成球面形状，可以在以后成形凹坑的部位上储存较多的金属材料，使第三道工序一次冲压成形凹坑成为可能。

（4）有些半成品的过渡形状，应具有强的抗失稳能力，图 7.29 所示为第一道拉深后的半成品形状，其底部不是一般的平底形状，而是外凸的曲面。在第二道工序反拉深时，当半成品的曲面和凸模曲面逐渐贴合时，半成品底部所形成的曲面形状具有较高的抗失稳能力，从而有利于第二道拉深工序的进行。

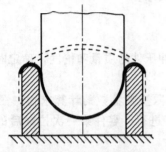

图 7.29　曲面零件拉深时的半成品形状

7.4.3　任务实施

1. 零件的排样

这里面毛坯直径 $\phi 65$mm 不算太小，考虑到操作方便，采用单排。

由设计资料表查得搭边数值：条料两边 $a_1=2$mm、进距方向 $a=1.5$mm，于是有

进距：$h=D+a=(65+1.5)$mm$=66.5$mm

条料宽：$b=D+2a_1=(65+2\times 2)$mm$=69$mm

板料规格选用：1.5mm×900mm×1800mm

采用纵裁：条数 $n_1=B/b=900/69=13$ 条，余 3mm

每条个数 $n_2=(A-a)/h=(1800-1.5)/66.5=27$ 件，余 3mm

每板总个数 $n_总=n_1 n_2=13\times 27=351$ 件

材料利用率：

$$\eta=\dfrac{n\dfrac{\pi(D^2-d^2)}{4}}{AB}\times 100\%=\dfrac{351\times\dfrac{3.14\times(65^2-11^2)}{4}}{900\times 1800}\times 100\%=68\%$$

采用横裁：条数 $n_1=A/b=1800/69=26$ 条，余 6mm

每条个数 $n_2=(B-a)/h=(900-1.5)/66.5=13$ 件，余 34mm

每板总个数 $n_总=n_1 n_2=26\times 13=338$ 件

材料利用率：

$$\eta=\dfrac{n\dfrac{\pi(D^2-d^2)}{4}}{AB}\times 100\%=\dfrac{338\times\dfrac{3.14\times(65^2-11^2)}{4}}{900\times 1800}\times 100\%=66\%$$

由此可见，采用纵裁有较高的材料利用率和较高的裁减生产率。

2. 工序尺寸的确定

1) 首次拉深

首次拉深直径 $d_1=m_1 D_0=0.56\times 65mm=36.5$mm（中线直径）。

凹模圆角半径应取 $r_{凹}=(8\sim12)t$，考虑到零件直径较小，厚度1.5mm相对来说较大，按表中数值确定有困难，上面确定拉深系数时已考虑到此不利因素，取了较大的拉深系数。

这里取 $r_{凹}=5\text{mm}$，$r_{凸}=0.8r_{凹}=4\text{mm}$。

首次拉深高度：

$$h_1 = \frac{0.25}{d_1}(D^2-d^2)+0.43(r_{凹1}+r_{凸1})+\frac{0.14}{d_1}(r_{凹1}-r_{凸1})$$

$$=\frac{0.25}{36.5}(65^2-54^2)\text{mm}+0.43(5.75+4.75)\text{mm}+\frac{0.14}{36.5}(5.75^2-4.75^2)\text{mm}$$

$$=13.5\text{mm}$$

上述计算是以料厚中线为依据的，计算高度时未考虑多拉入凹模3%~10%的材料，实际生产中，首次拉深高度为13.8mm，如图7.30(a)所示，图7.30(b)为中线计算尺寸。

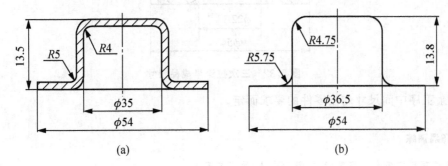

图7.30 一次拉深半成品尺寸

2）二次拉深

$$d_2=m_2 d_1=0.805\times36.5\text{mm}=29.5\text{mm}$$

取 $r_{凸2}=r_{凹2}=2.5\text{mm}(\approx1.7t)$

则

$$h_2=\frac{0.25}{d_2}(D^2-d^2)+0.43(r_{凹2}+r_{凸1})$$

$$=\frac{0.25}{29.5}(65^2-54^2)\text{mm}+0.43(3.25+3.25)\text{mm}$$

$$=13.9\text{mm}$$

与实际生产相符，图7.31(a)所示为二次拉深后半成品尺寸，其中图7.31(b)所示为中线计算尺寸。

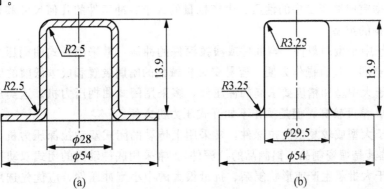

图7.31 二次拉深半成品尺寸

3) 三次拉深

$d_3 = m_3 d_2 = 0.81 \times 29.5 \text{mm} = 23.8 \text{mm}$

取 $r_{凸3} = r_{凹3} = 1.5 \text{mm}$（$r = t$ 不整形的最小值）

$h_3 = 16 \text{mm}$（按零件要求），如图 7.32 所示。

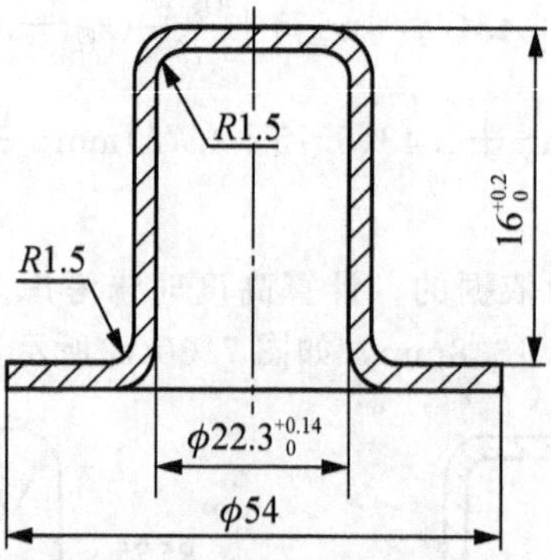

图 7.32 三次拉深半成品尺寸

其余工序中间尺寸均按零件的要求而定。

拓展训练

画出该项目工序 4（冲底孔）至工序 7（切边）的工艺图。

任务 7.5 选择冲压设备

7.5.1 工作任务

为汽车车门玻璃升降器的外壳零件模具选择合适的冲压设备。

7.5.2 相关知识

冲压设备的选择主要包括设备的类型和规格参数两个方面的选择。冲压设备的选择直接关系到设备的安全以及生产效率、产品质量、模具寿命和生产成本等一系列重要问题。

1. 冲压设备类型的选择

主要根据完成冲压工序的性质、生产批量的大小、冲压件的几何尺寸和精度要求等来选择冲压设备的类型。

(1) 对于中小型冲裁件、弯曲件或浅拉深件的冲压，常采用开式曲柄压力机。它具有三面敞开的空间，具有操作方便、容易安装机械化的附属装置和成本低廉的优点。

(2) 对于大中型和精度要求高的冲压件，多采用闭式曲柄压力机。这类压力机两侧封闭，刚度好，精度较高，但是操作不如开式压力机方便。

(3) 对于大型或较复杂的拉深件，常采用上传动的闭式双动拉深压力机。对于中小型的拉深件（尤其是搪瓷制品、铝制品的拉深件），常采用底传动式的闭式双动拉深压力机。

(4) 对于大批量生产或形状复杂、批量很大的中小型冲压件，应优先选用自动高速压力机或者多工位自动压力机。

（5）对于批量小、材料厚的冲压件，常采用液压机。液压机的合模行程可以调节，尤其是对于施力行程较大的冲压加工，液压机与机械压力相比具有明显的优点，而且不会因为板料厚度超差而过载。但液压机生产速度慢，效率较低，可用于弯曲、拉深、成形、校平等工序。

（6）对于精冲零件，最好选用专用的精冲压力机。否则要利用精度和刚度较高的普通曲柄压力机或液压机，添置压边系统和反压系统后进行精冲。

2．冲压设备规格的选择

在选定冲压设备的类型以后，应进一步根据冲压加工中所需要的冲压力（包括卸料力、压料力等）、变形功以及模具的结构形式和闭合高度、外形轮廓尺寸等选择冲压设备的规格。

1）公称压力

压力机的公称压力，是指压力机滑块离下止点前某一特定距离，即压力机的曲柄旋转至离下止点前某一特定角度（称为公称压力角，约为 30°时，滑块上所容许的最大工作压力。根据曲柄连杆机构的工作原理可知，压力机滑块的压力在全行程中不是常数，而是随曲柄转角的变化而变化的。因此选用压力机时，不仅要考虑公称压力的大小，而且还要保证完成冲压件加工时的冲压工艺力曲线必须在压力机滑块的许用负荷曲线之下。如图 7.33 所示，F 为压力，α 为压力机的曲轴转角。

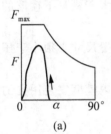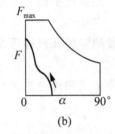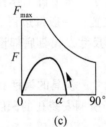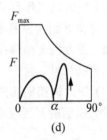

(a)   (b)   (c)   (d)

图 7.33　曲柄压力机许用负荷曲线与不同的冲压工艺力曲线的比较
(a)冲裁；(b)弯曲；(c)拉深；(d)落料与拉深

一般情况下，压力机的公称压力应大于或等于冲压总工艺力的 1.3 倍，在开式压力机上进行精密冲裁时，压力机的公称压力应大于冲压总工艺力的 2 倍。

2）滑块行程

压力机的滑块行程是指滑块从上止点到下止点所经过的距离。压力机行程的大小应能保证毛坯或半成品的放入以及成形零件的取出。一般冲裁、精压工序所需的行程较小；弯曲、拉深工序所需的行程较大。拉深件所用的压力机，其行程至少应不小于成品零件高度的 2.5 倍以上。

3）闭合高度

闭合高度是指滑块在下止点时，滑块底平面到工作台面之间的高度。调节压力机连杆的长度就可以调整闭合高度的大小。当压力机连杆调节至最上位置时，闭合高度达到最大值；当压力机连杆调节至最下位置时，闭合高度达到最小值，模具的闭合高度必须适合于压力机闭合高度范围的要求，如图 7.34 所示，它们之间的关系为

$$H_{压,\max}-5\geqslant H_{模}\geqslant H_{压,\min}+10$$

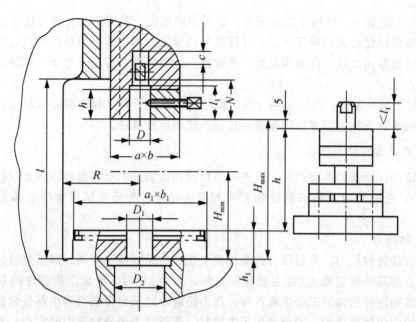

图 7.34 模具闭合高度与压力机闭合高度的配合关系

4) 其他参数

(1) 压力机工作台的尺寸。压力机工作台上垫板的平面尺寸应大于模具下模座的平面尺寸，并留有固定模具的位置，一般每边留 50~70mm。

(2) 压力机工作台孔的尺寸。模具底部设置的漏料孔或弹顶装置尺寸必须小于压力机的工作台孔尺寸。

(3) 压力机模柄孔的尺寸。模具的模柄直径必须和压力机滑块内模柄安装用孔的直径相一致，模柄的高度应小于模柄安装孔的深度。

7.5.3 任务实施

1. 落料、拉深工序

(1) 落料力：
$$P_{总}=0.8\pi Dt\sigma_b=0.8\times 3.14\times 65\times 1.5\times 400\text{N}=97968\text{N}$$

式中，σ_b——材料强度(MPa)，查设计资料得 $\sigma_b=400$MPa。

(2) 落料的卸料力：
$$P_{卸}=K_{卸}P_{落}=0.03\times 97968\text{N}=2940\text{N}$$

式中，$K_{卸}$——系数，取 $K_{卸}=0.03$。

(3) 拉深力：
$$P_{拉}=\pi d_1 t\sigma_b K_1=3.14\times 36.5\times 1.5\times 400\times 0.75\text{N}=50200\text{N}$$

式中，K——系数，取 $K=0.75$。

(4) 压边力：
$$Q=\frac{\pi}{4}[D^2-(d_1+2r_{凹 1})2]q=\frac{\pi}{4}\times[65^2-(36.5+2\times 5.75)2]\times 2.5\text{N}$$
$$=3772\text{N}$$

式中，q——单位压边力(Pa)，取 $q=2.5$MPa。

这一工序压力在离下死点 13.8mm 就需要达到

$$P_{落}+Q_{卸}+Q_{压}=125463 \text{ N}$$

车间最小压力机只有 250kN，故选用 250kN 压力机。

2. 二次拉深工序

(1) 拉深力：

$$P_{拉}=\pi d_2 t\sigma_b K_2=3.14\times 29.5\times 1.5\times 400\times 0.52\text{N}=28900\text{N}$$

式中，K_2——系数，取 0.52。

(2) 压边力：

$$Q=\frac{\pi}{4}[d_1^2-d_2^2]q=\frac{\pi}{4}\times[36.5^2-29.5^2]\times 2.5\text{N}=520\text{N}$$

由于采用较大的拉伸系数 $m_2=0.805$，相对厚度有足够大，是可以不用压边圈的，这里压边圈实际做定位和顶件用。

3. 第三次拉深与整形工序

(1) 拉深力：

$$P_{拉}=\pi d_3 t\sigma_b K_2=3.14\times 23.8\times 1.5\times 400\times 0.52\text{N}=23316\text{N}$$

(2) 整形力：

$$P_{整}=Aq=\frac{\pi}{4}[(54^2-25.3^2)+(22.3-2\times 1.5^2)]\times 100\text{N}=207500\text{N}$$

式中，q——单位压力，取 $q=100$MPa。

(3) 顶件力：取拉深力的 10%，即

$$Q_{顶}=0.1P_{拉}=2332\text{N}$$

选择压力机时可只按照整形力来选取，即可选择 250kN 压力机。

4. 冲 ϕ11mm 孔的工序

冲孔力：

$$P_{冲}=0.8\pi dt\sigma_b=0.8\times 3.14\times 11\times 1.5\times 400\text{N}=16580\text{N}$$

卸料力和推件力都很小，总压力只需选用 63kN 压力机即可，但根据条件只好选用 250kN 压力机。

5. 翻边工序

(1) 翻边力：

$$P_{翻}=1.1\pi t(d_1-d_0)\sigma_b=1.1\times 3.14\times 1.5\times(18-11)\times 400\text{N}=141510\text{N}$$

顶件力 $Q_{顶}$ 翻边力的 10%，为 1415N。

(2) 总压力：$P_{翻}+Q_{顶}=15961$N，只好选用 250kN 压力机。

6. 冲三个 ϕ3.2mm 孔的工序

冲孔力：

$$P_{冲}=3\times 0.8\pi dt\sigma_b=3\times 0.8\times 3.14\times 3.2\times 1.5\times 400\text{N}=14470\text{N}$$

卸料力和推件力都很小，总压力只需选用 63kN 压力机即可，但根据条件只好选用 250kN 压力机。

7. 切边工序

(1) 切边力：

$$P_{切}=0.8\pi dt\sigma_b=0.8\times 3.14\times 50\times 1.5\times 400\text{N}=75360\text{N}$$

废料切断力，考虑两把废料切断刀，则

$$P_{废切}=2\times 0.8\times 3.14\times(54-50)\times 1.5\times 400\text{N}=3840\text{N}$$

(2) 总切边力：$P_{总}=P_{切}+P_{切}=79200\text{N}$

根据条件只好选用 250kN 压力机。

任务 7.6　编写冲压工艺文件

冲压工艺文件一般以工艺过程卡（简称"工艺卡"）的形式表示，它综合地表达了冲压工艺设计的具体内容，包括工序序号、工序名称或工序说明、加工工序草图（半成品形状和尺寸）、模具的结构形式和种类、选定的冲压设备、工时定额、板料的规格性能以及毛坯的形状尺寸等。

在冲压件的批量生产中，冲压工艺过程卡是指导生产正常进行的重要技术文件，起着生产的组织管理、调度、工序间的协调以及工时定额核算等作用。工艺卡尚未有统一的格式，一般按照既简明扼要又有利于生产管理的原则进行制定。

设计计算说明书是编写冲压工艺卡及指导生产的主要依据，对一些重要冲压件的工艺制定和模具设计，应在设计的最后阶段编写设计计算说明书，以供以后审阅备查。其主要内容有：冲压件的工艺分析；毛坯展开尺寸计算；排样方式及其经济性分析；工艺方案的技术和经济综合分析比较；工序性质和冲压次数的确定；半成品过渡形状和尺寸的计算；模具结构形式的分析；模具主要零件的材料选择、技术要求及强度计算；凸、凹模工作部分尺寸与公差的确定；冲压力的计算与压力中心位置的确定；冲压设备的选用以及弹性元件的选取和核算等。根据上述的分析与计算，将所需的工序、工步填入冲压工艺过程卡中，见表 7-3。

表 7-3　冲压工艺过程卡

厂名	冲压工艺卡	产品型号		零部件名称	玻璃升降器外壳	共　页
		产品名称		零部件型号		第　页
材料牌号机规格/mm		材料技术要求	毛坯尺寸/mm	每毛坯可制件数	毛坯质量	辅助材料
08 钢 (1.5±0.11)×1800×900			条料 1.5×69×1800	27 件		

续表

工序号	工序名称	工序内容	加工工序简图	设备	工艺装备	备注
01	下料	剪床裁板 69×1800				
02	落料拉深	落料与拉深首次复合		J23—35	落料拉深复合模	
03	拉深	二次拉深		J23—25	拉深模	
04	拉深	三次拉深（带整形）		J23—25	拉深模	
05	冲孔	冲底孔 $\phi 11 mm$		J23—25	冲孔模	
06	翻边	翻底孔（带整形）		J23—25	翻边模	
07	冲孔	冲3个小孔 $\phi 3.2 mm$ 孔		J23—25	冲孔模	
08	切边	切凸缘边达尺寸要求		J23—25	切边模	
09	检验	按产品零件图检验		J23—25		
				编制（日期）	审核（日期）	会签（日期）
标记	处数	更改文件号	签字	日期		

小　　结

　　本项目通过汽车车门玻璃升降器外壳冲压工艺的编制，介绍了编制一般冲压零件工艺规程的方法，并学会填写冲压工艺过程卡。

　　本项目也可以看成前六个项目的概括和提升，在冲压件的工艺性分析、冲压工艺方案确定、冲压模具类型选择、确定工序尺寸以及冲压设备选择方面又进行了重点阐述。

习 题

1. 冲压工艺过程制定的一般步骤有哪些？
2. 确定冲压工序的性质、数目与顺序的原则是什么？
3. 怎样确定工序件的形状和尺寸？
4. 确定冲压模具的结构形式的原则是什么？
5. 怎样选择冲压设备？

附录 A

常用冷冲压金属材料的力学性能

材料名称	牌号	材料状态	抗剪强度 τ/MPa	抗拉强度 σ_b/MPa	屈服强度 σ_s/MPa	伸长率 δ_{10}/%
电工用工业纯铁 C>0.025	DT1、DT2、DT3	退火	180	230	—	26
电工硅钢	D11、D12、D21、D31、D32、D370 D310~340、S41~48	退火	190	230	—	26
普通碳素钢	Q195	未经退火的	260~320	315~390	195	28~33
	Q235		310~380	375~460	235	21~26
	Q275		400~500	490~610	275	15~20
碳素工具钢	08F	已退火的	220~310	280~390	180	32
	10F		260~360	330~450	200	32
	15F		220~340	280~420	190	30
	08		260~340	300~440	210	29
	10		250~370	320~460	—	28
	15		270~380	340~480	280	26
	20		280~400	360~510	250	35
	25		320~440	400~550	280	34
	30	正火	360~480	450~600	300	22
	35		400~520	500~650	320	20
	40		420~540	520~670	340	18
	45		440~560	550~700	360	16

续表

材料名称	牌号	材料状态	抗剪强度 τ/MPa	抗拉强度 σ_b/MPa	屈服强度 σ_s/MPa	伸长率 δ_{10}/%
碳素工具钢	T7～T12 T7A～T12A	退火	600	750	—	10
	T8A	冷作硬化	600～950	750～1200	—	—
优质碳素钢	10Mn	退火	320～460	400～580	230	22
	65Mn		600	750	400	12
合金结构钢	25CrMnSiA 25CrMnSi	低温退火	400～560	500～700	950	18
	30CrMnSiA 30CrMnSi		440～600	550～750	1450 850	16
优质弹簧钢	60Si2Mn 60Si2MnA 65SiWA	低温退火	720	900	1200	10
		冷作硬化	640～960	800～1200	1400 1600	10
不锈钢	1Cr13	退火	320～380	400～470	420	21
	2Cr13		320～400	400～500	450	20
	3Cr13		400～480	500～600	480	18
	4Cr13		400～480	500～600	500	15
	1Cr18Ni19 2Cr18Ni19	经过热处理的	460～520	580～640	200	35
		已碾压冷作硬化的	800～880	1000～1100	220	38
	1Cr18Ni9Ti	热处理退软的	430～550	540～700	200	40
铝	1070A, 1050A、 1200	退火	80	75～110	50～80	25
		冷作硬化	100	120～150	120～240	4
铝锰合金	3A21	退火	70～100	110～145	50	19
		半冷作硬化	100～140	155～200	130	13
铝镁合金 铝镁铜合金	3A02	退火	130～160	180～230	—	100
		半冷作硬化	160～200	230～280		210
高强度铝镁铜合金	7A04	退火	170	250	—	—
		淬硬并经人工时效	350	500	—	460
镁锰合金	MB1 MB8	退火	120～140	170～190	3～5	98
		退火	170～190	220～230	12～24	140
		冷作硬化	190～200	240～250	8～10	160

续表

材料名称	牌号	材料状态	抗剪强度 τ/MPa	抗拉强度 σ_b/MPa	屈服强度 σ_s/MPa	伸长率 δ_{10}/%
硬铝	2A12	退火	105~150	150~215	12	—
		淬硬并经自然时效	280~310	400~440	15	368
		淬硬后冷作硬化	280~320	400~460	10	340
纯铜	T1、T2、T3	软	160	200	30	70
		硬	240	300	3	380
黄铜	H62	软	260	300	35	380
		半硬	300	380	20	200
		硬	420	420	10	480
黄铜	H68	软	240	300	40	100
		半硬	280	350	25	—
		硬	400	400	15	250
		硬	400	450	5	420
		半硬	400	450	15	
		硬	520	600	5	
锡磷青铜 锡锌青铜	QSn4-4-2.5 QSn4-3	软	260	300	38	140
		硬	480	550	3~5	
		特硬	500	650	1~2	546

附录 B

几种常用的压力机的主要技术参数

名称		开式双柱可倾式压力机		单柱固定台压力机	开式双柱固定台压力机	闭式单点压力机	闭式双点压力机	闭式双动深压力机	双盘摩擦压力机
型号		J23-6.3	JH23-16	JG23-40	J11-50	JD21-100	JA31-160B	J36-250	JA45-100	J53-63
公称压力/kN		63	160	400	500	1000	1600	2500	内滑块1000 外滑块630	630
滑块行程/mm		35	50 压力行程3.17	100 压力行程7	10~90	10~120	160 压力行程8.16	400 压力行程11	内滑块420 外滑块260	270
行程次数/(次/min)		170	150	80	90	75	32	17	15	22
最大闭合高度/mm		150	220	300	270	400	480	750	内滑块580 外滑块530	最小闭合高度190
最大装模高度/mm		120	180	220	190	300	375	590	内滑块480 外滑块430	—
闭合高度调节量/mm		35	45	80	75	85	120	250	100	—
立柱间距离/mm		—	220	300	—	480	750	—	950	—
导轨间距离/mm		—	—	—	—	—	590	2640	780	350
工作台尺寸/mm	前后	200	300	150	450	600	790	1250	900	450
	左右	310	450	300	650	1000	710	2780	950	400

附录B　几种常用的压力机的主要技术参数

续表

名称		开式双柱可倾式压力机	单柱固定台压力机	开式双柱固定台压力机	闭式单点压力机	闭式双点压力机	闭式双动深压力机	双盘摩擦压力机
垫板尺寸/mm	厚度	30	40	80	80	100	105	160	100	—
	孔径	140	210	200	130	200	430×430	—	555	80
模柄孔尺寸/mm	直径	30	40	50	50	60	打料孔 φ75	—	50	60
	深度	—	—	—	—	—		—	60	80
电动机功率/kW		0.75	1.5	4	5.5	7.5	12.5	33.8	22	4

附录 C

冲模零件常用材料及硬度和热处理要求

表 C-1 冲模工作零件常用材料及硬度要求

模具名称	使用条件	推荐使用钢号	代用钢号	工作硬度(HRC)
轻载冲裁模 (t<2mm)	<0.3mm 软料箔带 硬料箔带 小批量、简单形状 中批量、复杂形状 高精度要求 大批量生产 高硅钢片(小型)(中型) 各种易损小冲头	T10A 7CrSiMnMoV T10A MnCrWV Cr2 MnCrWV Cr12MoV Cr5Mo1V Cr12 Cr12MoV W6Mo5Cr4V	T8A CrWMn Cr2 9Mn2V CrWMn 9CrWMn Cr4W2MoV Cr12MoV W18Cr4V	56~60(凸模) 37~40(凹模) 62~64(凹模) 48~52(凸模) 58~62(易脆折件 56~58) 59~61
重载冲裁模	中厚钢板及高强度薄板 易损小尺寸凸模	Cr12MoV Cr4W4MoV W6Mo5Cr4V	Cr5Mo1V W18Cr4V、V3N	54~56(复杂) 56~58(简单) 58~61
重载拉深模	大批量小型拉深模 大批量大、中型拉深模 耐热钢、不锈钢拉深模	SiMnMo Ni-Cr 合金铸铁 Cr12MoV 65Nb(小型)	Cr12 球墨铸铁 QT450-10	60~62 45~50 65~67(渗氮) 64~66
弯曲、翻边模	轻型、简单 简单易裂 轻型复杂 大量生产用 高强度钢板及奥氏体钢板	T10A T7A CrWMn Cr12MoV	9CrWMn	57~60 54~56 57~60 57~60 65~67(渗氮)

附录C 冲模零件常用材料及硬度和热处理要求

表 C-2 冲模一般零件用料及热处理要求

零件名称及其使用情况		选用材料	热处理硬度(HRC)
上模座 下模座	一般负荷一般负荷	HT200、HT250	—
	负荷较大	HT250、Q235	—
	负荷特大，受高速冲击	45	(调质) 28~32
	用于滚动导柱模架	QT400—18, ZG310—570	—
	用于大型模具	HT250, ZG310—570	—
模柄	压入式、旋入式和凸缘式	Q235、Q275	—
	通用互换性模柄	45、T8A	43~48
	带球面的活动模柄、垫块等	45	43~48
导柱 导套	大量生产	20	(渗碳淬硬) 56~60
	单件生产	T10A、9Mn2V	56~60
	用于滚动配合	Cr12、GCr15	62~64
固定板、卸料板、定位板		Q235 (45)	(43~48)
垫板	一般用途	45	43~48
	单位压力特大	T8A、9Mn2V	52~55
推板 顶板	一般用途	Q235	—
	重要用途	45	43~48
顶杆 推杆	一般用途	45	43~48
	重要用途	Cr6WV、CrWMn	56~60
导料板		Q235(45)	(43~48)
导板模用导板		HT200、45	—
侧刃、挡块		45(T8A,9Mn2V)	43~48(56~60)
定位钉、定位块、挡料销		45	43~48
废料切刀		T10A、9Mn2V	58~60
导正销	一般用途	T10A、9Mn2V、Cr12	56~60
	高耐磨	Cr12MoV	60~62
斜楔、滑块		Cr6WV、CrWMn	58~62
圆柱销、销钉		(45)T7A	(43~48)50~55
模套、模框		Q235(45)	(调质28~32)
卸料螺钉		45	(头部淬硬)35~40
圆钢丝弹簧		65Mn	40~48
蝶形弹簧		65Mn、50CrVA	43~48
限位块（圈）		45	43~48
承料板		Q235	—
钢球保持圈		ZQSn10—1、2A04	—
压边圈	一般拉深 小型	T10A、9Mn2V、CrWMn	54~58
	一般拉深 大、中型	低合金铸铁 CrWMn、9CrWMn	
	双动拉深	钼钒铸铁	—
中层预应力圈		5CrNiMo、40Cr、35CrMoA	45~47
外层预应力圈		5CrNiMo、40Cr、35CrMoA、35CrMnSiA、45	40~42

参 考 文 献

[1] 成虹. 冲压工艺与模具设计[M]. 2版. 北京：高等教育出版社，2006.
[2] 陈剑鹤. 冷冲压工艺与模具设计[M]. 北京：机械工业出版社，2003.
[3] 薛啟祥. 冲压模具设计制造难点与窍门[M]. 北京：机械工业出版社，2003.
[4] 刘华刚. 冲压模具设计与制造[M]. 北京：化学工业出版社，2005.
[5] 牟林，胡建华. 冲压工艺与模具设计[M]. 北京：北京大学出版社，2006.
[6] 关明. 冲压模具工程师专业技能入门与精通[M]. 北京：机械工业出版社，2008.
[7] 宛强. 冲压模具设计及实例精解[M]. 北京：化学工业出版社，2008.
[8] 杨关全，匡余华. 冷冲压工艺与模具设计[M]. 2版. 大连：大连理工大学出版社，2009.
[9] 杨关全，匡余华. 冷冲模设计资料与指导[M]. 2版. 大连：大连理工大学出版社，2009.
[10] 周玲. 冲模具设计实例详解[M]. 北京：化学工业出版社，2007.
[11] 王鹏驹，成虹. 冲压模具设计师手册[M]. 北京：机械工业出版社，2008.
[12] 佘银柱，赵跃文. 冲压工艺与模具设计[M]. 北京：北京大学出版社，2005.
[13] 欧阳波仪. 多工位级进模设计标准教程[M]. 北京：化学工业出版社，2008.
[14] 史铁梁. 模具设计指导[M]. 北京：机械工业出版社，2003.
[15] 高军. 冲压模具标准件选用与设计指南[M]. 北京：化学工业出版社，2007.
[16] 许发越. 冲压标准应用手册[M]. 北京：机械工业出版社，1997.
[17] 王孝培. 冲压手册[M]. 北京：机械工业出版社，1999.
[18] 李硕本. 冲压工艺学[M]. 北京：机械工业出版社，1982.
[19] 杨占尧. 冲压模具图册[M]. 北京：高等教育出版社，2004.
[20] 薛啟祥. 冲压模具设计结构手册[M]. 北京：化学工业出版社，2005.
[21] 刘建超. 冲压模具设计与制造[M]. 北京：高等教育出版社，2004.
[22] 肖祥芷，王孝培. 模具工程大典（第4卷）冲压模具设计[M]. 北京：电子工业出版社，2007.

北京大学出版社高职高专机电系列教材

序号	书号	书名	编著者	定价	出版日期
1	978-7-301-10464-2	工程力学	余学进	18.00	2006.1
2	978-7-301-10371-9	液压传动与气动技术	曹建东	28.00	2006.1
3	978-7-301-11566-4	电路分析与仿真教程与实训	刘辉珞	20.00	2007.2
4	978-7-5038-4863-6	汽车专业英语	王欲进	26.00	2007.8
5	978-7-5038-4864-3	汽车底盘电控系统原理与维修	闵思鹏	30.00	2007.8
6	978-7-5038-4868-1	AutoCAD 机械绘图基础教程与实训	欧阳全会	28.00	2007.8
7	978-7-5038-4866-7	数控技术应用基础	宋建武	22.00	2007.8
8	978-7-5038-4937-4	数控机床	黄应勇	26.00	2007.8
9	978-7-301-13258-6	塑模设计与制造	晏志华	38.00	2007.8
10	978-7-301-12182-5	电工电子技术	李艳新	29.00	2007.8
11	978-7-301-12181-8	自动控制原理与应用	梁南丁	23.00	2007.8
12	978-7-301-12180-1	单片机开发应用技术	李国兴	21.00	2007.8
13	978-7-301-12173-3	模拟电子技术	张 琳	26.00	2007.8
14	978-7-301-09529-5	电路电工基础与实训	李春彪	31.00	2007.8
15	978-7-5038-4861-2	公差配合与测量技术	南秀蓉	23.00	2007.9
16	978-7-5038-4865-0	CAD/CAM 数控编程与实训(CAXA 版)	刘玉春	27.00	2007.9
17	978-7-5038-4862-9	工程力学	高 原	28.00	2007.9
18	978-7-5038-4869-8	设备状态监测与故障诊断技术	林英志	22.00	2007.9
19	978-7-301-12392-8	电工与电子技术基础	卢菊洪	28.00	2007.9
20	978-7-5038-4867-4	汽车发动机构造与维修	蔡兴旺	50.00(1CD)	2008.1
21	978-7-301-13260-9	机械制图	徐 萍	32.00	2008.1
22	978-7-301-13263-0	机械制图习题集	吴景淑	40.00	2008.1
23	978-7-301-13264-7	工程材料与成型工艺	杨红玉	35.00	2008.1
24	978-7-301-13262-3	实用数控编程与操作	钱东东	32.00	2008.1
25	978-7-301-13261-6	微机原理及接口技术(数控专业)	程 艳	32.00	2008.1
26	978-7-301-12386-7	高频电子线路	李福勤	20.00	2008.1
27	978-7-301-13383-5	机械专业英语图解教程	朱派龙	22.00	2008.3
28	978-7-301-12384-3	电路分析基础	徐 锋	22.00	2008.5
29	978-7-301-13572-3	模拟电子技术及应用	刁修睦	28.00	2008.6
30	978-7-301-13575-4	数字电子技术及应用	何首贤	28.00	2008.6
31	978-7-301-13574-7	机械制造基础	徐从清	32.00	2008.7
32	978-7-301-13657-7	汽车机械基础	邰 茜	40.00	2008.8
33	978-7-301-13655-3	工程制图	马立克	32.00	2008.8
34	978-7-301-13654-6	工程制图习题集	马立克	25.00	2008.8
35	978-7-301-13573-0	机械设计基础	朱凤芹	32.00	2008.8
36	978-7-301-13582-2	液压与气压传动	袁 广	24.00	2008.8
37	978-7-301-13662-1	机械制造技术	宁广庆	42.00	2008.8
38	978-7-301-13661-4	汽车电控技术	祁翠琴	39.00	2008.8
39	978-7-301-13658-4	汽车发动机电控系统原理与维修	张吉国	25.00	2008.8
40	978-7-301-13653-9	工程力学	武昭晖	25.00	2008.8
41	978-7-301-14139-7	汽车空调原理及维修	林 钢	26.00	2008.8
42	978-7-301-13652-2	金工实训	柴增田	22.00	2009.1
43	978-7-301-14656-9	实用电路基础	张 虹	28.00	2009.1
44	978-7-301-14655-2	模拟电子技术原理与应用	张 虹	26.00	2009.1
45	978-7-301-14453-4	EDA 技术与 VHDL	宋振辉	28.00	2009.2
46	978-7-301-14470-1	数控编程与操作	刘瑞已	29.00	2009.3
47	978-7-301-14469-5	可编程控制器原理及应用(三菱机型)	张玉华	24.00	2009.3
48	978-7-301-12385-0	微机原理及接口技术	王用伦	29.00	2009.4
49	978-7-301-12390-4	电力电子技术	梁南丁	29.00	2009.4
50	978-7-301-12383-6	电气控制与 PLC(西门子系列)	李 伟	26.00	2009.6

序号	书号	书名	编著者	定价	出版日期
51	978-7-301-13651-5	金属工艺学	柴增田	27.00	2009.6
52	978-7-301-12389-8	电机与拖动	梁南丁	32.00	2009.7
53	978-7-301-12391-1	数字电子技术	房永刚	24.00	2009.7
54	978-7-301-13659-1	CAD/CAM 实体造型教程与实训(Pro/ENGINEER 版)	诸小丽	38.00	2009.7
55	978-7-301-15378-9	汽车底盘构造与维修	刘东亚	34.00	2009.7
56	978-7-301-13656-0	机械设计基础	时忠明	25.00	2009.8
57	978-7-301-12387-4	电子线路 CAD	殷庆纵	28.00	2009.8
58	978-7-301-12382-9	电气控制及 PLC 应用(三菱系列)	华满香	24.00	2009.9
59	978-7-301-15692-6	机械制图	吴百中	26.00	2009.9
60	978-7-301-15676-6	机械制图习题集	吴百中	26.00	2009.9
61	978-7-301-16898-1	单片机设计应用与仿真	陆旭明	26.00	2010.2
62	978-7-301-15578-3	汽车文化	刘 锐	28.00	2009.8
63	978-7-301-15742-8	汽车使用	刘彦成	26.00	2009.9
64	978-7-301-16919-3	汽车检测与诊断技术	娄 云	35.00	2010.2
65	978-7-301-17122-6	AutoCAD 机械绘图项目教程	张海鹏	36.00	2010.5
66	978-7-301-17079-3	汽车营销实务	夏志华	25.00	2010.6
67	978-7-301-17148-6	普通机床零件加工	杨雪青	26.00	2010.6
68	978-7-301-16830-1	维修电工技能与实训	陈学平	37.00	2010.7
69	978-7-301-13660-7	汽车构造(上册)——发动机构造	罗灯明	30.00	2010.8
70	978-7-301-17398-5	数控加工技术项目教程	李东君	48.00	2010.8
71	978-7-301-17573-6	AutoCAD 机械绘图基础教程	王长忠	32.00	2010.8
72	978-7-301-17324-4	电机控制与应用	魏润仙	34.00	2010.8
73	978-7-301-17557-6	CAD/CAM 数控编程项目教程(UG 版)	慕 灿	45.00	2010.8
74	978-7-301-17609-2	液压传动	龚肖新	22.00	2010.8
75	978-7-301-17569-9	电工电子技术项目教程	杨德明	32.00	2010.8
76	978-7-301-17679-5	机械零件数控加工	李 文	38.00	2010.8
77	978-7-301-17608-5	机械加工工艺编制	于爱武	45.00	2010.8
78	978-7-301-17696-2	模拟电子技术	蒋 然	35.00	2010.8
79	978-7-301-17707-5	零件加工信息分析	谢 蕾	46.00	2010.8
80	978-7-301-17712-9	电子技术应用项目式教程	王志伟	32.00	2010.8
81	978-7-301-17730-3	电力电子技术	崔 红	23.00	2010.9
82	978-7-301-17711-2	汽车专业英语图解教程	侯锁军	22.00	2010.9
83	978-7-301-17821-8	汽车机械基础项目化教学标准教程	傅华娟	40.00	2010.10
84	978-7-301-17877-5	电子信息专业英语	高金玉	26.00	2010.10
85	978-7-301-17532-3	汽车构造(下册)——底盘构造	罗灯明	29.00	2011.1
86	978-7-301-17958-1	单片机开发入门及应用实例	熊华波	30.00	2011.1
87	978-7-301-18188-1	可编程控制器应用技术项目教程(西门子)	崔维群	38.00	2011.1
88	978-7-301-17694-8	汽车电工电子技术	郑广军	33.00	2011.1
89	978-7-301-18322-9	电子 EDA 技术(Multisim)	刘训非	30.00	2011.1
90	978-7-301-18357-1	机械制图	徐连孝	27.00	2011.1
91	978-7-301-18143-0	机械制图习题集	徐连孝	20.00	2011.1
92	978-7-301-18144-7	数字电子技术项目教程	冯泽虎	28.00	2011.1
93	978-7-301-18470-7	传感器检测技术及应用	王晓敏	35.00	2011.1
94	978-7-301-18477-6	汽车维修管理实务	毛 峰	23.00	2011.3
95	978-7-301-17894-2	汽车养护技术	隋礼辉	20.00	2011.3
96	978-7-301-18471-4	冲压工艺与模具设计	张 芳	39.00	2011.3

电子书(PDF 版)、电子课件和相关教学资源下载地址：http://www.pup6.com/ebook.htm，欢迎下载。
欢迎免费索取样书，请填写并通过 E-mail 提交教师调查表，下载地址：http://www.pup6.com/down/教师信息调查表 excel 版，欢迎订购。
欢迎投稿，并通过 E-mail 提交个人信息卡，下载地址：http://www.pup6.com/down/zhuyizhexinxika.rar。
联系方式：010-62750667，laiqingbeida@126.com，linzhangbo@126.com，欢迎来电来信。